21 世纪高职高专创新精品规划教材

Linux 网络服务器配置管理项目实训教程（第二版）

主　编　杨　云　运永顺　和　乾

副主编　王运景　段连金　董　阅

中国水利水电出版社
www.waterpub.com.cn

内 容 提 要

本书按照学习领域的课程教学改革思路进行教材的编写，以学生能够完成中小企业建网、管网的任务为出发点，以工作过程为导向，以工程实践为基础，注重工程实训和应用，是为高职院校学生量身定做的教材。

本书以 Red Hat Enterprise 5.4 为平台，根据网络工程实际工作过程所需要的知识和技能抽象出 12 个教学项目和 14 个章后实训项目。教学项目包括：安装 Red Hat Enterprise Linux、管理 Linux 服务器、配置 Linux 基础网络、配置与管理 Samba 服务器、配置与管理 DHCP 服务器、配置与管理 DNS 服务器、配置与管理 NFS 网络文件系统、配置与管理 Apache 服务器、配置与管理 FTP 服务器、配置与管理电子邮件服务器、配置防火墙与代理服务器、配置与管理 VPN 服务器。有的项目后还设置了"企业实战与应用"、"故障排除"等结合实践应用的内容。

本书既可以作为高职院校计算机应用专业和网络技术专业理论与实践一体化教材，也可以作为 Linux 系统管理和网络管理的自学指导书。

本书光盘包含项目实训录像，并配有电子教案，读者可以从中国水利水电出版社网站和万水书苑 http://www.waterpub.com.cn/softdown/和 http://www.wsbookshow.com 免费下载。

图书在版编目（C I P）数据

Linux网络服务器配置管理项目实训教程 / 杨云，运永顺，和乾主编. -- 2版. -- 北京 : 中国水利水电出版社，2014.1（2017.8 重印）
21世纪高职高专创新精品规划教材
ISBN 978-7-5170-1394-5

Ⅰ. ①L… Ⅱ. ①杨… ②运… ③和… Ⅲ. ①Linux操作系统－高等职业教育－教材 Ⅳ. ①TP316.89

中国版本图书馆CIP数据核字(2013)第271826号

策划编辑：石永峰　　责任编辑：李炎　　封面设计：李佳

书　名	21世纪高职高专创新精品规划教材 Linux 网络服务器配置管理项目实训教程（第二版）
作　者	主　编　杨 云　运永顺　和 乾 副主编　王运景　段连金　董 阅
出版发行	中国水利水电出版社 （北京市海淀区玉渊潭南路 1 号 D 座　100038） 网址：www.waterpub.com.cn E-mail：mchannel@263.net（万水） 　　　　sales@waterpub.com.cn 电话：（010）68367658（发行部）、82562819（万水）
经　售	北京科水图书销售中心（零售） 电话：（010）88383994、63202643、68545874 全国各地新华书店和相关出版物销售网点
排　版	北京万水电子信息有限公司
印　刷	三河市铭浩彩色印装有限公司
规　格	184mm×260mm　16 开本　18.5 印张　452 千字
版　次	2010 年 3 月第 1 版　2010 年 3 月第 1 次印刷 2014 年 1 月第 2 版　2017 年 8 月第 4 次印刷
印　数	9001—11000 册
定　价	38.00 元（赠 1CD）

前　　言

1．编写背景

《Linux 网络服务器配置管理项目实训教程》是国家级精品课程配套教材，是教育部高等学校高职高专计算机类专业教学指导委员会优秀教材。该书出版 3 年来，得到了兄弟院校师生的厚爱，已经重印 5 次。为了适应计算机网络的发展和高职高专教材改革的需要，我们对本书第一版进行了修改，吸收有实践经验的网络企业工程师参与教材大纲的审订与编写，改写或重写了核心内容，删除部分陈旧的内容，增加了部分新技术。

2．修订内容

第二版主要修订的内容有：①进行了版本升级，由 Red Hat Enterprise 4.0 升级到 Red Hat Enterprise 5.4；②实训内容进行了重写或改写，使之更新颖、更实用，更利于学生学习和教师授课；③重写或改写了 DNS 服务器、Samba 服务器、DHCP 服务器、NFS 服务器、Web 服务器、FTP 服务器、邮件服务器、VPN 服务器、防火墙和代理服务器等核心内容；④对于部分不合理的章节进行了调整和修改；⑤附录以电子资源形式呈现，不再放入教材中。

3．本书特点

（1）这是一本工作过程导向的工学结合教材。配备立体化的教辅资源，附书光盘包含由红帽资深讲师录制的全书项目实训录像,国家精品课程网站和国家精品资源共享课程网站提供集"全程实验视频、资源下载、远程实验、虚拟实验、师生互动平台、学习论坛、自主学习评价"为一体的学习平台。

国家精品课程网址：http://linux.sdp.edu.cn/kcweb。

国家精品资源共享课程网址：http://www.icourses.cn/coursestatic/course_2843.html。

（2）本书结构合理、内容新颖、实践性强，既注重基础理论又突出实用性。本书遵循的核心理念是：适合的就是最好的。

本书内容全面、详尽，涉及到了实际工作中 Linux 各种服务的配置和应用，这些服务包括 DHCP 服务、DNS 服务、NFS 服务、Samba 服务、Web 服务、电子邮件服务、FTP 服务、代理服务和 VPN 服务等，信息量大。读者通过对本书的学习，可以掌握各种常用服务器的配置和使用方法。

（3）源于实际工作经验，实训内容强调工学结合，专业技能培养实战化。

在专业技能的培养中，突出实战化要求，贴近市场，贴近技术。所有拓展实训项目都源于作者的工作经验和教学经验。对于复杂设备的实训则采用虚拟的实训网络环境。实训项目重在培养读者分析实际问题和解决实际问题的能力。

4．教学大纲

本书的参考学时为 64 学时，其中实践环节为 38 学时，各项目的参考学时参见下面的学时分配表。

章节	课程内容	学时分配	
		讲授	实训
项目 1	安装 Red Hat Enterprise Linux	2	2
项目 2	管理 Linux 服务器	2	2
项目 3	配置 Linux 基础网络	2	2
项目 4	配置与管理 Samba 服务器	2	2
项目 5	配置与管理 DHCP 服务器	2	2
项目 6	配置与管理 DNS 服务器	2	2
项目 7	配置与管理 NFS 网络文件系统	2	2
项目 8	配置与管理 Apache 服务器	2	2
项目 9	配置与管理 FTP 服务器	2	2
项目 10	配置与管理电子邮件服务器	2	2
项目 11	配置防火墙与代理服务器	2	2
项目 12	配置与管理 VPN 服务器	2	2
综合实训 1　Linux 系统故障排除		2	6
综合实训 2　企业综合应用			8
课时总计		26	38

5．其他

本书是学院老师与企业工程师共同策划编写的一本工学结合教材。杨云、运永顺、和乾担任主编，王运景、段连金、董阅担任副主编。大庆职业学院的运永顺编写项目 1、6、9，大庆职业学院的和乾编写项目 2、5、10，大连海洋大学职业技术学院的王运景编写项目 11，段连金编写项目 3 和项目 12，董阅编写项目 4 和项目 7，郭贺平编写项目 8 和综合实训。马立新、平寒、王春身、张晖、牛文琦、金月光、刘芳梅、徐莉、姜海岚、郭娟也参与了部分章节的编写。

作者 E-mail：yangyun90@163.com，Windows & Linux 教师交流群：189934741。

编　者

2013 年 9 月 10 日教师节

目 录

项目 1 安装 Red Hat Enterprise Linux

项目描述：

某高校组建了校园网，需要架设一台具有 Web、FTP、DNS、DHCP、Samba、VPN 等功能的服务器来为校园网用户提供服务，现需要选择一种既安全又易于管理的网络操作系统。

项目目标：

- 了解 Linux 系统的历史
- 了解版权以及 Linux 系统的特点
- 了解 Red Hat Enterprise Linux
- 掌握如何安装和配置 Linux
- 掌握安全删除 Linux 的相关内容

1.1 相关知识

Linux 系统是一个类似 UNIX 的操作系统，是 UNIX 在微机上的完整实现，但又不等同于 UNIX，Linux 有其自身的发展历史和特点。

1.1.1 Linux 简介

1. Linux 系统的历史

Linux 系统的标志是一个名为 Tux 的可爱的小企鹅，如图 1-1 所示。UNIX 是 1969 年由 K.Thompson 和 D.M.Richie 在美国贝尔实验室开发的一种操作系统。由于其良好而稳定的性能迅速在计算机界得到广泛的应用，在随后几十年中也有了不断的改进。

1990 年，芬兰人 Linus Torvalds 接触了为教学而设计的 Minix 系统后，开始着手研究编写一个开放的与 Minix 系统兼容的操作系统。1991 年 10 月 5 日，Linus Torvalds 在赫尔辛基技术大学的一台 FTP 服务器上发布了一个消息，这也标志着 Linux 系统的诞

图 1-1　Linux 的标志

生。Linus Torvalds 公布了第一个 Linux 的内核版本 0.02 版。最开始时，Linus Torvalds 的兴趣在于了解操作系统的运行原理，于是 Linux 早期的版本并没有考虑最终用户的使用，只是提供了最核心的框架，使得 Linux 编程人员可以享受编制内核的乐趣，但同时也保证了 Linux 系统内核的强大与稳定。由于 Internet 的兴起，使得 Linux 系统也

能十分迅速地发展。在不久之后就有许多程序员加入到了 Linux 系统的编写行列之中。

随着编程小组的扩大和完整的操作系统基础软件的出现，Linux 开发人员认识到，它已经逐渐变成一个成熟的操作系统。1992 年 3 月，内核 1.0 版本的推出，标志着 Linux 第一个正式版本的诞生。这时能在 Linux 上运行的软件已经十分广泛了，从编译器到网络软件以及 X-Window 都有。现在，Linux 凭借优秀的设计、不凡的性能，加上 IBM、Intel、AMD、Dell、Oracle、Sybase 等国际知名企业的大力支持，市场份额逐步扩大，逐渐成为主流操作系统之一。

2. Linux 的版权问题

Linux 是基于 Copyleft（无版权）的软件模式进行发布的，其实 Copyleft 是与 Copyright（版权所有）相对立的新名称，它是 GNU 项目制定的通用公共许可证（General Public License，GPL）。GNU 项目是由 Richard Stallman 于 1984 年提出的，他建立了自由软件基金会（FSF）并提出 GNU 计划的目的是开发一个完全自由的、与 UNIX 类似但功能更强大的操作系统，以便为所有的计算机使用者提供一个功能齐全、性能良好的基本系统，它的标志是角马，如图 1-2 所示。

GPL 是由自由软件基金会发行的用于计算机软件的协议证书，使用证书的软件被称为自由软件，后来改名为开放源代码软件（Open Source Software），大多数的 GNU 程序和超过半数的自由软件使用它，GPL 保证任何人有权使用、拷贝和修改该软件，任何人有权取得、修改和重新发布自由软件的源代码，并且规定在不增加附加费用的条件下可以得到自由软件的源代码；同时还规定自由软件的衍生作品必须以 GPL 作为它重新发布的许可协

图 1-2　GNU 的标志角马

议。Copyleft 软件的组成更加透明化，这样当出现问题时，就可以准确地查明故障原因，及时采取相应对策，同时用户不用再担心有"后门"的威胁。

GNU 使用了有趣的递归缩写，它是 "GNU's Not UNIX" 的缩写形式。由于递归缩写是一种在全称中递归引用它自身的缩写，因此无法精确地解释出它的真正全称。

3. Linux 系统的特点

Linux 操作系统作为一个免费、自由、开放的操作系统，它的发展势不可挡，并拥有如下所述的一些特点。

- 完全免费。由于 Linux 遵循通用公共许可证 GPL，因此任何人有使用、拷贝和修改 Linux 的自由，可以放心地使用 Linux 而不必担心成为"盗版"用户。
- 高效安全稳定。UNIX 操作系统的稳定性是众所周知的，Linux 继承了 UNIX 核心的设计思想，具有执行效率高、安全性高和稳定性好的特点。Linux 系统的连续运行时间通常以年做单位，能连续运行 3 年以上的 Linux 服务器并不少见。
- 支持多种硬件平台。Linux 能在笔记本电脑、PC 机、工作站，甚至大型机上运行，并能在 x86、MIPS、PowerPC、SPARC 和 Alpha 等主流的体系结构上运行，可以说 Linux 是目前支持的硬件平台最多的操作系统。

- 友好的用户界面。Linux 提供了类似 Windows 图形界面的 X-Window 系统，用户可以使用鼠标很方便、直观和快捷地进行操作。经过多年的发展，Linux 的图形界面技术已经非常成熟，其强大的功能和灵活的配置界面让一向以用户界面友好著称的 Windows 也黯然失色。
- 强大的网络功能。网络就是 Linux 的生命，完善的网络支持是 Linux 与生俱来的能力，所以 Linux 在通信和网络功能方面优于其他操作系统，其他操作系统既不包含如此紧密地和内核结合在一起的连接网络的能力，也没有内置这些网络特性的灵活性。
- 支持多任务、多用户。Linux 是多任务、多用户的操作系统，可以支持多个使用者同时使用并共享磁盘、外设、处理器等系统资源。同时 Linux 的保护机制使每个应用程序和用户互不干扰，即使一个任务崩溃，其他任务仍然照常运行。

1.1.2　Linux 体系结构

Linux 一般有 3 个主要部分：内核（kernel）、命令解释层（Shell 或其他操作环境）、实用工具。

1. Linux 内核

内核是系统的心脏，是运行程序和管理像磁盘和打印机等硬件设备的核心程序。操作环境向用户提供一个操作界面，它从用户那里接受命令，并且把命令送给内核去执行。由于内核提供的都是操作系统最基本的功能，如果内核发生问题，整个计算机系统就可能会崩溃。

Linux 内核的源代码主要用 C 语言编写，只有部分与驱动相关的用汇编语言编写。Linux 内核采用模块化的结构，其主要模块包括：存储管理、CPU 和进程管理、文件系统管理、设备管理和驱动、网络通信以及系统的引导、系统调用等。Linux 内核的源代码通常安装在/usr/src 目录，可供用户查看和修改。

当 Linux 安装完毕之后，一个通用的内核就被安装到计算机中。这个通用内核能满足绝大部分用户的需求，但也正因为内核的这种普遍适用性使得很多对具体的某一台计算机来说可能并不需要的内核程序（比如一些硬件驱动程序）将被安装并运行。Linux 允许用户根据自己机器的实际配置定制 Linux 的内核，从而有效地简化 Linux 内核，提高系统启动速度，并释放更多的内存资源。

在 Linus Torvalds 领导的内核开发小组不懈努力下，Linux 内核的更新速度非常快。用户在安装 Linux 后可以下载最新版本的 Linux 内核，进行内核编译后升级计算机的内核，就可以使用到内核最新的功能。由于内核定制和升级的成败关系到整个计算机系统能否正常运行，因此用户对此必须非常谨慎。

2. Linux Shell

Shell 是系统的用户界面，提供了用户与内核进行交互操作的一种接口。它接收用户输入的命令，并且把它送入内核去执行。

操作环境在操作系统内核与用户之间提供操作界面，它可以描述为一个解释器。操作系统对用户输入的命令进行解释，再将其发送到内核。Linux 存在几种操作环境，分别是：桌面（desktop）、窗口管理器（window manager）和命令行 shell（command line shell）。Linux 系统中的每个用户都可以拥有自己的用户操作界面，并根据自己的要求进行定制。

Shell 是一个命令解释器，它解释由用户输入的命令，并且把它们送到内核。不仅如此，Shell 还有自己的编程语言用于对命令的编辑，它允许用户编写由 Shell 命令组成的程序。Shell 编程语言具有普通编程语言的很多特点，例如，它也有循环结构和分支控制结构等，用这种编程语言编写的 Shell 程序与其他应用程序具有同样的效果。

同 Linux 本身一样，Shell 也有多种不同的版本。目前主要有下列版本的 Shell。

- Bourne Shell：是贝尔实验室开发的版本。
- BASH：是 GNU 的 Bourne Again Shell，是 GNU 操作系统上默认的 Shell。
- Korn Shell：是对 Bourne Shell 的发展，在大部分情况下与 Bourne Shell 兼容。
- C shell：是 Sun 公司 Shell 的 BSD 版本。

Shell 不仅是一种交互式命令解释程序，而且还是一种程序设计语言，它跟 MS-DOS 中的批处理命令类似，但比批处理命令功能强大。在 Shell 脚本程序中可以定义和使用变量，进行参数传递、流程控制、函数调用等。

Shell 脚本程序是解释型的，也就是说 Shell 脚本程序不需要进行编译，就能直接逐条解释，逐条执行脚本程序的源语句。Shell 脚本程序的处理对象只能是文件、字符串或者命令语句，而不像其他的高级语言有丰富的数据类型和数据结构。

作为命令行操作界面的替代选择，Linux 还提供了像 Microsoft Windows 那样的可视化界面——X-Window 图形用户界面（GUI）。它提供了很多窗口管理器，其操作方法就像 Windows 一样，有窗口、图标和菜单，所有的管理都通过鼠标控制。现在比较流行的窗口管理器是 KDE 和 GNOME（其中 GNOME 是 Red Hat Linux 默认使用的界面），两种桌面都能够免费获得。

3. 实用工具

标准的 Linux 系统都有一套叫作实用工具的程序，它们是专门的程序，例如编辑器、执行标准的计算操作等。用户也可以产生自己的工具。实用工具可分为三类：

- 编辑器：用于编辑文件。
- 过滤器：用于接收数据并过滤数据。
- 交互程序：允许用户发送信息或接收来自其他用户的信息。

Linux 的编辑器主要有：Ed、Ex、Vi 和 Emacs。Ed 和 Ex 是行编辑器，Vi 和 Emacs 是全屏幕编辑器。

Linux 的过滤器（Filter）读取从用户文件或其他地方的输入，检查和处理数据，然后输出结果。从这个意义上说，它们过滤了经过它们的数据。Linux 有不同类型的过滤器，一些过滤器用行编辑命令输出一个被编辑的文件，另外一些过滤器按模式寻找文件并以这种模式输出部分数据，还有一些过滤器执行字处理操作，检测一个文件中的格式，输出一个格式化的文件。过滤器的输入可以是一个文件，也可以是用户从键盘键入的数据，还可以是另一个过滤器的输出。过滤器可以相互连接，因此，一个过滤器的输出可能是另一个过滤器的输入。在有些情况下，用户可以编写自己的过滤器程序。

交互程序是用户与机器的信息接口。Linux 是一个多用户系统，它必须和所有用户保持联系。信息可以由系统上的不同用户发送或接收。信息的发送有两种方式，一种是与其他用户一对一地链接进行对话，另一种是一个用户对多个用户同时链接进行通信，即广播式通信。

1.1.3　Linux 的版本

Linux 的版本分为内核版本和发行版本。

1. 内核版本

内核提供了一个在裸设备与应用程序间的抽象层。例如，程序本身不需要了解用户的主板芯片集或磁盘控制器的细节就能在高层次上读写磁盘。

内核的开发和规范一直由 Linus 领导的开发小组控制着，版本也是唯一的。开发小组每隔一段时间就公布新的版本或其修订版，从 1991 年 10 月 Linus 向世界公开发布的内核 0.0.2 版本（0.0.1 版本功能相当简陋所以没有公开发布）到目前最新的内核 3.10.9 版本，Linux 的功能越来越强大。

Linux 内核的版本号命名是有一定规则的，版本号的格式通常为"主版本号.次版本号.修正号"。主版本号和次版本号标志着重要的功能变动，修正号表示较小的功能变更。以 2.6.12 版本为例，2 代表主版本号，6 代表次版本号，12 代表修正号。其中次版本号还有特定的意义：如果是偶数数字，就表示该内核是一个可放心使用的稳定版；如果是奇数数字，则表示该内核加入了某些测试的新功能，是一个内部可能存在着 BUG 的测试版。如 2.5.74 表示是一个测试版的内核，2.6.12 表示是一个稳定版的内核。读者可以到 Linux 内核官方网站 http://www.kernel.org/ 下载最新的内核代码，如图 1-3 所示。

图 1-3　Linux 内核的官方网站

2. 发行版本

仅有内核没有应用软件的操作系统是无法使用的，所以许多公司或社团将内核、源代码及相关的应用程序组织起来构成一个完整的操作系统，让一般的用户可以简便地安装和使用 Linux，这就是所谓的发行版本（Distribution），一般谈论的 Linux 系统便是针对这些发行版本的。目前各种 Linux 发行版本超过 300 种，它们的发行版本号各不相同，使用的内核版本号也可能不一样，下面就为读者介绍几个目前比较著名的发行版本，如表 1-1 所示。

表 1-1　主要 Linux 发行版本简介

	简介	Red Hat 是最成功的 Linux 发行版本之一，它的特点是安装和使用简单，可以让用户很快享受到 Linux 的强大功能而免去繁琐的安装与设置工作。Red Hat 也是全球最流行的 Linux 版本，Red Hat 已经成为 Linux 的代名词，许多人一提到 Linux 就会毫不犹豫地想到 Red Hat。它曾被权威计算机杂志 InfoWorld 评为最佳 Linux
	网址	http://www.redhat.com
	简介	Slackware 算起来应当是历史最悠久的 Linux 发行版，它的特点是由于尽量采用原版的软件包而不进行任何修改，因此软件制造新 BUG 的几率便低了很多。在其他主流发行版强调易用性的时候，Slackware 依然固执地追求最原始的效率：所有的配置均要通过配置文件来进行
	网址	http://www.slackware.com
	简介	Mandriva 原名是 Mandrake，它的特点是集成了轻松愉快的图形化桌面环境以及自行研制的图形化配置工具。Mandrake 在易用性方面下了不少功夫，从而迅速成为设置易用实用的代名词。Red Hat 默认采用 GNOME 桌面系统，而 Mandriva 将之改为 KDE
	网址	http://www.mandrivaLinux.com
	简介	Debian 可以算是迄今为止最遵循 GNU 规范的 Linux 系统，它的特点是使用了 Debian 系列特有的软件包管理工具 dpkg，使得安装、升级、删除和管理软件变得非常简单。Debian 是完全由网络上的 Linux 爱好者负责维护的发行套件。这些爱好者的目的是制作一个可以同商业操作系统相媲美的免费操作系统，并且其所有的组成部分都是自由软件
	网址	http://www.debian.org
	简介	SuSE 是德国最著名的 Linux 发行版，在全世界范围中也享有较高的声誉，它的特点是使用了自主开发的软件包管理系统 YaST。2003 年 11 月，Novell 收购了 SuSE，使 SuSE 成为 Red Hat 一个强大的竞争对手。同时还为 Novell 正在与微软进行的竞争提供了一个新的方向
	网址	http://www.novell.com/Linux/suse
	简介	红旗 Linux 是中华民族基础软件在产业化征程中具有里程碑意义的胜利，它的特点是中国第一个土生土长的 Linux 发行版，对中文支持得最好，而且界面和操作的设计都符合中国人的习惯
	网址	http://www.redflag-Linux.com

1.1.4　了解 Red Hat Enterprise Linux 5 的新特性

Red Hat Enterprise Linux（RHEL）是由 Red Hat 公司提供收费技术支持和更新的服务器版本的操作系统。

Red Hat Enterprise Linux 5 发布于 2007 年 3 月 14 日，是 Red Hat 商业操作系统的第 5 个

重要版本，新版本的主要变化是内核升级为 2.6.18，开始支持 Xen 虚拟化技术和集群存储等。

1. Red Hat Enterprise Linux 5 的新特性

Red Hat Enterprise Linux 5 的主要特性如下。

（1）虚拟化技术。支持在各种平台上的虚拟化技术，在 Red Hat Enterprise Linux Advanced Platform 上甚至支持存储与扩展的服务器虚拟化技术，还提供了 virt-manager、libvit/virsh 等管理工具。

（2）内核与性能的提升。Red Hat Enterprise Linux 5 基于新的 2.6.18 内核，对于多内核处理器的支持更完善，并支持 Intel Network Accelerator Technology（IOAT），增强了基于 Kexec/Kdump 的 Dump 支持，增强了对于大型 SMP 系统的支持，增强了管道缓存。

（3）安全。Red Hat Enterprise Linux 5 采用 SELinux 增强了系统的安全性，并且内置图形化的 SELinux 管理工具，集成了目录和安全机制，增强的 IPSec 提供了系统安全和性能，新的审核机制还可以提供搜索、产生报表和实时监控能力。

什么是 SELinux？

SELinux 的全称是 Security Enhanced Linux，是由美国国家安全部（National Security Agency）领导开发的 GPL 项目，它拥有一个灵活而强制性的访问控制结构，旨在提高 Linux 系统的安全性，提供强健的安全保证，可防御未知攻击。据称相当于 B1 级的军事安全性能。应用 SELinux 后，可以减轻恶意攻击或恶意软件带来的灾难，并对机密性和完整性有很高要求的信息提供安全保障。控制的东西越多使用起来就越容易复杂，SELinux 也不例外。目前 SELinux 仍在不断完善中，管理和控制策略并不是一件轻松的事，需要丰富的系统知识和经验，并且必须仔细阅读 SELinux 相关的文档，做大量的尝试。读者可以到 SELinux 的官方网站 http://www.nsa.gov/SELinux 获得更多的信息。

（4）网络与存储。Red Hat Enterprise Linux 5 支持 Autofs、FS-Cache 和 iSCSI，让用户可以更方便地管理存储设备，并增强了对于 IPv6 的支持。此外，还改进了对于 Microsoft 文件/打印和 Active Directory（目录服务）的支持。

（5）桌面支持。Red Hat Enterprise Linux 5 更新了管理工具、应用程序版本并增强了对笔记本电脑的支持。在电源管理方面，ACPI 开始包括 Suspend to Disk，增强了对多媒体的支持，完善了即插即用设备的管理。

Network Manager 提供了自动的有线和无线网络配置向导，基于 AIGLX/Compiz 的图形化界面（支持透明、淡化）不再让 Windows Vista 专美于前。

（6）开发环境。Red Hat Enterprise Linux 5 增强了开发工具，包括 System Tap、Frysk、gcc 4.1 和 glibc 2.5 工具链。

（7）管理。Red Hat Enterprise Linux 5 首先简化了安装过程的系统配置，采用基于 Yum/Pup 的 Red Hat Network 更新，方便修补系统漏洞。此外，它还采用了更好用的 Conga 集群和存储管理。

2. Red Hat Enterprise Linux 5 大家族

Red Hat Enterprise Linux 5 这个企业版也分为桌面和服务器两个系列，每个系列又对应几个不同的版本，而且 Red Hat Enterprise Linux 5 与 Red Hat Enterprise Linux 3/4 的版本划分及命名又有所不同。

（1）Red Hat Enterprise Linux 5 Server。

具体来说，Red Hat Enterprise Linux 5 Server 系列分为以下几种：

- Red Hat Enterprise Linux Advanced Platfom：对应以前的 Red Hat Enterprise Linux AS。
- Red Hat Enterprise Linux：对应以前的 Red Hat Enterprise Linux AS。

（2）Red Hat Enterprise Linux 5 Desktop。

Desktop 系列分为以下几种：

- Red Hat Enterprise Linux Desktop：对应以前的 Red Hat Desktop。
- Red Hat Enterprise Linux Desktop with Workstation option：对应以前的 Red Hat Enterprise Linux WS。

1.2 项目设计与准备

1.2.1 项目设计

中小型企业在选择网络操作系统时，首先推荐企业版 Linux 网络操作系统。一是由于其开源的优势，另一个是考虑安全性。

要想成功安装 Linux，首先必须对硬件的基本要求、硬件的兼容性、多重引导、磁盘分区和安装方式等进行充分准备，获取发行版本，查看硬件是否兼容，选择适合的安装方式。做好这些准备工作，Linux 安装之旅才会一帆风顺。

用户可以借助 Windows 的设备管理器来查看计算机中各硬件的型号，并与 Red Hat 公司提供的硬件兼容列表进行对比，以确定硬件是否与 RHEL 5 兼容。

1. 硬件的基本要求

在安装 Red Hat Enterprise Linux 5 之前，我们首先要了解它的最低硬件配置需求，以保证主机可以正常运行。

- CPU：需要 Pentium 以上处理器。
- 内存：对于 x86、AMD64/Intel64 和 Itanium2 架构的主机，最少需要 512MB 的内存，如果主机是 IBM Power 系列，则至少需要 1GB 的内存（推荐 2GB）。
- 硬盘：必须保证有大于 1GB 的空间。实际上，这是安装占用的空间，如果考虑到交换分区、用户数据分区，则所需要的空间远远不止 1GB（完全安装就需要 5GB 以上的硬盘空间）。
- 显卡：需要 VGA 兼容显卡。
- 光驱：CD-ROM 或者 DVD。
- 其他：兼容声卡、网卡等。

由于 Windows 在操作系统上的垄断地位，绝大多数硬件产品厂商只开发了 Windows 操作系统的驱动程序，不过随着 Linux 的快速发展，这种局面在一定程度上得到了缓解，比如著名的显卡厂商 nVIDIA 和 AMD 都开始为 Linux 开发驱动程序，其他业余人员、爱好者也合作编写了各种质量相当高的硬件驱动程序。

Red Hat Enterprise Linux 5 支持目前绝大多数主流的硬件设备，不过由于硬件配置、规格更新极快，若想知道自己的硬件设备是否被 Red Hat Enterprise Linux 5 支持，最好去访问硬件认证网页（https://hardware.RedHat.com/），查看哪些硬件通过了 Red Hat Enterprise Linux 5 的认证。

2. 多重引导

Linux 和 Windows 的多系统共存有多种实现方式，最常用的有以下 3 种。

● 先安装 Windows，再安装 Linux，最后用 Linux 内置的 GRUB 或者 LILO 来实现多系统引导。这种方式实现起来最简单。

● 无所谓先安装 Windows 还是 Linux，最后经过特殊的操作，使用 Windows 内置的 OS Loader 来实现多系统引导。这种方式实现起来稍显复杂。

● 同样无所谓先安装 Windows 还是 Linux，最后使用第三方软件来实现 Windows 和 Linux 的多系统引导。这种实现方式最为灵活，操作也不算复杂。

在这 3 种实现方式中，目前用户使用最多的是通过 Linux 的 GRUB 或者 LILO 来实现 Windows、Linux 多系统引导。

LILO 是最早出现的 Linux 引导装载程序之一，其全称为 Linux Loader。早期的 Linux 发行版本中都以 LILO 作为引导装载程序。GRUB 比 LILO 晚出现，其全称是 GRand Unified Bootloader。GRUB 不仅具有 LILO 的绝大部分功能，并且还拥有漂亮的图形化交互界面和方便的操作模式。因此，包括 Red Hat 在内的越来越多的 Linux 发行版本转而将 GRUB 作为默认安装的引导装载程序。

GRUB 提供给用户交互式的图形界面，还允许用户定制个性化的图形界面。而 LILO 的旧版本只提供文字界面，在其最新版本中虽然已经有图形界面，但对图形界面的支持还比较有限。

LILO 通过读取硬盘上的绝对扇区来装入操作系统，因此每次改变分区后都必须重新配置 LILO。如果调整了分区的大小或者分区的分配，那么 LILO 在重新配置之前就不能引导这个分区的操作系统。而 GRUB 是通过文件系统直接把内核读取到内存，因此只要操作系统内核的路径没有改变，GRUB 就可以引导操作系统。

GRUB 不但可以通过配置文件进行系统引导，还可以在引导前动态改变引导参数，动态加载各种设备。例如，刚编译出 Linux 的新内核，却不能确定其能否正常工作时，就可以在引导时动态改变 GRUB 的参数，尝试装载新内核。LILO 只能根据配置文件进行系统引导。

GRUB 提供强大的命令行交互功能，方便用户灵活地使用各种参数来引导操作系统和收集系统信息。GRUB 的命令行模式甚至还支持历史记录功能，用户使用上下键就能寻找到以前的命令，非常高效易用，而 LILO 就不提供这种功能。

3. 安装方式

任何硬盘在使用前都要进行分区。硬盘的分区首先有两种类型：主分区和扩展分区。Red Hat Enterprise Linux 5 提供了多达 4 种安装方式支持，可以从 CD-ROM/DVD 启动安装、从硬盘安装、从 NFS 服务器安装或者从 FTP/HTTP 服务器安装。

（1）从 CD-ROM/DVD 安装。

对于绝大多数场合来说，最简单、快捷的安装方式当然是从 CD-ROM/DVD 进行安装。只要设置启动顺序为光驱优先，然后将 Red Hat Enterprise Linux 5 CD-ROM Disk 1 或者 DVD 放入光驱启动即可进入安装向导（CD-ROM 版本有 5 张光盘）。

（2）从硬盘安装。

如果是从网上下载的光盘镜像，并且没有刻录机去刻盘，从硬盘安装也是一个不错的选择。需要进行的准备活动也很简单，将下载到的 ISO 镜像文件拷贝到 FAT32 或者 ext2 分区中，在安装的时候选择硬盘安装，然后选择镜像位置即可。

（3）从网络服务器安装。

对于网络速度不是问题的用户来说，通过网络安装也是不错的选择。Red Hat Enterprise Linux 5 目前的网络安装支持 NFS、FTP 和 HTTP 这 3 种方式。

> **注意** 在通过网络安装 Red Hat Enterprise Linux 5 时，一定要保证光驱中不能有安装光盘，否则有可能会出现不可预料的错误。

4. 磁盘分区

（1）磁盘分区简介。

硬盘上最多只能有四个主分区，其中一个主分区可以用一个扩展分区来替换。也就是说主分区可以有 1～4 个，扩展分区可以有 0～1 个，而扩展分区中可以划分出若干个逻辑分区。

目前常用的硬盘主要有两大类：IDE 接口硬盘和 SCSI 接口硬盘。IDE 接口的硬盘读写速度比较慢，但价格相对便宜，是家庭用 PC 常用的硬盘类型。SCSI 接口的硬盘读写速度比较快，但价格相对较贵。通常，要求较高的服务器会采用 SCSI 接口的硬盘。一台计算机上一般有两个 IDE 接口（IDE0 和 IDE1），在每个 IDE 接口上可连接两个硬盘设备（主盘和从盘）。采用 SCSI 接口的计算机也遵循这一规律。

Linux 的所有设备均表示为/dev 目录中的一个文件，如：

- IDE 接口上的主盘称为/dev/hda；
- IDE 接口上的从盘称为/dev/hdb；
- SCSI 接口上的主盘称为/dev/sda；
- SCSI 接口上的从盘称为/dev/sdb；
- IDE 接口上主盘的第 1 个主分区称为/dev/hda1；
- IDE 接口上主盘的第 1 个逻辑分区称为/dev/hda5。

由此可知，/dev 目录下"hd"打头的设备是 IDE 硬盘，"sd"打头的设备是 SCSI 硬盘。设备名称中第 3 个字母为 a，表示该硬盘是连接在第 1 个接口上的主盘硬盘，而 b 则表示该硬盘是连接在第 2 个接口上的从盘硬盘，并以此类推。分区则使用数字来表示，数字 1～4 用于表示主分区或扩展分区，逻辑分区的编号从 5 开始。

（2）分区方案。

对于初次接触 Linux 的用户来说，分区方案越简单越好，所以最好的选择就是为 Linux 装备两个分区，一个是用户保存系统和数据的根分区（/），另一个是交换分区（swap）。其中交换分区不用太大，与物理内存同样大小即可；根分区则需要根据 Linux 系统安装后占用资源的大小和所需要保存数据的多少来调整大小（一般情况下，划分 15～20GB 就足够了）。

当然，对于 Linux 熟手，或者要安装服务器的管理员来说，这种分区方案就不太适合了。他们一般还会单独创建一个/boot 分区，用于保存系统启动时所需要的文件，再创建一个/usr 分区，操作系统基本都在这个分区中；还需要创建一个/home 分区，所有的用户信息都在这个分区下；还有/var 分区，服务器的登录文件、邮件、Web 服务器的数据文件都会放在这个分区目录树中，如图 1-4 所示。

　　至于分区操作，由于 Windows 并不支持 Linux 下的 ext2、ext3 和 swap 分区，所以我们只有借助于 Linux 的安装程序进行分区了。当然，绝大多数第三方分区软件也支持 Linux 的分区，我们也可以用它们来完成这项工作。

　　5. 挂载点与磁盘分区的规划

　　既然在 Linux 系统下使用的是目录树系统，安装的时候自然要规划磁盘分区与目录树的挂载。实际上，在 Linux 安装的时候已经提供了相当多的默认模式让你选择分区的方式。不过，无论如何，默认分区的结果可能并不符合你的需求。因为毕竟每个人的"想法"不会太一样。

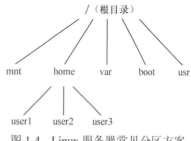

图 1-4　Linux 服务器常见分区方案

　　因此，强烈建议使用"自定义安装，Custom"这个安装模式。在某些 Linux 发布版中，会将这个模式叫做"Expert，专家模式"。没有关系，请相信自己。

　　（1）自定义安装"Custom"。

　　① 对于初次接触 Linux 的读者，建议只要分区"／"及"swap"。

　　初次安装 Linux 系统的朋友，建议直接以一个最大的分区"／"来安装系统。这样做有个好处，就是不怕分区错误造成无法安装的困境。例如，/usr 是 Linux 的可执行程序及相关文件存放的目录，所以它的容量需求很大，万一你分了一块磁盘给/usr，但是却不够大，那么就伤脑筋了。因为这可能会造成无法将数据完全写入的问题，也就有可能无法安装 Linux 了。因此如果你是初次安装的话，最好仅分成两个分区："／"与"swap"。

　　② 分区时建议预留备用的磁盘容量。

　　在想要学习 Linux 的朋友中，遇到最麻烦的可能就是要常常处理分区的问题，因为分区是系统管理员很重要的一项任务。但如果你将整个硬盘的容量都用光了，那么你要如何练习分区呢？

　　最好的办法就是请你特别预留一块不分区的磁盘，作为后续练习时分区使用。

　　此外，预留的磁盘也可以拿来作为备份之用。因为我们在实际操作 Linux 系统的过程中，可能会发现某些 script 或者是重要的文件很值得备份，这时就可以使用这个预留的磁盘进行分区，划分逻辑驱动器，并用之备份重要的配置文件或者 script。这样做有个最大的好处，就是当 Linux 重新安装的时侯，一些软件或工具程序马上就可以直接在逻辑驱动器中找到。为什么要重新安装？因为"没有安装过 Linux 十次以上，不要说学会了 Linux"。使用虚拟机多安装几次，没有坏处。读者朋友慢慢体会这句话吧！

　　（2）选择 Linux 安装程序提供的默认磁盘分区方式。

　　对于首次接触 Linux 的朋友们，通常不建议使用各个发布版所提供的预设的 Server 安装方式。因为这会让你无法得知 Linux 到底是怎么安装的，而且也不见得符合你的需求。还有一点，安装 Server 的时候，请确定你的硬盘数据已不再需要。因为 Linux 会自动地把你的硬盘里面旧的数据全部删掉。此外，硬盘至少需要 2GB 以上才可以选择这一个模式。

> 在硬盘分区方面，先暂时划分"/"及"swap"两个分区。而且，还要预留一个未划分的空间，以应对将来可能针对系统的磁盘分区和磁盘配额（quota)的练习。举例来说，如果你有一个20GB的硬盘，那么建议你分15 GB给"/"来安装Linux，512 MB给Swap，另外的4GB左右不要划分，先保留下来，以备将来之用。

6. 大硬盘配合旧主机造成的无法开机问题

随着时代的演变，个人计算机上面的硬盘容量竟然都已经高达750 GB以上了。这么大的硬盘用起来当然很好。不过，也经常会出现无法开机的问题。什么原因呢？

某些比较旧的主板中，BIOS可能找不到较大容量的磁盘。所以，你在旧主板上安装新的大容量磁盘时，你的磁盘容量很可能会被误判。不过，即使是这样，Linux还是能够安装，而且能够顺利地捕捉到完整的硬盘容量。为什么呢？因为当 Linux 核心顺利开机启动后，它会重新再去侦测一次整个硬件而不理会 BIOS 提供的信息，所以就能够顺利地捕捉到正确的硬盘，并且让你成功安装 Linux。

但是，安装完毕后，可能会无法开机！为什么？因为 BIOS 捕捉到的硬盘是不对的，所以会出现无法开机的错误。那怎么办？

虽然 BIOS 捕捉到的磁盘容量不对，但是至少在整颗磁盘前面的扇区他还是可以读到的。因此，你只要将这个磁盘最前面的容量分割出一个小容量的磁盘驱动器，并将它与系统启动文件的目录/boot 放在一起就可以了。

其实，重点是将启动扇区所在磁盘规范在小于1024个柱面以内。具体怎么做到呢？很简单，在进行安装的时候，规划出三个扇区，分别是：

- /boot；
- /；
- swap；

/boot 给 100MB 左右，而且/boot 要放在整块硬盘的最前面。

1.2.2 项目准备

根据实际情况的不同，Red Hat Enterprise Linux 5 安装程序的启动主要有4种选择。

（1）Red Hat Enterprise Linux 5 CD-ROM/DVD：需要用户有 Red Hat Enterprise Linux 5 的安装光盘。

（2）从 CD-ROM/DVD 启动：用户的计算机必须支持光盘启动，并且安装文件可以通过本地硬盘、NFS/FTP/HTTP 等途径访问。

（3）从 USB 闪盘启动：用户的计算机必须支持从闪盘启动，并且安装文件可以通过本地硬盘、NFS/FTP/HTTP 等途径访问。

（4）以 PXE 方式网络启动。

下面，我们就以 Red Hat Enterprise Linux 5 CD-ROM/DVD 来启动计算机，并逐步安装程序。

1.3　项目实施

任务 1　安装与配置 Red Hat Enterprise Linux 5

在安装前需要对虚拟机软件做一点介绍，启动 VMware 软件，在 VMware Workstation 主窗口中单击 New Virtual Machine，或者选择 File→New→Virtual Machine 命令，打开新建虚拟机向导。单击"下一步"按钮，出现如图 1-5 所示对话框。从 VMWare 6.5 开始，在建立虚拟机时会出现一项 Easy install，类似 Windows 的无人值守安装，如果不希望执行 Easy Install，请选择第 3 项 I will install the operating system later 单选按钮（推荐选择本项）。其他内容请参照相关资料。

图 1-5　在虚拟机中选择安装方式

子任务 1　安装 Red Hat Enterprise Linux 5

1. 设置启动顺序

决定了要采用的启动方式后，就要到 BIOS 中进行设置，将相关的启动设备设置为高优先级。因为现在所有的 Linux 版本都支持从光盘启动，所以我们就进入 Advanced BIOS Feature 选项，使用上下箭头设置第 1 个引导设备为 "CD ROM"。

一般情况下，计算机的硬盘是启动计算机的第一选择，也就是说计算机在开机自检后，将首先读取硬盘上引导扇区中的程序来启动计算机。要安装 RHEL 5 首先要确认计算机将光盘设置为第一启动设备。开启计算机电源后，屏幕会出现计算机硬件的检测信息，此时根据屏幕提示按下相应的按键就进入 BIOS 的设置画面，如屏幕出现 Press DEL to enter SETUP 字样，那么单击 Delete 键就进入 BIOS 设置画面。不同的计算机提示信息有所不同，不同主板的计算机 BIOS 设置画面也有所差别。

在 BIOS 设置画面中将系统启动顺序中的第一启动设备设置为 CD-ROM 选项，并保存设置，退出 BIOS。

如果是在 VMware 虚拟机中安装 RHEL 5，而又需要光盘引导时，有两种方法可进入 BIOS 设置。

注意

方法 1：打开虚拟机电源，在虚拟机窗口中单击鼠标左键，接受对虚拟机的控制，按 F2 键可以进入 BIOS 设置。

方法 2：如图 1-6 所示，在选中要启动的 RHEL 5 虚拟机后，依次单击"虚拟机"→"电源"→"打开电源到 BIOS"，可以直接进入 BIOS 设置界面，虚拟机中使用的是"Phoenix（凤凰）"的 BIOS 程序。

图 1-6   VMwareWorkstation

2. 选择安装方式

根据使用光盘或镜像文件的不同，可采取两种方法加载安装文件。

方法 1：在虚拟机中连接 ISO 文件（等同于将光盘放入光驱）

在 VMware Workstation 界面中，依次单击"虚拟机"→"设置"打开虚拟机设置对话框。如图 1-7 所示。在该对话框中单击"CD/DVD（IDE）"，选中右侧的"使用 ISO 映像文件"单选按钮，然后单击"浏览"按钮，查找并选中 RHEL 5 映像文件。

方法 2：直接把 Red Hat Enterprise Linux 5 CD-ROM/DVD 放入光驱。

准备工作完成后，重新启动计算机（打开虚拟机电源），稍等片刻，就看到了经典的 Red Hat Linux 安装界面，如图 1-8 所示。

需要注意的是，在这个安装界面下按回车键表示采用默认的选项进行安装。如果想从硬盘安装，或者进入急救模式，或者设置安装时采用的分辨率，则分别按 F2 键（更多选项）、F3 键（常规配置）、F4 键（内核参数）、F5 键（急救模式）。如果在 boot:后输入"Linux text"则是用 CLI（命令行界面）安装。

图 1-7 VMware Workstation 界面

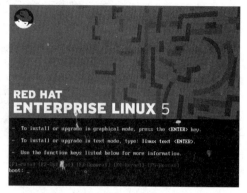

图 1-8 选择 Red Hat Enterprise Linux 5 安装模式

> **说明** 如果想从硬盘或者网络载体上安装 Red Hat Enterprise Linux 5，就必须在
> "boot:"提示符下，输入"linux askmethod"，然后在接下来的窗口中选择
> 从本地硬盘、网络还是光盘进行安装。

3. 检测光盘和硬件

在"boot:"提示符下直接按回车键，安装程序就会自动检测硬件，并且会在屏幕上提示相关的信息，如光盘、硬盘、CPU、串行设备等，如图 1-9 所示。

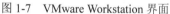

图 1-9 Red Hat Enterprise Linux 5 安装程序检测硬件中

检测完毕后，还会出现一个光盘检测窗口，如图 1-10 所示。这是因为大家使用的 Linux 很多都是从网上下载的，为了防止下载错误导致安装失败，Red Hat Enterprise Linux 特意设置了光盘正确性检查程序。如果确认自己的光盘没有问题，就单击 Skip 按钮跳过漫长的检测过程。

4. 选择安装语言并进行键盘设置

如果你的主机硬件都可以很好地被 Red Hat Enterprise Linux 5 支持的话，现在就进入了图形化安装阶段。首先打开的是欢迎界面，Red Hat Enterprise Linux 5 的安装要靠我们简单地进行选择来一步一步地完成，如图 1-11 所示。

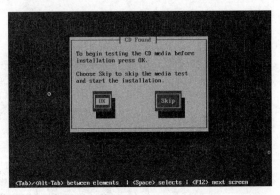

图 1-10　选择是否检测光盘介质

Red Hat Enterprise Linux 5 的国际化做得相当好，它的安装界面内置了数十种语言支持。根据自己的需求选择语言种类，这里选择"简体中文"，单击 Next 按钮后，整个安装界面就变成简体中文显示了，如图 1-12 所示。

图 1-11　Red Hat Enterprise Linux 5 的欢迎界面

图 1-12　选择所采用的语言

接下来是键盘布局选择窗口，对于选择了"简体中文"界面的用户来说，这里最好选择"美国英语式"。

5. 输入安装号码

在选择好键盘布局并继续安装时，Red Hat Enterprise Linux 5 会提醒输入"安装号码"。这个安装号码相当于 Windows 的安装序列号，只不过在 Red Hat Enterprise Linux 5 中即使跳过输入安装号码也可以安装、使用 Linux，但可以安装的功能受限，并且得不到 Red Hat 的技术支持而已，如图 1-13 所示。

6. 为硬盘分区

磁盘分区允许用户将一个磁盘划分成几个单独的部分，每一部分有自己的盘符。Red Hat Enterprise Linux 5 在安装向导中提供了一个简单易用的分区程序（Disk Druid）来帮助用户完成分区操作。

（1）在全新硬盘上安装 Red Hat Enterprise Linux 5，安装程序会提示你是否要初始化驱动器，单击"是"按钮继续（见图 1-14）。

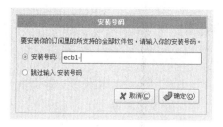

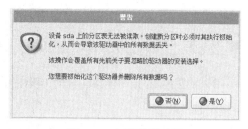

图1-13 输入安装号码   图1-14 初始化驱动器

（2）Red Hat Enterprise Linux 5分区工具会首先让用户选择分区方案，如图1-15所示。

图1-15　Red Hat Enterprise Linux 5提供了4种分区方案

内置的分区方案包括4种。

① 在选定磁盘上删除所有分区并创建默认分区结构。

选择该选项将会删除原来硬盘上的所有分区，包括Windows的vfat、NTFS分区。此选项适合于整个磁盘上只需要安装一个Linux系统，并且硬盘上不存在其他重要数据的场合。

> **注意** 选择该选项将会导致原来磁盘上的所有分区和数据被删除。特别提示，在硬盘中数据得到妥善备份之前，请不要进行该操作。

② 在选定驱动器上删除Linux分区并创建默认的分区结构。

选择该选项将会删除原来硬盘上的Linux分区，但其他操作系统创建的分区比如Windows的vfat、NTFS将会得到保留。此选项适合于和其他操作系统共存的场合。

③ 使用选定驱动器中的空余空间并创建默认的分区结构。

该选项将会保留原来硬盘上的所有数据和分区，前提是你必须保证在硬盘上有足够的空间可以用来安装新的Linux系统。

④ 建立自定义的分区结构。

所有的操作都由用户手工来完成，适合于对Linux十分熟悉的用户。初次接触Red Hat Enterprise Linux 5的用户，还是不建议采用这种方式。

最好勾选分区方案选择窗口下方的"检验和修改分区方案"复选框，这可以让你实时查看到将要采用的分区方案。经过你的同意后，再实施分区动作。

（3）如果选择了三种自动分区方案中的一种，并且勾选了"检验和修改分区方案"复选框，你将会看到分区预览界面，如图 1-16 所示。在其中可以单击"新建"按钮创建一个新分区，单击"编辑"按钮修改选中的分区，单击"删除"按钮删除一个不适合的分区，单击"重设"按钮则将硬盘恢复到早期的分区状态。

（4）先创建/boot 分区。Red Hat Enterprise Linux 5 默认采用的是 LVM 分区格式，这是特殊的磁盘应用，对于采用单硬盘的大多数朋友来说，还是采用普通的分区格式为好，所以先选中原来的分区，逐个删除，然后开始重建。

单击"新建"按钮，会出现"添加分区"对话框，因为首先规划的是"启动分区"，所以在"挂载点"选择"/boot"，磁盘"文件系统类型"就选择标准的"ext3"，大小设置为 100MB（在"大小"框中输入 100，单位是 MB），并勾选"强制为主分区"复选框，其他的按照默认设置即可，如图 1-17 所示。

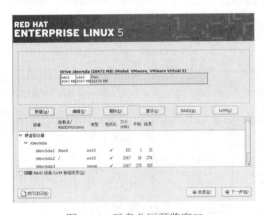 

图 1-16　磁盘分区预览窗口   图 1-17　创建启动分区

 为保证/boot 分区在整个硬盘的最前面，一定要选中"强制为主分区"复选框。

（5）再创建交换分区。同样，单击"新建"按钮，此时会出现同样的窗口，我们只需要在"文件系统类型"中选择"swap"，大小一般设置为物理内存的两倍即可。比如，若计算机物理内存大小为 1GB，设置的 swap 分区大小就是 2048MB（2GB）。

 什么是 swap 分区？简单地说，swap 就是虚拟内存分区，它类似于 Windows 的 PageFile.sys 页面交换文件。就是当计算机的物理内存不够时，作为后备利用硬盘上的指定空间来动态扩充内存的大小。

 由于 swap 并不会使用到目录树的挂载，所以 swap 就不需要指定挂载点。

当然，我们还需要创建其他分区，不过具体动作与上述操作大同小异，这里就不再赘述了。最后的分区规划为：

- swap 分区大小为 2GB；
- /boot 分区大小为 100MB；
- /分区大小为 2GB；
- /usr 分区大小为 5GB；
- /home 分区大小为 8GB；
- /var 分区大小为 1GB。

其他的用来创建一个数据分区和一个备份分区。

注意

① 不可与 root 分区分开的目录是：/dev、/etc、/sbin、/bin 和/lib。系统启动时，核心只载入一个分区，那就是“/”，核心启动要加载/dev、/etc、/sbin、/bin 和/lib 五个目录的程序，所以以上几个目录必须和/根目录在一起。
② 最好单独分区的目录是：/home、/usr、/var 和/tmp，出于安全和管理的目的，以上四个目录最好要独立出来，比如在 Samba 服务中，/home 目录可以配置磁盘配额 quota，在 Sendmail 服务中，/var 目录可以配置磁盘配额 quota。

在创建分区时，/boot、/、swap 分区都勾选“强制为主分区”选项，建立独立主分区（/dev/sda1-3）。/home、/usr、/var 和/tmp 四个目录分别挂载到/dev/sda5-8 四个独立逻辑分区（扩展分区/dev/sda4 被分成若干逻辑分区）。

分区结果如图 1-18 所示。

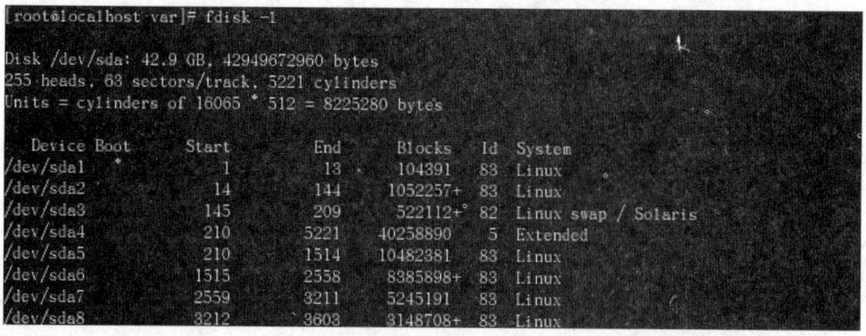

```
[root@localhost var]# fdisk -l

Disk /dev/sda: 42.9 GB, 42949672960 bytes
255 heads, 63 sectors/track, 5221 cylinders
Units = cylinders of 16065 * 512 = 8225280 bytes

   Device Boot      Start         End      Blocks   Id  System
/dev/sda1   *           1          13      104391   83  Linux
/dev/sda2              14         144     1052257+  83  Linux
/dev/sda3             145         209      522112+  82  Linux swap / Solaris
/dev/sda4             210        5221    40258890    5  Extended
/dev/sda5             210        1514    10482381   83  Linux
/dev/sda6            1515        2558     8385898+  83  Linux
/dev/sda7            2559        3211     5245191   83  Linux
/dev/sda8            3212        3603     3148708+  83  Linux
```

图 1-18 分区结果

7. 引导设置

完成硬盘分区操作后，Red Hat Enterprise Linux 5 安装程序开始配置引导程序。在 Linux 中主要有 LILO 和 GRUB 两种引导管理器，目前 LILO 已经很少使用，Red Hat Enterprise Linux 5 内置的就是 GRUB。

一般情况下，我们选择把 GRUB 安装到 MBR 即可（默认设置就是安装到 MBR），如图 1-19 所示。这样如果你先在计算机上安装了 Windows，还可以实现 Windows 和 Linux 的双系统引导。

8. 网络配置

Red Hat Enterprise Linux 5 会自动检测网络设备并将它显示在“网络设备”列表框中，如图 1-20 所示。

图 1-19　选择 GRUB 安装位置　　　　图 1-20　Red Hat Enterprise Linux 5 的网络配置窗口

在默认情况下，Red Hat Enterprise Linux 5 会使用 DHCP 动态获取 IP 地址来降低网络的配置难度。如果不想采用 DHCP 来进行网络设备的配置，则需要选中相应设备，单击右侧的"编辑"按钮打开配置窗口，如图 1-21 所示。清除"使用动态 IP 配置（DHCP）"复选框的对勾即可，然后设置 IP 地址和子网掩码。

单击"确定"按钮后，就会出现如图 1-22 所示的画面。在这里可以为主机设置名称，也可以设置网关、DNS 服务器等。

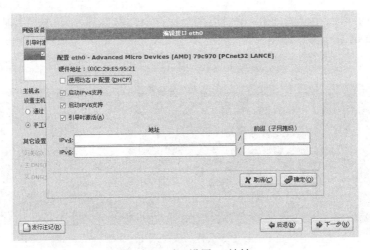

图 1-21　手工设置 IP 地址

若想在安装系统后打开网络配置窗口，只需要在命令行控制台窗口输入"system-config-network"命令就可以了。这个配置网络的小工具叫做 Network Administration Tool。

9. 设置时区

时区用于标志计算机的物理位置，Red Hat Enterprise Linux 5 可以通过两种方式来进行设置，如图 1-23 所示。

（1）在"时区选择"窗口中可以单击上方的交互式地图来选择，当前选中区域会显示一个红色的"×"。

图 1-22　设置网关和 DNS　　　　　　　　　　图 1-23　设置时区

（2）在下方的"时区选择"下拉列表中选择。

在安装好系统之后，想要设置时区就必须借助 Time and Date Properties Tool 工具了，可以通过在命令行控制台窗口输入"system-config-date"命令来打开。

10.　设置根用户口令

设置根用户口令是 Red Hat Enterprise Linux 5 安装过程中最重要的一步。根用户类似于 Windows 中的 Administrator（管理员）账号，对于系统来说具有生杀大权和至高无上的权力，如图 1-24 所示。

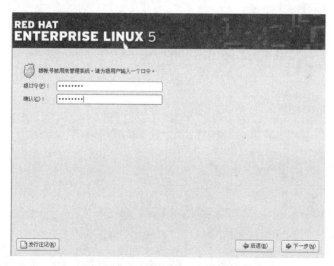

图 1-24　为根用户设置一个强壮的口令

如果想在安装好 Red Hat Enterprise Linux 5 之后重新设置根用户口令，就需要在命令行控制台下输入"system-config-rootpassword"命令。

11.　定制安装组件

Red Hat Enterprise Linux 5 也为我们提供了安装组件的选择选项，这些安装组件随用户安装号码的不同而有所差异。Red Hat Enterprise Linux 5 的组件选择默认只有软件开发、虚拟化和网络服务器 3 部分。如果需要进行更详细的定制，就需要选择下方的"现在定制"选项，如图 1-25 所示。

图 1-25　Red Hat Enterprise Linux 5 的安装组件

如果选择了"现在定制"选项，则会给你一个更加全面的选择机会。比如，当需要安装 KDE 桌面环境时，就需要在"桌面环境"下选择"KDE（K 桌面环境）"，如图 1-26 所示。

图 1-26　详细定制 Red Hat Enterprise Linux 5 的安装组件

现在，终于开始正式安装了。Red Hat Enterprise Linux 5 安装进程会详细地显示安装需要的时间、目前正在安装的组件及组件的简单说明，经过一段时间的等待，Red Hat Enterprise Linux 5 终于顺利完成安装。如果你看到如图 1-27 所示的画面，就表示大功告成，请将光盘取出来，然后单击"重新引导"按钮启动系统。

子任务 2　基本配置安装后的 Red Hat Enterprise Linux 5

Red Hat Enterprise Linux 5 和 Windows XP 类似，安装好重启之后，并不能立刻就投入使用，还必须进行必要的安全设置、日期和时间设置，创建用户和声卡等的安装。Red Hat Enterprise Linux 5 安装后还需要经过设置才能使用。

图 1-27　安装完成

1. 许可协议

Red Hat Enteprise Linux 5 在开始设置之前会显示一个许可协议，只有勾选"是，我同意这个许可协议"，才能继续配置。

2. 防火墙设置

Red Hat Enterprise Linux 5 的安全设置十分严格，在默认情况下，绝大多数服务都不允许外部计算机访问，所以如果想使一台计算机作为 FTP、HTTP 或者 Samba 服务器，就必须在"防火墙设置"部分选择它为可以信任的服务。

Red Hat Enterprise Linux 5 已经内置了 FTP、NFS4、SSH、Samba、Telnet、WWW（HTTP）、安全 WWW（HTTP）和邮件（SMTP）服务的设置模板。要在本机上启用这些服务，只需要勾选"信任的服务"中的相应服务即可。不过，如果所要架设的服务器不在预设模板之列，就需要单击"其他端口"，然后添加相应服务的端口并进行简单的设置，如图 1-28 所示。

3. 加强安全的 SELinux

Red Hat Enterprise Linux 5 中采用了 SELinux（Security Enhanced Linux）来加强系统的安全性，提供一个比传统 Linux 系统更加详细的安全控制功能。它可以被设置为禁用、允许和强制 3 种状态。对于服务器来说，默认的"强制"设置是一个不错的选择，如图 1-29 所示。

图 1-28　为相应的服务放行

图 1-29　启用 SELinux

注意

为了确保安全，对于准备投入实际运行的 Linux 服务器，一定要开启防火墙和 SELinux 功能。但如果在安装系统时没有启用防火墙和 SELinux 功能，可以在安装后进行启用，方法有两种。

第一，执行 "system-config-securitylevel" 命令启动服务配置程序，在出现的对话框中的 "安全级别" 选项中，选择 "启用" 确定即可。

第二，启用 SELinux。编辑 /etc/selinux/config 文件，找到语句 "SELINUX=disabled"，将该句改为 "SELINUX=enforcing"。重新启动 Linux，SELinux 就会被启用了。

4．Kdump

Kdump 提供了一个新的崩溃转储功能，用于在系统发生故障时提供分析数据。在默认配置下该选项是关闭的，如果需要此功能，则选中 "启用 kdump" 来启用它，如图 1-30 所示。

需要说明的是，Kdump 会占用宝贵的系统内存，所以在确保你的系统已经可以长时间稳定运行时，请关闭它。

5．时间和日期设置

Red Hat Enterprise Linux 5 与 Windows 一样，也在安装之后提供了日期和时间设置界面，如图 1-31 所示，我们可以手动来为计算机设置正确的日期和时间。

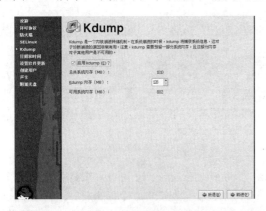

图 1-30　启用 Kdump　　　　　　图 1-31　设置日期和时间

如果计算机此时连接到了网络上，还可以通过时间服务器来自动校准时间。只要选择图 1-31 中的 "网络时间协议" 选项卡，再勾选 "启用网络时间协议"，重新启动计算机后，它会自动与内置的时间服务器进行校准。

6．设置软件更新

注册成为 Red Hat 用户，才能享受它的更新服务，不过遗憾的是，目前 Red Hat 公司并不接受免费注册用户，你首先必须是 Red Hat 的付费订阅用户才行。当然，如果你是 Red Hat 的订阅用户，那么完全可以注册一个用户并进行设置，以后你就可以自动从 Red Hat 获取更新了，如图 1-32 所示。

7．创建用户

Red Hat Enterprise Linux 5 是一个多用户操作系统，安装系统之后为每个用户创建账号并设置相应的权限操作的过程必不可少。也许有的用户会说，我已经有了 root 账号，并且设置了密码，为什么还要创建其他账号呢？这是因为在 Red Hat Enterprise Linux 5 中，root 账号的权限过大，为了防止用户一时操作不慎损坏系统，最好创建其他账号，如图 1-33 所示。

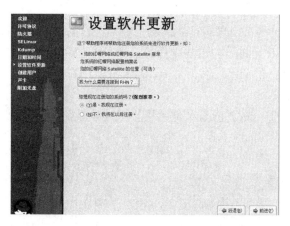

图 1-32　注册了 Red Hat 账号才能进行自动更新

8. 声卡配置

Red Hat Enterprise Linux 5 内置了丰富的声卡驱动程序，它会在安装过程中自动检测声卡，安装相应的驱动程序，然后帮助用户进行设置，如图 1-34 所示。

图 1-33　创建用户并设置密码

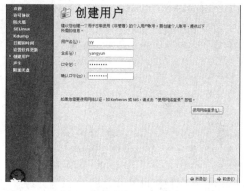

图 1-34　测试、配置声卡

至此，Red Hat Enterprise Linux 5 安装、配置成功，我们终于可以感受到 Linux 的风采了。

子任务 3　认识 Linux 启动过程和运行级别

本小节将重点介绍 Linux 启动过程、INIT 进程及系统运行级别。

1. 启动过程

Red Hat Enterprise Linux 5.0 的启动过程包括以下几个阶段。

（1）主机启动并进行硬件自检后，读取硬盘 MBR 中的启动引导器程序，并进行加载。

（2）启动引导器程序负责引导硬盘中的操作系统，根据用户在启动菜单中选择的启动项不同，可以引导不同的操作系统启动。对于 Linux 操作系统，启动引导器直接加载 Linux 内核程序。

（3）Linux 的内核程序负责操作系统启动的前期工作，并进一步加载系统的 INIT 进程。

（4）INIT 进程是 Linux 系统中运行的第一个进程，该进程将根据其配置文件执行相应的启动程序，并进入指定的系统运行级别。

（5）不同的运行级别中，根据系统的设置将启动相应的服务程序。

（6）在启动过程的最后，将运行控制台程序提示并允许用户输入账号和口令进行登录。

2. INIT 进程

INIT 进程是由 Linux 内核引导运行的，是系统中运行的第一个进程，其进程号（PID）永远为"1"。INIT 进程运行后将作为这些进程的父进程并按照其配置文件引导运行系统所需的其他进程。INIT 配置文件的全路径名为"/etc/inittab"，INIT 进程运行后将按照该文件中的配置内容运行系统启动程序。

inittab 文件作为 INIT 进程的配置文件，用于描述系统启动时和正常运行中所运行的那些进程。文件内容如下（黑体为输入内容，全书同）：

```
[root@RHEL5 ~]# cat /etc/inittab
id:3:initdefault:
si::sysinit:/etc/rc.d/rc.sysinit
l0:0:wait:/etc/rc.d/rc 0
l1:1:wait:/etc/rc.d/rc 1
l2:2:wait:/etc/rc.d/rc 2
l3:3:wait:/etc/rc.d/rc 3
l4:4:wait:/etc/rc.d/rc 4
l5:5:wait:/etc/rc.d/rc 5
l6:6:wait:/etc/rc.d/rc 6
ca::ctrlaltdel:/sbin/shutdown -t3 -r now
pf::powerfail:/sbin/shutdown -f -h +2 "Power Failure; System Shutting Down"
pr:12345:powerokwait:/sbin/shutdown -c "Power Restored; Shutdown Cancelled"
1:2345:respawn:/sbin/mingetty tty1
2:2345:respawn:/sbin/mingetty tty2
3:2345:respawn:/sbin/mingetty tty3
4:2345:respawn:/sbin/mingetty tty4
5:2345:respawn:/sbin/mingetty tty5
6:2345:respawn:/sbin/mingetty tty6
x:5:respawn:/etc/X11/prefdm -nodaemon
```

inittab 文件中的每行是一个设置记录，每个记录中有 id、runlevels、action 和 process 四个字段，各字段间用":"分隔，它们共同确定了某进程在哪些运行级别以何种方式运行。

3. 系统运行级别

运行级别就是操作系统当前正在运行的功能级别。在 Linux 系统中，这个级别从 0～6，共 7 个级别，各自具有不同的功能。这些级别在/etc/inittab 文件里指定。各运行级别的含义如下。

- 0：停机，不要把系统的默认运行级别设置为 0，否则系统不能正常启动。
- 1：单用户模式，用于 root 用户对系统进行维护，不允许其他用户使用主机。
- 2：字符界面的多用户模式，在该模式下不能使用 NFS。
- 3：字符界面的完全多用户模式，主机作为服务器时通常在该模式下。
- 4：未分配。
- 5：图形界面的多用户模式，用户在该模式下可以进入图形登录界面。
- 6：重新启动，不要把系统的默认运行级别设置为 6，否则系统不能正常启动。

（1）查看系统运行级别。

runlevel 命令用于显示系统当前的和上一次的运行级别。例如：

[root@RHEL5 ～]# **runlevel**
N 3

（2）改变系统运行级别。

使用 init 命令，后跟相应的运行级别作为参数，可以从当前的运行级别转换为其他运行级别。例如：

[root@RHEL5 ～]# **init 2**
[root@RHEL5 ～]# **runlevel**
5 2

子任务 4　删除 Red Hat Enterprise Linux

要从 x86 计算机中完全删除 Linux，不但要删除 Linux 分区，还要删除相应的引导信息才可以。

1. 删除 Linux 引导记录

一般可以通过 DOS/Windows 自带的 Fdisk 小工具来完成。

删除 Red Hat Enterprise Linux 5 的引导信息，需要借助 DOS/Windows 下的分区工具 Fdisk。只需要启动到 DOS 或者 Windows 下，然后在命令行窗口输入以下命令即可：

fdisk　/MBR

2. 删除 Linux 分区

通过第三方分区工具或者 Linux 急救盘中自带的 parted，就可以删除 Linux 分区。

① 以 Red Hat Enterprise Linux 5 光盘/USB 盘启动计算机，在"boot:"提示符下，输入以下命令启动到急救模式。

boot:**linux rescue**

② 在 Red Hat Enterprise Linux 5 的命令行提示符下，输入以下命令，用分区工具打开指定硬盘：

parted　/dev/sda

③ parted 的命令很多，想钻研一下的读者可以输入"help"获取帮助；不想学习的朋友，直接输入以下命令查看分区表，如图 1-35 所示。

print

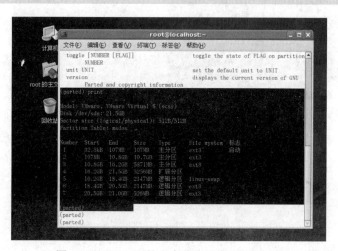

图 1-35　Linux 下的命令行分区小工具 parted

④ 从图 1-34 我们可以看出，Red Hat Enterprise Linux 5 包括多个分区，"/"（根目录）、boot 分区、user 分区、home 分区，我们只要记住相应分区前的 ID 号，然后用 "rm+ID 号" 指令就可以删除相应分区了。比如，删除 ID 号为 2 的数据分区：

rm   2

子任务 5   登录和退出 Linux

Red Hat Enterprise Linux 5 是一个多用户操作系统，所以，系统启动之后用户还需要登录。

1. 登录

Red Hat Enterprise Linux 5 的登录方式根据启动的是图形界面还是文本模式而异。

（1）图形界面登录。对于默认设置 Red Hat Enterprise Linux 5 来说，就是启动到图形界面，让用户输入账号和密码登录，如图 1-36 所示。

有些细心的朋友也许已经注意到了，在登录界面的左下角还有"语言"、"会话"、"重新启动"和"关机" 4 个选项。"重新启动"和"关机"顾名思义就可以知道作用，但是"语言"和"会话"呢？

如果单击"语言"，我们发现 Red Hat Enterprise Linux 5 有多种语言供选择，只需要点选，就可以马上启动到相应的语言界面，如图 1-37 所示。

图 1-36   图形界面登录

图 1-37   语言选择对话框

至于"会话"，用鼠标单击它，打开的是如图 1-38 所示的会话界面。不要怀疑，Red Hat Enterprise Linux 5 可以在这里选择 X Window Manager（即窗口管理器）。如果你将所有组件都安装了，就会发现有 KDE 和 GNOME 两种选择。

（2）文本模式登录。如果是文本模式，打开的则是 mingetty 的登录界面。你会看到如图 1-39 所示的登录提示。

图 1-38   会话对话框

图 1-39　以文本模式登录 Red Hat Enterprise Linux 5

注意　现在的 Red Hat Enterprise Linux 5 操作系统，默认采用的都是图形界面的 GNOME 或者 KDE 操作方式，要想使用文本模式登录，执行"应用程序" → "附件" → "终端"打开终端窗口（或者直接右键单击桌面，选择"终端" 命令），然后输入 "init 3" 命令，即可进入文本登录模式；如果在命令行窗 口下输入 "init 5" 或 "start x" 命令可进入图形界面。

2. 退出

至于退出方式，同样要根据所采用的是图形模式还是文本模式来进行相应的选择。

（1）图形模式。图形模式很简单，只要执行"系统" → "注销"就可以退出了。

（2）文本模式。Red Hat Enterprise Linux 5 文本模式的退出也十分简单，只要同时按下 Ctrl+D 组合键就注销了当前用户；也可以在命令行窗口输入 "logout" 命令来退出。

子任务 6　启动 Shell

操作系统的核心功能就是管理和控制计算机硬件、软件资源，以尽量合理、有效的方法 组织多个用户共享多种资源，而 Shell 则是介于使用者和操作系统核心程序（Kernel）间的一 个接口。在各种 Linux 发行套件中，目前虽然已经提供了丰富的图形化接口，但是 Shell 仍旧 是一种非常方便、灵活的途径。

Linux 中的 Shell 又被称为命令行，在这个命令行窗口中，用户输入指令，操作系统执行 并将结果回显在屏幕上。

1. 使用 Linux 系统的终端窗口

现在的 Red Hat Enterprise Linux 5 操作系统默认采用的都是图形界面的 GNOME 或者 KDE 操作方式，要想使用 Shell 功能，就必须像在 Windows 中那样打开一个命令行窗口。一般执 行"应用程序" → "附件" → "终端"命令即可打开终端窗口（或者直接右键单击桌面，选择 "终端"命令），如图 1-40 所示。

执行以上命令后，就打开了一个白底黑字的命令行窗口，在这里我们可以使用 Red Hat Enterprise Linux 5 支持的所有命令行指令。

2. 使用 Shell 提示符

在 Red Hat Enterprise Linux 5 中，还可以更方便地直接打开纯命令行窗口。应该怎么操作 呢？Linux 启动过程的最后，定义了 6 个虚拟终端，可以供用户随时切换，切换时用 Ctrl+Alt+F1～Ctrl+Alt+F6 组合键可以打开其中任意一个。不过，此时就需要重新登录了。

提示　进入纯命令行窗口之后，还可以使用 Alt+F1～Alt+F6 组合键在 6 个终端之间 切换，每个终端可以执行不同的指令，进行不一样的操作。

图 1-40　从这里打开终端

登录之后，普通用户的命令行提示符以"$"符号结尾，超级用户 root 的命令行提示符以"#"符号结尾。

```
[yy@localhost ~]$                    ;一般用户以"$"符号结尾
[yy@localhost ~]$  su  root          ;切换到 root 账号
Password:
[root@localhost ~]#                  ;命令行提示符变成以"#"符号结尾了
```

～符号代表的是"用户的家目录"的意思，它是个变量。举例来说，root 的家目录在/root，所以～就代表/root 的意思。而 bobby 的家目录在/home/bobby，所以如果你以 bobby 登入时，看到的～就等于/home/bobby。

当用户需要返回图形桌面环境时，也只需要按下 Ctrl+Alt+F7 组合键，就可以返回到刚才切换出来的桌面环境。

也许有的用户想让 Red Hat Enterprise Linux 5 启动后就直接进入纯命令行窗口，而不是打开图形界面，这也很简单，使用任何文本编辑器打开/etc/inittab 文件，找到如下所示的行：

id:5:initdefault

将它修改为：

id:3:initdefault

重新启动系统你就会发现，它登录的是命令行界面而不是图形界面。

要想让 Red Hat Enterprise Linux 5 直接启动到图形界面，可以按照上述操作将"id:3"中的"3"修改为"5"；也可以在纯命令行模式，直接执行"start x"命令打开图形模式。

任务 2　认识 X-Window System 的基本结构

X-Window System 由 3 部分构成。

- X Server：控制实际的显示与输入设备。
- X Client：向 X Server 发出请求以完成特定的窗口操作。
- 通信通道：负责 X Server 与 X Client 之间的通信。

X Server是控制显示器和输入设备（主要是键盘和鼠标）的软件。X Server可以响应X Client程序的“请求”（request），建立窗口以及在窗口中画图形和输入文字。但它只有在 X Client程序提出请求后才完成动作。每一套显示设备只对应一个唯一的 X Server，而且 X Server 一般由系统的供应商提供，通常无法被用户修改。对于操作系统而言，X Server 只是一个普通的应用程序而已，因此很容易更换新的版本，甚至是第三方提供的原始程序。

在 X-Window 下的应用程序称作 X Client，原因是它是 X Server 的客户，它向 X Server发出请求以完成特定的动作。X Client 无法直接影响窗口或显示，它们只能发出请求给 X Server，由 X Server 来完成它们的请求。

通信通道是 X Server 和 X Client 之间传输信息的通道，凭借这个通道，X Client 传送请求给 X Server，而 X Server 回传状态及一些其他信息给 X Client。根据 X Server 和 X Client 所在位置的不同，大致可以分为两种情况：

- X Server 和 X Client 位于同一台计算机上，它们之间可以使用计算机上任何可用的进程通信方式进行交互。
- X Server 和 X Client 位于不同的计算机上，它们之间的通信必须通过网络进行，需要相关网络协议的支持。

X-Window System 提供的图形化用户界面与 Windows 界面非常类似，操作方法也基本相同。不过，它们对于操作系统的意义是不相同的。

Windows 的图形化用户界面是跟系统紧密相连的，如果图形化用户界面出现故障，整个计算机系统就不能正常工作。而 Linux 在字符界面下利用 Shell 命令以及相关程序和文件就能够实现系统管理、网络服务等基本功能。X-Window System 图形化用户界面的出现，一方面让Linux 的操作更为简单方便，另一方面也为许多应用程序（如图形处理软件）提供运行环境，丰富 Linux 的功能。在 X-Window System 图形化用户界面中运行程序时如果出现故障，一般是可以正常退出的，而不会影响其他字符界面下运行的程序，也不需要重新启动计算机。目前X-Window System 已经是 Linux 操作系统的一个不可缺少的构成部件。

任务 3 使用 GRUB

GRUB 主要有 3 个强大的操作界面，它们提供了不同级别的功能。每个操作界面都允许用户引导操作系统，甚至可以在处于 GRUB 环境下的不同操作界面之间进行切换。

1. 菜单界面

在系统第一次启动后，按任意键，出现 GNU GRUB 的菜单，如图 1-40 所示。一个操作系统或内核的菜单（事先已经用它们各自的引导命令配置好）将一个按名称排列的列表保存在这个操作界面中。

在界面中可以使用箭头键选择一个非默认选项（本例只有一个系统），然后按回车键来引导它。如果不是这样，一个计时器可能已经被设置，那么 GRUB 将启动装载默认的选项。

在菜单界面下，可以执行如下菜单命令。

（1）按 e 键可以对高亮菜单项中的命令进行编辑。

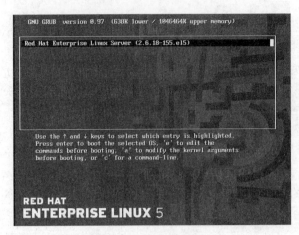

图 1-40　GRUB 菜单界面

（2）按 a 键可以对高亮菜单项中的命令追加内核启动参数。

（3）按 c 键进入命令行操作界面。

2. 菜单项编辑器界面

在引导装载菜单中按 e 键就进入了菜单项编辑界面，如图 1-41 所示。

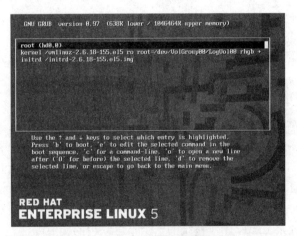

图 1-41　GRUB 的菜单项编辑界面

该界面提供了灵活的配置接口，对于调试操作系统启动配置非常有用。

在引导操作系统之前，可以在此界面下执行如下菜单项编辑命令。

（1）按 e 键编辑当前选中的行。

（2）按 c 键进入 GRUB 的命令行界面。

（3）按 o 键在当前行后面插入一行。

（4）按 O 键在当前行前面插入一行。

（5）按 d 键删除当前行。

（6）按 b 键启动当前的菜单项命令并引导操作系统。

（7）按 Esc 键返回菜单界面，取消对当前菜单项所作的任何修改。

在 GRUB 的启动菜单项编辑界面下所作的修改只对本次启动生效，并不保存到配置文件中，如需改变启动菜单项的配置可编辑 GRUB 的配置文件"/boot/grub/grub.conf"。

3. 命令行操作界面

命令行是 GRUB 最基本的操作界面，它也是被授予了最大控制能力的操作界面。在命令行操作界面中，输入任何相关的 GRUB 命令，再回车就可以执行了。

有如下两种方法进入命令行操作界面。

● 在菜单界面或菜单项编辑界面中按 c 键进入。

● 在 Linux 的 Shell 环境下输入 grup 进入。

表 1-2 列出了可以在 GRUB 命令行操作界面下使用的常用命令。

表 1-2 GRUB 命令行界面下的常用命令

命令	功能
boot	引导先前已经被指定并载入的操作系统或链式装载程序
chainloader	将指定的文件作为一个链式装载程序载入，将启动控制权交给另外的启动引导器。为了获取在一个指定分区第一扇区内的文件，使用+1 作为文件名
displaymem	显示当前内存的使用情况，这个信息是基于 BIOS 的。这个命令有助于确定系统在引导前有多少内存
initrd	使用户能够确定一个在引导时可用的初始 RAM 盘。当内核为了完全引导而需要某些模块时，这个是必需的
install p	安装 GRUB 到系统的主引导记录。这个命令允许系统重启时出现 GRUB 接口，如果命令被执行，那么除了 GRUB 信息之外的其他用于引导其他操作系统的信息都将丢失
kernel	当使用直接载入方式引导操作系统时，kernel 命令指定内核从 GRUB 的根文件系统中载入。其后可以跟 options 选项，将在内核载入时传给内核

除上面所述外，还有更多的命令可用。输入"info grub"命令可以得到一个所有命令的完整列表。

练习题一

一、选择题

1．Linux 最早是由计算机爱好者（   ）开发的。

    A．Richard Petersen   B．Linus Torvalds

    C．Rob Pick   D．Linux Sarwar

2．下列（   ）是自由软件。

    A．Windows XP   B．UNIX   C．Linux   D．Windows 2000

3．下列（   ）不是 Linux 的特点。

    A．多任务   B．单用户   C．设备独立性   D．开放性

4．Linux 的内核版本 2.3.20 是（   ）的版本。

    A．不稳定   B．稳定的   C．第三次修订   D．第二次修订

5．Linux 安装过程中的硬盘分区工具是（   ）。

    A．PQmagic   B．FDISK   C．FIPS   D．Disk Druid

6. Linux 的根分区系统类型是（　　）。

    A．FAT16　　　　　　B．FAT32　　　　　　C．ext3　　　　　　　　D．NTFS

二、填空题

1. GNU 的含义是_____。
2. Linux 一般有 3 个主要部分：_____、_____、_____。
3. 安装 Linux 最少需要两个分区，分别是_____、_____。
4. Linux 默认的系统管理员账号是_____。
5. X-Window System 由三部分构成：_____、_____、_____。

三、简答题

1. 简述 Linux 的体系结构。
2. Linux 有哪些安装方式？
3. 安装 Red Hat Linux 系统要做哪些准备工作？
4. 安装 Red Hat Linux 系统的基本磁盘分区有哪些？
5. Red Hat Linux 系统支持的文件类型有哪些？
6. 丢失 root 口令如何解决？

实训 1　安装和启动 RHEL 5

一、实训目的

（1）掌握光盘方式下安装 RHEL 5 的基本步骤。

（2）了解系统中各硬件设备的设置方法。

（3）理解磁盘分区的相关知识，并手工建立磁盘分区。

（4）启动 RHEL 5 并进行初始化设置。

二、实训环境

一台已经安装好 Windows XP/2003/2008 的计算机（最好有音响或耳机），VMware 运行正常，一套 RHEL 5 安装光盘或者 RHEL 5 的镜像文件。

三、实训内容

1. **在 VMware 中安装 RHEL 5**

【操作要求】在 VMware 虚拟机软件中利用光盘（或 ISO 镜像）安装 RHEL 5。

【操作步骤】

（1）修改 BIOS 的启动顺序，确保以光盘启动计算机。

（2）将 RHEL 5 光盘放入光驱，或者将 ISO 安装镜像文件连接到虚拟机中。重新启动计算机后出现安装启动画面，按 Enter 键，开始图形化方式安装。

（3）在欢迎界面上单击 Next 按钮继续。

（4）选择"Chinese(Simplified)（简体中文）"作为安装中使用的语言。

（5）选择键盘类型，保持默认选择"U.S.English"。

（6）根据实际使用的鼠标情况，选择鼠标类型。

（7）选择"用 Disk Druid 手工分区"，在 Disk Druid 窗口中首先删除一个或多个磁盘分区，注意不要删除 Windows 系统目录所在的磁盘分区，通常是/dev/hda1 设备。

（8）在空闲的磁盘空间，建立一个交换分区和一个根分区。

（9）为方便使用，修改引导装载程序 GRUB 的标签。

（10）根据计算机所在网络实际情况配置网络。

（11）不修改防火墙的默认设置，单击"下一步"按钮继续。

（12）保持系统的默认语言为"Chinese（P.R.of China）"，单击"下一步"按钮继续。

（13）保持时区的位置为"亚洲/上海"，单击"下一步"按钮继续。

（14）设置超级用户的口令，注意不要忘记此口令。

（15）接受当前的软件包列表，并开始安装软件包，根据屏幕的提示更换安装光盘。

（16）保持系统对显卡的设置，单击"下一步"按钮继续。

（17）保持系统对显示器的设置，单击"下一步"按钮继续。

（18）保持系统对图形化用户界面的设置，单击"下一步"按钮继续。

（19）最后单击"退出"按钮结束安装过程，取出安装光盘。

2. 启动 RHEL 5

【操作要求】启动新安装的 RHEL 5 并进行初始化设置，添加普通用户 long，并以 long 用户身份登录 GNOME 桌面环境。

【操作步骤】

（1）计算机重启后，启动 RHEL 5。

（2）在红帽设置代理的欢迎画面上单击"下一步"按钮开始一系列的初始化配置。

（3）阅读 RHEL 5 的许可协议内容，并选择"是，我同意这个协议（Y）"。

（4）设置当前的日期和时间。

（5）创建一个普通用户账号，必须输入用户名（long）和口令（Pa$$word）。

（6）检测声卡。

（7）选择"否，我不想注册我的系统"，不注册 Red Hat 网络。

（8）安装文档光盘。

（9）结束初始化设置。

（10）在 RHEL 5 的登录画面上输入用户名（long）。

（11）输入对应的用户口令（Pa$$word），进入 GNOME 桌面环境。

3. 注销用户

【操作要求】注销 long 用户。

【操作步骤】

（1）单击 GNOME 的主菜单图标（红帽子图标），在弹出的 GNOME 主菜单中选中"注销"。

（2）在弹出的对话框中单击"确定"按钮，退出 GNOME 桌面环境，屏幕再次显示登录界面，等待新用户登录系统。

4. 关机

【操作要求】关闭计算机。

【操作步骤】

（1）单击登录画面下方的"关机"项，弹出对话框，询问是否确实要关闭计算机，单击"是"按钮。

（2）屏幕显示系统正在依次停止系统的相关服务，直到出现"Power Down"信息就可以关闭主机电源。

四、实训报告

按要求完成实训报告。

实训 2　删除 RHEL 5

一、实验要求

1. 掌握删除 RHEL 5 的基本步骤。

2. 利用 Windows 2000 的安装光盘删除引导装载程序。

3. 利用 Windows 2000 的磁盘管理工具删除 Linux 分区。

二、实验内容

【实验准备】一台已安装了 Windows 2000 和 RHEL 5 双操作系统的计算机（可以在虚拟机中完成），一张 Windows 2000 安装光盘（或者 ISO 安装镜像文件），还必须知道 Windows 2000 中管理员（Administrator）用户的密码。

1. 删除引导装载程序

【操作要求】删除 GRUB 引导装载程序。

【操作步骤】

（1）修改 BIOS 的启动顺序，确保以光盘启动计算机。

（2）将 Windows 2000 的安装光盘放入光驱，重新启动计算机后出现安装程序画面。

（3）按 R 键，选择对 Windows 2000 进行修复。

（4）按 C 键，选择以故障恢复控制台方式对 Windows 2000 进行修复。

（5）根据屏幕提示，输入 Windows 2000 安装目录的编号，并按下 Enter 键。

（6）输入管理员的密码，并按下 Enter 键。

（7）在 DOS 命令提示符后输入"fixmbr"命令。

（8）输入"y"并按 Enter 键，确定修改主启动记录的内容。

（9）最后在 DOS 命令提示符后输入"exit"命令退出。

2. 删除 Linux 分区

【操作要求】删除 Linux 所用分区。

【操作步骤】

（1）重新启动计算机，GRUB 的启动画面将不会出现，登录 Windows 2000。

（2）依次单击"开始"→"程序"→"管理工具"→"计算机管理"，打开"计算机管理"窗口。

（3）单击左侧的"磁盘管理"项，在右侧窗口显示计算机的磁盘分区情况。Linux 至少占用两个分区：根分区和交换分区。

（4）鼠标右键单击一个 Linux 分区，在弹出的快捷菜单中选择"删除逻辑驱动器"，即可删除这个磁盘分区。

（5）重复上一步操作直到没有任何 Linux 分区存在。

3. 重新利用可用的磁盘空间

【操作要求】将空闲的磁盘空间创建为 Windows 可识别的磁盘分区。

【操作步骤】

（1）鼠标右键单击空闲的磁盘空间，在弹出的快捷菜单中选择"创建逻辑驱动器"，出现创建磁盘分区向导，单击"下一步"按钮继续。

（2）选择要创建的磁盘分区类型，通常为逻辑驱动器。

（3）指定要创建的磁盘分区大小和这个磁盘分区的驱动器号。

（4）选择对这个磁盘分区进行格式化，并决定使用的文件系统，分配单位的大小等。

（5）在完成创建磁盘分区向导画面上单击"完成"按钮结束。

三、实训报告

按要求完成实训报告。

项目 2 管理 Linux 服务器

项目描述：

某公司组建的基于 Linux 网络操作系统的办公网络，需要进行用户和组群的管理、文件权限管理、磁盘管理。

项目目标：

- 了解用户和组群配置文件。
- 熟练掌握 Linux 下用户的创建与维护管理。
- 熟练掌握 Linux 下组群的创建与维护管理。
- 熟悉用户账户管理器的使用方法。
- Linux 文件系统结构和文件权限管理。
- Linux 下的磁盘和文件系统管理工具。
- Linux 下的软 RAID 和 LVM 逻辑卷管理器。
- 磁盘限额。

2.1 相关知识

用户账户信息和组群信息分别存储在用户账户文件和组群文件中。

2.1.1 用户账户文件

1. /etc/passwd 文件

在 Linux 系统中，所创建的用户账户及其相关信息（密码除外）均放在/etc/passwd 配置文件中。用 Vi 编辑器打开 passwd 文件，内容格式如下：

```
root:x:0:0:root:/root:/bin/bash
bin:x:1:1:bin:/bin:/sbin/nologin
daemon:x:2:2:daemon:/sbin:/sbin/nologin
long:x:500:500:myuser:/home/long:/bin/bash
```

文件中的每一行代表一个用户账户的资料，可以看到第一个用户是 root。然后是一些标准账户，此类账户的 Shell 为/sbin/nologin，代表无本地登录权限。最后一行是由系统管理员创建的普通账户 long。

passwd 文件的每一行用 ":" 分隔为 7 个字段。每一行各字段的内容如下：

用户名:加密口令:UID:GID:用户的描述信息:主目录:命令解释器（登录 Shell）

passwd 文件中各字段的含义如表 2-1 所示，其中少数字段的内容是可以为空的，但仍需使用 ":" 进行占位来表示该字段。

表 2-1　passwd 文件字段说明

字段	说明
用户名	用户账号名称，用户登录时所使用的用户名
加密口令	用户口令，出于安全性考虑，现在已经不使用该字段保存口令，而用字母 "x" 来填充该字段，真正的密码保存在 shadow 文件中
UID	用户号，唯一表示某用户的数字标识
GID	用户所属的私有组群号，该数字对应 group 文件中的 GID
用户描述信息	可选的关于用户全名、用户电话等的描述性信息
主目录	用户的宿主目录，用户成功登录后的默认目录
命令解释器	用户所使用的 Shell，默认为 "/bin/bash"

2．/etc/shadow 文件

由于所有用户对/etc/passwd 文件均有读取权限，为了增强系统的安全性，用户经过加密之后的口令都存放在/etc/shadow 文件中。/etc/shadow 文件只对 root 用户可读，因而大大提高了系统的安全性。shadow 文件的内容形式如下：

```
root:$1$rRetvF5m$e3X1HGNncwP9DxRSNHMxr/:13757:0:99999:7:::
bin:*:13734:0:99999:7:::
long:$1$y5rRp0Ht$uuGNLxWxzCBeSu2GdFpKD1:15941:0:99999:7:::
```

shadow 文件保存投影加密之后的口令以及与口令相关的一系列信息，每个用户的信息在 shadow 文件中占用一行，并且用 ":" 分隔为 9 个字段，各字段的含义如表 2-2 所示。

表 2-2　shadow 文件字段说明

字段	说明
1	用户登录名
2	加密后的用户口令
3	从 1970 年 1 月 1 日起，到用户口令最近一次被修改的天数
4	从 1970 年 1 月 1 日起，到用户可以更改密码的天数，即最短口令存活期
5	从 1970 年 1 月 1 日起，到用户必须更改密码的天数，即最长口令存活期
6	口令过期前几天提醒用户更改口令
7	口令过期后几天账户被禁用
8	口令被禁用的具体日期（相对日期，从 1970 年 1 月 1 日至禁用时的天数）
9	保留字段，用于功能扩展

3．/etc/login.defs 文件

建立用户账户时会根据/etc/login.defs 文件的配置设置用户账户的某些选项。该配置文件的有效设置内容及中文注释如下所示。

```
//用户邮箱目录
```

```
MAIL_DIR            /var/spool/mail
MAIL_FILE           .mail
//账户密码最长有效天数
PASS_MAX_DAYS    99999
//账户密码最短有效天数
PASS_MIN_DAYS    0
//账户密码的最小长度
PASS_MIN_LEN     5
//账户密码过期前提前警告的天数
PASS_WARN_AGE    7
//用 useradd 命令创建账户时自动产生的最小 UID 值
UID_MIN                500
//用 useradd 命令创建账户时自动产生的最大 UID 值
UID_MAX                60000
//用 groupadd 命令创建组群时自动产生的最小 GID 值
GID_MIN                500
//用 groupadd 命令创建组群时自动产生的最大 GID 值
GID_MAX                60000
//如果定义的话，将在删除用户时执行，以删除相应用户的计划作业和打印作业等
USERDEL_CMD      /usr/sbin/userdel_local
//创建用户账户时是否为用户创建主目录
CREATE_HOME      yes
```

2.1.2 组群文件

组群账户的信息存放在/etc/group 文件中，而关于组群管理的信息（组群口令、组群管理员等）则存放在/etc/gshadow 文件中。

1. /etc/group 文件

group 文件位于"/etc"目录，用于存放用户的组群账户信息，该文件的内容任何用户都可以读取。每个组群账户在 group 文件中占用一行，并且用":"分隔为 4 个字段。每一行各字段的内容如下：

```
组群名称:组群口令（一般为空）:GID:组群成员列表
group 文件的内容形式如下：
     root:x:0:root
bin:x:1:root,bin,daemon
daemon:x:2:root,bin,daemon
long:x:500:
```

group 文件的组群成员列表中如果有多个用户账户属于同一个组群，则各成员之间以","分隔。在/etc/group 文件中，用户的主组群并不把该用户作为成员列出，只有用户的附属组群才会把该用户作为成员列出。例如用户 long 的主组群是 long，但/etc/group 文件中组群 long 的成员列表中并没有用户 long。

2. /etc/gshadow 文件

/etc/gshadow 文件用于存放组群的加密口令、组群管理员等信息，该文件只有 root 用户可以读取。每个组群账户在 gshadow 文件中占用一行，并以":"分隔为 4 个字段。每一行中各

字段的内容如下：

组群名称：加密后的组群口令:组群的管理员:组群成员列表

gshadow 文件的内容形式如下：

```
root:::root
bin:::root,bin,daemon
daemon:::root,bin,daemon
long:!::
```

文件系统（File System）是磁盘上有特定格式的一片区域，操作系统利用文件系统保存和管理文件。

2.1.3　文件系统基础

文件系统（File System）是磁盘上有特定格式的一片区域，操作系统利用文件系统保存和管理文件。不同的操作系统需要使用不同的文件系统，为了与其他操作系统兼容，通常操作系统都支持很多种类型的文件系统。例如 Windows 2003 操作系统，推荐使用的文件系统是 NTFS，但同时兼容 FAT 等其他文件系统。

Linux 系统使用 ext2/ext3 文件系统。在 Linux 系统中，存储数据的各种设备都属于块设备。对于磁盘设备，通常在 0 磁道第一个扇区上存放引导信息，称为主引导记录（MBR），该扇区不属于任何一个分区。每个分区包含许多数据块，可以认为是一系列块组的集合。在磁盘分区上建立 ext2/ext3 文件系统后，每个块组的结构如图 2-1 所示。

| 超级块 | 块组描述符 | 块位图 | 索引节点位图 | 索引节点表 | 数据块 |

图 2-1　ext 文件系统结构

ext 文件系统结构的核心组成部分是超级块、索引节点表和数据块。超级块和块组描述符中包含关于该块组的整体信息，例如索引节点的总数和使用情况、数据块的总数和使用情况以及文件系统状态等。每一个索引节点都有一个唯一编号，并且对应一个文件，它包含了针对某个具体文件的几乎全部信息，例如文件的存取权限、拥有者、建立时间以及对应的数据块地址等，但不包含文件名称。在目录文件中包含文件名称以及此文件的索引节点号。索引节点指向特定的数据块，数据块是真正存储文件内容的地方。

Red Hat Linux 是一种兼容性很强的操作系统，它能够支持多种文件系统，要想了解其支持的文件系统类型，在 Red Hat Enterprise Linux 5 中通过命令 “ls /lib/modules/2.6.18-155.el5 /kernel/fs” 即可查看 Linux 系统所支持的文件系统类型。下面简单介绍 Linux 常用的几种文件系统。

1.　ext 文件系统

ext 文件系统在 1992 年 4 月完成。称为扩展文件系统，是第一个专门针对 Linux 操作系统的文件系统。ext 文件系统对 Linux 的发展发挥了重要作用，但是在性能和兼容性方面有很多缺陷，现在已很少使用。

2.　ext2 与 ext3 文件系统

ext2 文件系统是为解决 ext 文件系统的缺陷而设计的可扩展的高性能文件系统，也被称为二级扩展文件系统。ext2 文件系统是在 1993 年发布的，设计者是 Rey Card。它在速度和 CPU

利用率上都有突出优势，是 GNU/Linux 系统中标准的文件系统，支持 256 个字节的长文件名，文件存取性能很好。

ext3 是 ext2 的升级版本，兼容 ext2。ext3 文件系统在 ext2 的基础上增加了文件系统日志记录功能，被称为日志式文件系统。在系统因出现异常断电等事件而停机重启后，操作系统会根据该文件系统的日志快速检测并恢复文件系统到正常的状态，可以提高系统的恢复时间，提高数据的安全性。

从 Red Hat Linux 7.2 版本开始，默认使用的文件系统格式就是 ext3。日志文件系统是目前 Linux 文件系统发展的方向，除了 ext3 之外，还有 reiserfs 和 jfs 等常用的日志文件系统。

3. ext4 文件系统

ext4 是 Linux 文件系统的一次革命。在很多方面，ext4 相对于 ext3 的进步要远超过 ext3 相对于 ext2 的进步。ext3 相对于 ext2 的改进主要在日志方面，而 ext4 相对于 ext3 的改进是更深层次的，是文件系统数据结构方面的优化。一个高效的、优秀的、可靠的和极具特点的文件系统就此诞生。ext4 有如下优点：

- 兼容性
- 更大的文件系统/文件大小
- 子目录可扩展性
- Extents
- 多块分配
- 延迟分配
- 更快速的 FSCK
- 日志校验
- 在线磁盘整理
- 结点相关特性
- 可持续预分配

4. swap 文件系统

swap 文件系统是 Linux 的交换分区所采用的文件系统。在 Linux 中使用交换分区管理内存的虚拟交换空间。一般交换分区的大小设置为系统物理内存的 2 倍。在安装 Linux 操作系统时，必须建立交换分区，并且其文件系统类型必须为 swap。交换分区由操作系统自行管理。

5. vfat 文件系统

vfat 文件系统是 Linux 下对 DOS、Windows 操作系统下的 FAT16 和 FAT32 文件系统的统称。Red Hat Linux 支持 FAT16 和 FAT32 格式的分区，也可以创建和管理 FAT 分区。

6. NFS 文件系统

NFS 即网络文件系统，用于 UNIX 系统间通过网络进行文件共享，用户可以把网络中 NFS 服务器提供的共享目录挂载到本地目录下，可以像访问本地文件系统中的内容一样访问 NFS 文件系统中的内容。

7. ISO 9660 文件系统

ISO 9660 是光盘所使用的标准文件系统，Linux 系统对该文件系统有很好的支持，不仅能读取光盘中的内容，而且还支持光盘刻录功能。

2.1.4　Linux 文件系统目录结构

Linux 的文件系统是采用阶层式的树状目录结构，在该结构中的最上层是根目录"/"，然后在根目录下再建立其他的目录。虽然目录的名称可以定制，但是有些特殊的目录名称包含重要的功能，因此不能随便将它们改名以免造成系统的错误。

在 Linux 安装时，系统会建立一些默认的目录，而每个目录都有其特殊的功能，表 2-3 是这些目录的简介。

表 2-3　Linux 中的默认目录功能

目录	说明
/	Linux 文件的最上层根目录
/bin	Binary 的缩写，存放用户的可运行程序，如 ls、cp 等，也包含其他的 Shell，如 bash 和 csh 等
/boot	该目录存放操作系统启动时所需的文件及系统的内核文件
/dev	接口设备文件目录，例如 hda 表示第一个 IDE 硬盘
/etc	该目录存放有关系统设置与管理的文件
/etc/X11	该目录是 X-Window System 的设置目录
/home	普通用户的主目录，或 FTP 站点目录
/lib	仅包含运行/bin 和/sbin 目录中的二进制文件时，所需的共享函数库（library）
/mnt	各项设备的文件系统挂装（Mount）点
/media	光盘、软盘等设备的挂载点
/opt	第三方应用程序的安装目录
/proc	目前系统内核与程序运行的信息，和使用 ps 命令看到的内容相同
/root	超级用户的主目录
/sbin	是 System Binary 的缩写，该目录存入的是系统启动时所需运行的程序，如 lilo 和 swapon 等
/tmp	临时文件的存放位置
/usr	存入用户使用的系统命令和应用程序等信息
/var	Variable 的缩写，具有变动性质的相关程序目录，如 log、spool 和 named 等

2.2　项目设计与准备

当服务器安装完成后，需要对用户账户和组群、文件权限、RAID、LVM 逻辑卷、磁盘配额等内容进行管理。

在进行本单元的教学与实验前，需要做好如下准备：

（1）已经安装好的 RHEL 5。

（2）RHEL 5 安装光盘或 ISO 镜像文件。

（3）VMware 5.0 以上虚拟机软件。

（4）设计教学或实验用的用户及权限列表。

2.3 项目实施

任务 1 管理用户账户

用户账户管理包括新建用户、设置用户账户口令和用户账户维护等内容。

1. 新建用户

在系统新建用户可以使用 useradd 或者 adduser 命令。useradd 命令的格式是：

useradd [选项] <username>

useradd 命令有很多选项，如表 2-4 所示。

表 2-4 useradd 命令选项

选项	说明
-c comment	用户的注释性信息
-d home_dir	指定用户的主目录
-e expire_date	禁用账号的日期，格式为：YYYY-MM-DD
-f inactive_days	设置账户过期多少天后，用户账户被禁用。如果为 0，账户过期后将立即被禁用。如果为-1，账户过期后，将不被禁用
-g initial_group	用户所属主组群的组群名称或者 GID
-G group-list	用户所属的附属组群列表，多个组群之间用逗号分隔
-m	若用户主目录不存在则创建它
-M	不要创建用户主目录
-n	不要为用户创建用户私人组群
-p passwd	加密的口令
-r	创建 UID 小于 500 的不带主目录的系统账号
-s shell	指定用户的登录 Shell，默认为/bin/bash
-u UID	指定用户的 UID，它必须是唯一的，且大于 499

【例 2-1】新建用户 user1，UID 为 510，指定其所属的私有组群为 long（long 组群的标识符为 500），用户的主目录为/home/user1，用户的 Shell 为/bin/bash，用户的密码为 123456，账户永不过期。

```
[root@RHEL5 ~]# useradd -u 510 -g 500 -d /home/user1 -s /bin/bash -p 123456 -f -1 user1
[root@RHEL5 ~]# tail -1 /etc/passwd
user1:x:510:500::/home/user1:/bin/bash
```

如果新建用户已经存在，那么在执行 useradd 命令时，系统会提示该用户已经存在：

```
[root@RHEL5 ~]# useradd user1
useradd: user user1 exists
```

2. 设置用户账户口令

（1）passwd 命令

指定和修改用户账户口令的命令是 passwd。超级用户可以为自己和其他用户设置口令，而普通用户只能为自己设置口令。passwd 命令的格式：

passwd　[选项]　[username]

passwd 命令的常用选项如表 2-5 所示。

表 2-5　passwd 命令选项

选项	说明
-l	锁定（停用）用户账户
-u	口令解锁
-d	将用户口令设置为空，这与未设置口令的账户不同。未设置口令的账户无法登录系统，而口令为空的账户可以
-f	强迫用户下次登录时必须修改口令
-n	指定口令的最短存活期
-x	指定口令的最长存活期
-w	口令要到期前提前警告的天数
-i	口令过期后多少天停用账户
-S	显示账户口令的简短状态信息

【例 2-2】假设当前用户为 root，则下面的两个命令分别为：root 用户修改自己的口令和 root 用户修改 user1 用户的口令。

```
//root 用户修改自己的口令，直接用 passwd 命令回车即可
[root@RHEL5 ~]# passwd
Changing password for user root.
New UNIX password:
Retype new UNIX password:
passwd: all authentication tokens updated successfully.

//root 用户修改 user1 用户的口令
[root@RHEL5 ~]# passwd user1
Changing password for user user1.
New UNIX password:
Retype new UNIX password:
passwd: all authentication tokens updated successfully.
```

需要注意的是，普通用户修改口令时，passwd 命令会首先询问原来的口令，只有验证通过才可以修改。而 root 用户为用户指定口令时，不需要知道原来的口令。为了系统安全，用户应选择包含字母、数字和特殊符号组合的复杂口令，且口令长度应至少为 6 个字符。

（2）chage 命令

要修改用户账户口令，也可以用 chage 命令实现。chage 命令的常用选项如表 2-6 所示。

表 2-6　chage 命令选项

选项	说明
-l	列出账户口令属性的各个数值

选项	说明
-m	指定口令最短存活期
-M	指定口令最长存活期
-W	口令要到期前提前警告的天数
-I	口令过期后多少天停用账户
-E	用户账户到期作废的日期
-d	设置口令上一次修改的日期

【例 2-3】设置 user1 用户的最短口令存活期为 6 天，最长口令存活期为 60 天，口令到期前 5 天提醒用户修改口令。设置完成后查看各属性值。

```
[root@RHEL5 ~]# chage  -m  6  -M  60  -W  5  user1
[root@RHEL5 ~]# chage  -l  user1
Minimum:            6
Maximum:            60
Warning:            5
Inactive:           -1
Last Change:                    9 月 01, 2007
Password Expires:               10 月 31, 2007
Password Inactive:              Never
Account Expires:                Never
```

3. 维护用户账户

（1）修改用户账户

管理员用 useradd 命令创建好账户之后，可以用 usermod 命令来修改 useradd 的设置。两者的用法几乎相同。例如要修改用户 user1 的主目录为/var/user1，把启动 Shell 修改为/bin/tcsh，可以用如下操作：

```
[root@RHEL5 ~]# usermod  -d  /var/user1  -s  /bin/tcsh  user1
[root@RHEL5 ~]# tail   -l  /etc/passwd
user1:x:510:500::/var/user1:/bin/tcsh
```

（2）禁用和恢复用户账户

有时需要临时禁用一个账户而不删除它。禁用用户账户可以用 passwd 或 usermod 命令实现，也可以直接修改/etc/passwd 或/etc/shadow 文件实现。

例如，暂时禁用和恢复 user1 账户，可以使用以下三种方法实现：

方法一：使用 passwd 命令

```
//使用 passwd 命令禁用 user1 账户，利用 tail 命令查看可以看到被锁定的账户密码栏前面会加上 "!"
[root@RHEL5 ~]# passwd  -l  user1
[root@RHEL5 ~]# tail  -1  /etc/shadow
user1:!!$1$mEK/kTgb$ZJI3cdfeSD/rsjOXC5sX.0:13757:6:60:5:::

//利用 passwd 命令的-u 选项解除账户锁定，重新启用 user1 账户
[root@RHEL5 ~]# passwd  -u  user1
Unlocking password for user user1.
passwd: Success.
```

方法二：使用 usermod 命令

//禁用 user1 账户

[root@RHEL5 ~]# **usermod -L user1**

//解除 user1 账户的锁定

[root@RHEL5 ~]# **usermod -U user1**

方法三：直接修改用户账户配置文件

可将/etc/passwd 文件或/etc/shadow 文件中关于 user1 账户的 passwd 字段的第一个字符前面加上一个"*"，达到禁用账户的目的，在需要恢复的时候只要删除字符"*"即可。

如果只是禁止用户账户登录系统，可以将其启动 Shell 设置为/bin/false 或者/dev/null。

（3）删除用户账户

要删除一个账户，可以直接编辑删除/etc/passwd 和/etc/shadow 文件中要删除的用户所对应的行，或者用 userdel 命令删除。userdel 命令的格式为：

userdel [-r] 用户名

如果不加-r 选项，userdel 命令会在系统中所有与账户有关的文件中（例如/etc/passwd、/etc/shadow、/etc/group）将用户的信息全部删除。

如果加-r 选项，则在删除用户账户的同时，还将用户主目录及其下的所有文件和目录全部删除掉。另外，如果用户使用 e-mail 的话，同时也会将/var/spool/mail 目录下的用户文件删除掉。

任务 2　管理组群

组群管理包括新建组群、维护组群账户和为组群添加用户等内容。

1. 维护组群账户

创建组群和删除组群的命令和创建、维护账户的命令相似。创建组群可以使用命令 groupadd 或者 addgroup。

例如，创建一个新的组群，组群的名称为 testgroup，可用如下命令：

[root@RHEL5 ~]# **groupadd testgroup**

要删除一个组群可以用 groupdel 命令，例如删除刚创建的 testgroup 组群，可用如下命令：

[root@RHEL5 ~]# **groupdel testgroup**

需要注意的是，如果要删除的组群是某个用户的主组群，则该组群不能被删除。

修改组群的命令是 groupmod，其命令格式为：

groupmod [选项] 组群名

常见的 groupmod 命令选项，如表 2-7 所示。

表 2-7　groupmod 命令选项

选项	说明
-g gid	把组群的 GID 改成 gid
-n group-name	把组群的名称改为 group-name
-o	强制接受更改的组群的 GID 为重复的号码

2. 为组群添加用户

在 Red Hat Linux 中使用不带任何参数的 useradd 命令创建用户时，会同时创建一个和用户账户同名的组群，称为主组群。当一个组群中必须包含多个用户时则需要使用附属组群。在附属组群中增加、删除用户都用 gpasswd 命令。gpasswd 命令的格式为：

gpasswd [选项] [用户] [组群]

只有 root 用户和组群管理员才能够使用这个命令。gpasswd 命令选项如表 2-8 所示。

表 2-8　gpasswd 命令选项

选项	说明
-a	把用户加入组群
-d	把用户从组群中删除
-r	取消组群的密码
-A	给组群指派管理员

例如，要把 long 用户加入 testgroup 组群，并指派 long 为管理员，可以执行下列命令：

[root@RHEL5 ~]# **gpasswd -a   long testgroup**
Adding user long to group testgroup
[root@RHEL5 ~]# **gpasswd -A   long   testgroup**

任务 3　使用用户管理器管理用户和组群

Linux 系统下的用户管理器类似于 Windows 下的用户账号管理，使用起来非常方便。在 Linux 图形界面下依次单击"应用程序"→"系统设置"→"用户和组群"，打开"用户管理器"窗口，如图 2-2 左图所示。在 Red Hat 用户管理器中默认不显示系统用户，要想看到所有用户信息，需要将菜单栏"首选项"下拉菜单的"过滤系统用户和组群"复选标记清除，如图 2-2 右图所示。

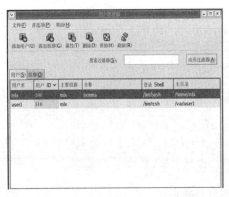 

图 2-2　Red Hat 用户管理器

1. 新建用户

单击工具栏中的"添加用户"按钮，弹出"创建新用户"窗口，如图 2-3 所示。

用户名的第一个字符必须是英文字母，并且名称不能与已有的用户名重复；口令和确认口令要一致，注意密码要求至少 6 个字符以上，而且为了安全考虑，口令应具有一定的复杂性；根据用户的需要选择合适的登录 Shell、用户主目录等内容。在图 2-3 所示的窗口中各项信息输入完成后单击"确定"按钮。

图 2-3　"创建新用户"窗口

2. 修改用户属性

要对系统中已经存在的用户进行修改,可以在"用户管理器"窗口中单击选中用户账户,然后单击工具栏中的"属性"按钮,打开"用户属性"窗口进行设置,如图 2-4 所示。

图 2-4　"用户属性"窗口

"用户属性"窗口包括"用户数据"、"账号信息"、"口令信息"和"组群"4 个选项卡,默认显示"用户数据"选项卡。

用户数据:修改用户的基本信息。

账号信息:设置用户账户被锁定的具体日期。格式为"YYYY-MM-DD"(年-月-日)。

口令信息:设置与用户口令有关的时限。

组群:设置用户所属组群。

要删除现有用户账户,只需选择该用户账户,并单击工具栏上的"删除"按钮即可。

3. 组群管理

在"用户管理器"窗口中选择"组群"选项卡,选择要修改的组群,然后单击工具栏上的"属性"按钮,打开"组群属性"窗口,如图 2-5 所示,从中可以修改该组群的属性。

单击"用户管理器"窗口中工具栏上的"添加组群"按钮,可以打开"创建新组群"窗口，在该窗口中输入组群名和 GID，然后单击"确定"按钮即可创建新组群，如图 2-6 所示。组群的 GID 也可以采用系统的默认值。

要删除现有组群，只需选择要删除的组群，并单击工具栏上的"删除"按钮即可。

图 2-5 "组群属性"窗口

图 2-6 "创建新组群"窗口

任务 4 使用常用的账户管理命令

账户管理命令可以在非图形化操作中对账户进行有效管理。

1. vipw

vipw 命令用于直接对用户账户文件/etc/passwd 进行编辑，使用的默认编辑器是 Vi。在对/etc/passwd 文件进行编辑时将自动锁定该文件，编辑结束后会对该文件解锁，保证了文件的一致性。vipw 命令在功能上等同于"vi /etc/passwd"命令，但是比直接使用 vi 命令更安全。命令格式如下：

```
[root@RHEL5 ~]# vipw
```

2. vigr

vigr 命令用于直接对组群文件/etc/group 进行编辑。在用 vigr 命令对/etc/group 文件进行编辑时将自动锁定该文件，编辑结束后会对该文件解锁，保证了文件的一致性。vigr 命令在功能上等同于"vi /etc/group"命令，但是比直接使用 vi 命令更安全。命令格式如下：

```
[root@RHEL5 ~]# vigr
```

3. pwck

pwck 命令用于验证用户账户文件认证信息的完整性。该命令检测/etc/passwd 文件和/etc/shadow 文件的每行中字段的格式和值是否正确。命令格式如下：

```
[root@RHEL5 ~]# pwck
```

4. grpck

grpck 命令用于验证组群文件认证信息的完整性。该命令检测/etc/group 文件和/etc/gshadow 文件的每行中字段的格式和值是否正确。命令格式如下：

```
[root@RHEL5 ~]# grpck
```

5. id

id 命令用于显示一个用户的 UID 和 GID 以及用户所属的组群列表。在命令行输入 id 直接

回车将显示当前用户的 ID 信息。id 命令格式如下：

id　[选项] 用户名

例如，显示 long 用户的 UID、GID 信息的实例如下所示：

[root@RHEL5 ~]# **id　long**
uid=500（long）　gid=500（long）　groups=500（long）

6. finger、chfn、chsh

使用 finger 命令可以查看用户的相关信息，包括用户的主目录、启动 Shell、用户名、地址、电话等存放在/etc/passwd 文件中的记录信息。管理员和其他用户都可以用 finger 命令来了解用户。直接使用 finger 命令可以查看当前用户信息。finger 命令格式如下：

finger　[选项] 用户名

实例如下所示：

[root@RHEL5 ~]# **finger**

Login	Name	Tty	Idle	Login Time	Office	Office Phone
root	root	*:0		Aug 25 07:17		
root	root	pts/1		Aug 25 07:19 (:0.0)		

finger 命令常用的一些选项，如表 2-9 所示。

表 2-9　finger 命令选项

选项	说明
-l	以长格式显示用户信息，是默认选项
-m	关闭以用户姓名查询账户的功能，如不加此选项，用户可以用一个用户的姓名来查询该用户的信息
-s	以短格式查看用户的信息
-p	不显示 plan（plan 信息是用户主目录下的.plan 等文件）

用户自己可以使用 chfn 和 chsh 命令来修改 finger 命令显示的内容。chfn 命令可以修改用户的办公地址、办公电话和住宅电话等。chsh 命令可以修改用户的启动 Shell。用户在用 chfn 和 chsh 命令修改个人账户信息时会提示输入密码。例如：

[long@RHEL5 ~]$ **chfn**
Changing finger information for long.
Password:
Name [oneuser]: one user.
Office []: network
Office Phone []: 66773007
Home Phone []: 66773007
Finger information changed.

用户可以直接输入 chsh 命令或使用-s 选项来指定要更改的启动 Shell。例如用户 long 想把自己的启动 Shell 从 bash 改为 tcsh。可以使用以下两种方法：

[long@RHEL5 ~]$ **chsh**
Changing shell for long.
Password:
New shell [/bin/bash]: /bin/tcsh
Shell changed.

或：

```
[long@RHEL5 ~]$ chsh   -s   /bin/tcsh
Changing shell for long.
```

7. whoami

whoami 命令用于显示当前用户的名称。whoami 与命令 "id -un" 作用相同。

```
[long@RHEL5 ~]$ whoami
long
```

8. su

su 命令用于转换当前用户到指定的用户账户，root 用户可以转换到任何用户而不需要输入该用户口令，普通用户转换为其他用户时需要输入用户口令。例如：

```
[root@RHEL5 ~]# whoami
root
[root@RHEL5 ~]# su    long            //root 用户转换为任何用户都不需要口令
[long@RHEL5 /root]$ whoami
long
[long@RHEL5 /root]$ su    root          //普通用户转换为任何用户都需要提供口令
Password:
[long@RHEL5 /root]$ exit              //使用 exit 命令可以退回到上一次使用 su 命令时的用户
exit
[root@RHEL5 ~]# whoami
root
```

su 命令不指定用户名时将从当前用户转换为 root 用户，但需要输入 root 用户的口令。

9. newgrp

newgrp 命令用于转换用户的当前组群到指定的主组群，对于没有设置组群口令的组群账户，只有组群的成员才可以使用 newgrp 命令改变主组群身份到该组群。如果组群设置了口令，其他组群的用户只要拥有组群口令也可以改变主组群身份到该组群。应用实例如下：

```
[root@RHEL5 ~]# id                //显示当前用户的 gid
uid=0(root) gid=0(root) groups=0(root),1(bin),2(daemon),3(sys),4(adm),6(disk),10(wheel)
[root@RHEL5 ~]# newgrp   long        //改变用户的主组群
[root@RHEL5 ~]# id
uid=0(root) gid=500(long) groups=0(root),1(bin),2(daemon),3(sys),4(adm),6(disk),10(wheel),500(long)
[root@RHEL5 ~]# newgrp            //newgrp 命令不指定组群时转换为用户的私有组
[root@RHEL5 ~]# id
uid=0(root) gid=0(root) groups=0(root),1(bin),2(daemon),3(sys),4(adm),6(disk),10(wheel),500(long)
```

使用 groups 命令可以列出指定用户的组群。例如：

```
[root@RHEL5 ~]# whoami
root
[root@RHEL5 ~]# groups
root bin daemon sys adm disk wheel
```

任务 5   管理 Linux 文件权限

在 Linux 中的每一个文件或目录都包含有访问权限，这些访问权限决定了谁能访问和如何访问这些文件和目录。

1. 文件和文件权限概述

文件是操作系统用来存储信息的基本结构，是一组信息的集合。文件通过文件名来唯一地标识。Linux 中的文件名称最长可允许 255 个字符，这些字符可以使用 A~Z、0~9、.、_、- 等符号。与其他操作系统相比，Linux 最大的不同点是没有"扩展名"的概念，也就是说文件的名称和文件的种类并没有直接的关联，例如 sample.txt 可能是一个运行文件，而 sample.exe 也可能是文本文件，甚至可以不使用扩展名。另一个特性是 Linux 文件名区分大小写。例如 sample.txt、Sample.txt、SAMPLE.txt、samplE.txt 在 Linux 系统中代表不同的文件，但在 DOS 和 Windows 平台却是指同一个文件。在 Linux 系统中，如果文件名以"."开始，表示该文件为隐藏文件，需要使用"ls -a"命令才能显示。

通过设定权限可以用以下三种访问方式限制访问权限：只允许用户自己访问；允许一个预先指定的用户组群中的用户访问；允许系统中的任何用户访问。同时，用户能够控制一个给定的文件或目录的访问程度。一个文件或目录可能有读、写及执行权限。当创建一个文件时，系统会自动地赋予文件所有者读和写的权限，这样可以允许所有者显示文件内容和修改文件。文件所有者可以将这些权限改变为任何他想指定的权限。一个文件也许只有读权限，而禁止任何修改。文件也可能只有执行权限，允许它像一个程序一样执行。

三种不同的用户类型能够访问一个目录或者文件：所有者、用户组群或其他用户。所有者是创建文件的用户，文件的所有者能够授予所在用户组群的其他成员以及系统中除所属组群之外的其他用户的文件访问权限。

每一个用户针对系统中的所有文件都有它自身的读、写和执行权限。第一套权限控制访问自己的文件权限，即所有者权限。第二套权限控制用户组群访问其中一个用户的文件的权限。第三套权限控制其他所有用户访问一个用户的文件的权限，这三套权限赋予不同用户类型（即所有者、用户组群和其他用户）的读、写及执行权限，就构成了一个有 9 种类型的权限组。

我们可以用"ls -l"或者 ll 命令显示文件的详细信息，其中包括权限。如下所示：

```
[root@RHEL5 ~]# ll
total 84
drwxr-xr-x    2 root root    4096 Aug  9 15:03 Desktop
-rw-r--r--    1 root root    1421 Aug  9 14:15 anaconda-ks.cfg
-rw-r--r--    1 root root     830 Aug  9 14:09 firstboot.1186639760.25
-rw-r--r--    1 root root   45592 Aug  9 14:15 install.log
-rw-r--r--    1 root root    6107 Aug  9 14:15 install.log.syslog
drwxr-xr-x    2 root root    4096 Sep  1 13:54 webmin
```

在上面的显示结果中，从第二行开始，每一行的第一个字符一般用来区分文件的类型，一般取值为 d、-、l、b、c、s、p。具体含义为：

● d：表示是一个目录，在 ext 文件系统中目录也是一种特殊的文件。

● -：表示该文件是一个普通的文件。

● l：表示该文件是一个符号链接文件，实际上它指向另一个文件。

● b、c：分别表示该文件为区块设备或其他的外围设备，是特殊类型的文件。

● s、p：这些文件关系到系统的数据结构和管道，通常很少见到。

下面详细介绍一下权限的种类和设置权限的方法。

2. 一般权限

在上面的显示结果中，每一行的第 2～10 个字符表示文件的访问权限。这 9 个字符每 3 个为一组，左边 3 个字符表示所有者权限，中间 3 个字符表示与所有者同一组的用户的权限，右边 3 个字符是其他用户的权限。代表的意义如下：

- 字符 2、3、4 表示该文件所有者的权限，有时也简称为 u（User）的权限。
- 字符 5、6、7 表示该文件所有者所属组群的组成员的权限。例如，此文件拥有者属于"user"组群，该组群中有 6 个成员，表示这 6 个成员都有此处指定的权限。简称为 g（Group）的权限。
- 字符 8、9、10 表示该文件所有者所属组群以外的权限，简称为 o（Other）的权限。

这 9 个字符根据权限种类的不同，也分为 3 种类型：

- r（Read，读取）：对文件而言，具有读取文件内容的权限；对目录来说，具有浏览目录的权限。
- w（Write，写入）：对文件而言，具有新增、修改文件内容的权限；对目录来说，具有删除、移动目录内文件的权限。
- x（execute，执行）：对文件而言，具有执行文件的权限；对目录来说，该用户具有进入目录的权限。
- -：表示不具有该项权限。

下面举例说明：

Brwxr--r--：该文件是块设备文件，文件所有者具有读、写与执行的权限，其他用户则具有读取的权限。

-rw-rw-r-x：该文件是普通文件，文件所有者与同组用户对文件具有读写的权限，而其他用户仅具有读取和执行的权限。

drwx--x--x：该文件是目录文件，目录所有者具有读写与进入目录的权限，其他用户能进入该目录，却无法读取任何数据。

lrwxrwxrwx：该文件是符号链接文件，文件所有者、同组用户和其他用户对该文件都具有读、写和执行权限。

每个用户都拥有自己的主目录，通常在/home 目录下，这些主目录的默认权限为 rwx------：执行 mkdir 命令所创建的目录，其默认权限为 rwxr-xr-x，用户可以根据需要修改目录的权限。

此外，默认的权限可用 umask 命令修改，用法非常简单，只需执行"umask 777"命令，便代表屏蔽所有的权限，因而之后建立的文件或目录，其权限都变成 000，依次类推。通常 root 账号搭配 umask 命令的数值为 022、027 和 077，普通用户则是采用 002，这样所产生的默认权限依次为 755、750、700、775。有关权限的数字表示法，后面将会详细说明。

用户登录系统时，用户环境就会自动执行 rmask 命令来决定文件、目录的默认权限。

3. 特殊权限

其实文件与目录设置还有特殊权限。由于特殊权限会拥有一些"特权"，因而用户若无特殊需求，不应该启用这些权限，以避免安全方面出现严重漏洞，造成黑客入侵，甚至摧毁系统。

- s 或 S（SUID，Set UID）：可执行的文件搭配这个权限，便能得到特权，任意存取该文件的所有者能使用的全部系统资源。请注意具备 SUID 权限的文件，黑客经常利用这种权限，以 SUID 配上 root 账号拥有者，无声无息地在系统中开扇后门，供日后进出使用。

- s 或 S（SGID，Set GID）：设置在文件上面，其效果与 SUID 相同，只不过将文件所有者换成用户组群，该文件就可以任意存取整个用户组群所能使用的系统资源。
- T 或 T（Sticky）：/tmp 和 /var/tmp 目录供所有用户暂时存取文件，亦即每位用户皆拥有完整的权限进入该目录，去浏览、删除和移动文件。

因为 SUID、SGID、Sticky 占用 x 的位置来表示，所以在表示上会有大小写之分。假如同时开启执行权限和 SUID、SGID、Sticky，则权限表示字符是小写的：

```
-rwsr-sr-t 1 root root 4096 6 月 23 08：17 conf
```

如果关闭执行权限，则权限表示字符是大写的：

```
-rwSr-Sr-T 1 root root 4096 6 月 23 08：17 conf
```

4. 文件权限修改

在文件建立时系统会自动设置权限，如果这些默认权限无法满足需要，此时可以使用 chmod 命令来修改权限。通常在权限修改时可以用两种方式来表示权限类型：数字表示法和文字表示法。

chmod 命令的格式是：

```
chmod    选项    文件
```

- 以数字表示法修改权限

所谓数字表示法是指将读取（r）、写入（w）和执行（x）分别以 4、2、1 来表示，没有授予的部分就表示为 0，然后再把所授予的权限相加而成。表 2-10 是几个示范的例子。

表 2-10　以数字表示法修改权限的例子

原始权限	转换为数字			数字表示法
rwxrwxr-x	（421）	（421）	（401）	775
rwxr-xr-x	（421）	（401）	（401）	755
rw-rw-r--	（420）	（420）	（400）	664
rw-r--r--	（420）	（400）	（400）	644

例如为文件/long/file 设置权限：赋予拥有者和组群成员读取和写入的权限，而其他人只有读取权限。则应该将权限设为 "rw-rw-r--"，而该权限的数字表示法为 664，因此可以输入下面的命令来设置权限：

```
[root@RHEL5 long]# chmod   664   /long/file
[root@RHEL5 long]# ll
total 0
-rw-rw-r-- 1 root root 0 Sep  1 16:09 file
```

- 以文字表示法修改权限

使用权限的文字表示法时，系统用 4 种字母来表示不同的用户：

- u：user，表示所有者。
- g：group，表示属组。
- o：others，表示其他用户。
- a：all，表示以上三种用户。

操作权限使用下面三种字符的组合表示法：

- ◆ r：read，可读。
- ◆ w：write，写入。
- ◆ x：execute，执行。

操作符号包括：

- ◆ +：添加某种权限。
- ◆ -：减去某种权限。
- ◆ =：赋予给定权限并取消原来的权限。

以文字表示法修改文件权限时，上例中的权限设置命令应该为：

```
[root@RHEL5 long]# chmod u=rw,g=rw,o=r /long/file
```

修改目录权限和修改文件权限相同，都是使用"chmod"命令，但不同的是，要使用通配符"*"来表示目录中的所有文件。

例如，要将/long 目录中的所有文件权限设置为所有人都可读取及写入，应该使用下面的命令：

```
[root@RHEL5 long]# chmod   a=rw   /long/*
```

或者

```
[root@RHEL5 long]# chmod   666   /long/*
```

如果目录中包含其他子目录，则必须使用"-R"（Recursive）参数来同时设置所有文件及子目录的权限。

利用 chmod 命令也可以修改文件的特殊权限。

例如要设置/long/file 文件的 SUID 权限的方法为：

```
[root@RHEL5 long]# chmod   u+s   /long/file
[root@RHEL5 long]# ll
total 0
-rwSrw-r--   1 root root 0 Sep   1 16:09 file
```

特殊权限也可以采用数字表示法。SUID、SGID 和 sticky 权限分别为：4、2 和 1。使用 chmod 命令设置文件权限时，可以在普通权限的数字前面加上一位数字来表示特殊权限。例如：

```
[root@RHEL5 long]# chmod   6664   /long/file
[root@RHEL5 long]# ll
total 0
-rwSrwSr--   1 root root 0 Sep   1 16:09 file
```

5. 文件所有者与属组修改

要修改文件的所有者可以使用 chown 命令来设置。chown 命令格式如下所示：

```
chown   选项   用户和属组   文件列表
```

用户和属组可以是名称，也可以是 UID 或 GID。多个文件之间用空格分隔。

例如要把/long/file 文件的所有者修改为 test 用户，命令如下：

```
[root@RHEL5 long]# chown   test   /long/file
[root@RHEL5 long]# ll
total 0
-rw-rwSr--   1 test root 0 Sep   1 16:09 file
```

chown 命令可以同时修改文件的所有者和属组，用":"分隔。例如将/long/file 文件的所有者和属组都改为 test 的命令如下所示（test 组群事先已建立好）：

```
[root@RHEL5 long]# chown   test:test   /long/file
```

如果只修改文件的属组可以使用下列命令：

```
[root@RHEL5 long]# chown   :test   /long/file
```

修改文件的属组也可以使用命令 chgrp。命令范例如下所示：

```
[root@RHEL5 long]# chgrp   test   /long/file
```

任务 6　使用磁盘管理工具管理磁盘

在 Linux 系统安装时，其中有一个步骤是进行磁盘分区。在分区时可以采用 Disk Druid、RAID 和 LVM 等方式进行。除此之外，在 Linux 系统中还有 fdisk、cfdisk、parted 等分区工具。本节，将介绍几种常见的磁盘管理工具。

1．fdisk

fdisk 磁盘分区工具在 DOS、Windows 和 Linux 中都有相应的应用程序。在 Linux 系统中，fdisk 是基于菜单的命令。用 fdisk 对硬盘进行分区，可以在 fdisk 命令后面直接加上要分区的硬盘作为参数，例如，对第二块 SCSI 硬盘进行分区的操作如下所示：

```
[root@RHEL5 ~]# fdisk   /dev/sdb
Command   （m for help）：
```

在 Command 提示后面输入相应的命令来选择需要的操作，输入 m 命令是列出所有可用命令。表 2-11 所示是 fdisk 命令选项。

表 2-11　fdisk 命令选项

命令	功能	命令	功能
a	调整硬盘启动分区	q	不保存更改，退出 fdisk 命令
d	删除硬盘分区	t	更改分区类型
l	列出所有支持的分区类型	u	切换所显示的分区大小的单位
m	列出所有命令	w	把修改写入硬盘分区表，然后退出
n	创建新分区	x	列出高级选项
p	列出硬盘分区表		

下面以在/dev/sdb 硬盘上创建大小为 500M，文件系统类型为 ext3 的/dev/sdb1 主分区为例，讲解 fdisk 命令的用法。

（1）利用如下所示命令，打开 fdisk 操作菜单。

```
[root@RHEL5 ~]# fdisk   /dev/sdb
Command   （m for help）：
```

（2）输入 p，查看当前分区表。从命令执行结果可以看到，/dev/sdb 硬盘并无任何分区。

```
//利用 p 命令查看当前分区表
Command   （m for help）：p
Disk /dev/sdb: 1073 MB, 1073741824 bytes
255 heads, 63 sectors/track, 130 cylinders
Units = cylinders of 16065 * 512 = 8225280 bytes

    Device Boot       Start         End       Blocks   Id  System
```

Command （m for help）：

以上显示了/dev/sdb 的参数和分区情况。/dev/sdb 大小为 1073MB，磁盘有 255 个磁头，130 个柱面，每个柱面有 63 个扇区。从第四行开始是分区情况，依次是分区名、是否为启动分区、起始柱面、终止柱面、分区的总块数、分区 ID 和文件系统类型。例如下面所示的/dev/sda1 分区是启动分区（带有*号）。起始柱面是 1，结束柱面为 12，分区大小是 96358 块（每块的大小是 1024 个字节，即总共有 100M 左右的空间）。每柱面的扇区数等于磁头数乘以每柱面扇区数，每两个扇区为 1 块，因此分区的块数等于分区占用的总柱面数乘以磁头数，再乘以每柱面的扇区数后除以 2。例如：/dev/sda2 的总块数=（终止柱面 44-起始柱面 13）*255*63/2=257040。

```
[root@RHEL5 ~]# fdisk  /dev/sda
Command （m for help）：p
Disk /dev/sda: 6442 MB, 6442450944 bytes
255 heads, 63 sectors/track, 783 cylinders
Units = cylinders of 16065 * 512 = 8225280 bytes
Device    Boot       Start        End        Blocks    Id  System
/dev/sda1   *           1          12        96358+    83  Linux
/dev/sda2              13          44        257040    82  Linux swap
/dev/sda3              45         783       5936017+   83  Linux
```

（3）输入 n，创建一个新分区。输入 p，创建主分区（创建扩展分区输入 e，创建逻辑分区输入 l）；输入数字 1，创建第一个主分区（主分区和扩展分区可选数字为 1~4，逻辑分区的数字标识从 5 开始）；输入此分区的起始、结束扇区，以确定当前分区的大小。也可以使用 +sizeM 或者+sizeK 的方式指定分区大小。以上操作如下所示：

```
Command  （m for help）：n          //利用 n 命令创建新分区
Command action
   e    extended
   p    primary partition （1-4）
p                                    //输入字符 p，以创建主磁盘分区
Partition number  （1-4）：1
First cylinder  （1-130, default 1）：
Using default value 1
Last cylinder or +size or +sizeM or +sizeK  （1-130, default 130）：+500M
```

（4）输入 l 可以查看已知的分区类型及其 id，其中列出 ext 的 id 为 83。输入 t，指定/dev/sdb1 的文件系统类型为 ext3。如下所示：

```
//设置/dev/sdb1 分区类型为 ext3
Command  （m for help）：t
Selected partition 1
Hex code  （type L to list codes）：83
```

（5）分区结束后，输入 w，把分区信息写入硬盘分区表并退出。

（6）如果要删除磁盘分区，在 fdisk 菜单下输入 d，并选择相应的磁盘分区即可。删除后输入 w，保存退出。

```
//删除/dev/sdb1 分区，并保存退出
Command  （m for help）：d
Partition number  （1-4）：1
Command  （m for help）：w
```

2．mkfs

硬盘分区后，下一步的工作就是文件系统的建立。类似于 Windows 下的格式化硬盘。在硬盘分区上建立文件系统会冲掉分区上的数据，而且不可恢复，因此在建立文件系统之前要确认分区上的数据不再使用。建立文件系统的命令是 mkfs，格式如下：

mkfs　[参数]　文件系统

mkfs 命令常用的参数选项：

-t ：指定要创建的文件系统类型。

-c：建立文件系统前首先检查坏块。

-l file：从文件 file 中读磁盘坏块列表，file 文件一般是由磁盘坏块检查程序产生的。

-V：输出建立文件系统详细信息。

例如，在/dev/sdb1 上建立 ext3 类型的文件系统，建立时检查磁盘坏块并显示详细信息。如下所示：

[root@RHEL5 ~]# **mkfs　-t　ext3　-V　-c　/dev/sdb1**

在软盘上建立文件系统，一般采用以下步骤：

（1）对软盘格式化。

[root@RHEL5 ~]# **fdformat　-n　/dev/fd0**

（2）使用 badblocks 命令检查软盘上的坏块，把坏块信息存储在文件 badblock-fd0 中。

[root@RHEL5 ~]# **badblocks　/dev/fd0　1440>badblock-fd0**

（3）用 mkfs 命令建立文件系统。

[root@RHEL5 ~]# **mkfs　-t　ext3　-l　badblock-fd0　/dev/fd0**

3．fsck

fsck 命令主要用于检查文件系统的正确性。并对 Linux 磁盘进行修复。fsck 命令的格式如下：

fsck　[参数选项]　文件系统

fsck 命令常用的参数选项：

-t：给定文件系统类型，若在/etc/fstab 中已有定义或 kernel 本身已支持的不需添加此项。

-s：一个一个地执行 fsck 命令进行检查。

-A：对/etc/fstab 中所有列出来的分区进行检查。

-C：显示完整的检查进度。

-d：列出 fsck 的 debug 结果。

-P：在同时有-A 选项时，多个 fsck 的检查一起执行。

-a：如果检查中发现错误，则自动修复。

-r：如果检查有错误，询问是否修复。

例如，检查分区/dev/sdb1 上是否有错误，如果有错误自动修复。

[root@RHEL5 ~]# **fsck　-a　/dev/sdb1**
fsck 1.35　（28-Feb-2004）
/dev/sdb1: clean, 11/26104 files, 8966/104388 blocks

4．dd

dd 命令用于将指定的输入文件拷贝到指定的输出文件上，并且在复制过程中可以进行格式转换。dd 命令与 cp 命令的区别在于：dd 命令可以在没有创建文件系统的软盘上进行，拷贝到软盘的数据实际上是镜像文件。类似于 DOS 中的 diskcopy 命令的作用。dd 命令的格式为：

> dd　[<if=输入文件名/设备名>] [<of=输出文件名/设备名>] [bs=块字节大小] [count=块数]

下面通过几个例子讲解 dd 命令的使用方法。

（1）把一张软盘中的内容复制到另一张软盘上，使用/data/fd0data 作为临时存储区。

①首先，把源盘插入驱动器，输入下列命令：

> [root@Server ~]# dd if=/dev/fd0 of=/data/fd0data

②复制完成后，将源盘从驱动器中取出，插入目标盘，输入下列命令：

> [root@Server ~]# dd if=/data/fd0data of=/dev/fd0

③软盘复制完成后，使用下列命令删除临时文件：

> [root@Server ~]# rm /data/fd0data

（2）把 net.i 文件写入软盘，并设定读/写缓冲区的数目（软盘中原来的数据将被覆盖）。命令如下：

> [root@Server ~]# dd if=net.i of=/dev/fd0 bs=16384

（3）把文件 file1 复制为文件 file2：

> [root@Server ~]# dd　if=file1　of=file2

（4）建立和使用交换文件：

当系统的交换分区不能满足系统的要求而磁盘上又没有可用空间时，可以使用交换文件提供虚拟内存。

> [root@Server ~]# dd　if=/dev/zero　of=/swap　bs=1024　count=10240

上述命令的结果在硬盘的根目录下建立了一个块大小为 1024 字节、块数为 10240 的名为 swap 的交换文件。该文件的大小为 $1024 \times 10240 = 10MB$。

建立/swap 交换文件后，使用 mkswap 命令说明该文件用于交换空间。

> [root@Server ~]# mkswap　/swap　10240

利用 swapon 命令可以激活交换空间，利用 swapoff 命令也可以卸载被激活的交换空间。

> [root@Server ~]# swapon　/swap
>
> [root@Server ~]# swapoff　/swap

5. df

df 命令用来查看文件系统的磁盘空间占用情况。可以利用该命令来获知硬盘被占用了多少空间，目前还有多少空间等信息，还可以利用该命令获得文件系统的挂载位置。

df 命令格式如下：

> df　[参数选项]

df 命令的常见参数选项有：

-a：显示所有文件系统磁盘使用情况，包括 0 块的文件系统，如/proc 文件系统。

-k：以 k 字节为单位显示。

-i：显示 i 节点信息。

-t：显示各指定类型的文件系统的磁盘空间使用情况。

-x：列出不是某一指定类型文件系统的磁盘空间使用情况（与 t 选项相反）。

-T：显示文件系统类型。

例如，列出各文件系统的占用情况：

```
[root@RHEL5 ~]# df
Filesystem        1K-blocks      Used     Available    Use%    Mounted on
/dev/sda3          5842664    2550216      2995648     46%    /
/dev/sda1            93307       8564        79926     10%    /boot
none                63104          0        63104      0%    /dev/shm
```

列出各文件系统的 i 节点使用情况：

```
[root@RHEL5 ~]# df  -ia
Filesystem        Inodes      IUsed       IFree     IUse%    Mounted on
/dev/sda3         743360     130021      613339      18%    /
none                   0          0           0       -     /proc
usbfs                  0          0           0       -     /proc/bus/usb
/dev/sda1          24096         34       24062      1%     /boot
none               15776          1       15775      1%     /dev/shm
nfsd                   0          0           0       -     /proc/fs/nfsd
```

列出文件系统类型：

```
[root@RHEL5 ~]# df  -T
Filesystem     Type   1K-blocks      Used     Available    Use%    Mounted on
/dev/sda3      ext3    5842664    2550216      2995648     46%    /
/dev/sda1      ext3      93307       8564        79926     10%    /boot
none           tmpfs     63104          0        63104      0%    /dev/shm
```

6. du

du 命令用于显示磁盘空间的使用情况。该命令逐级显示指定目录的每一级子目录占用文件系统数据块的情况。du 命令语法如下：

```
du  [参数选项]  [文件或目录名]
```

du 命令的参数选项：

-s：对每个文件或目录，参数只给出占用的数据块总数。

-a：递归显示指定目录中各文件及子目录中各文件占用的数据块数。

-b：以字节为单位列出磁盘空间使用情况（RHEL 5 中默认以 KB 为单位）。

-k：以 1024 字节为单位列出磁盘空间使用情况。

-c：在统计后加上一个总计（系统默认设置）。

-l：计算所有文件大小，对硬链接文件重复计算。

-x：跳过在不同文件系统上的目录，不予统计。

例如，以字节为单位列出所有文件和目录的磁盘空间占用情况。命令如下所示：

```
[root@RHEL5 ~]# du  -ab
```

7. mount 与 umount

（1）mount

在磁盘上建立好文件系统之后，还需要把新建立的文件系统挂载到系统上才能使用。这个过程称为挂载，文件系统所挂载到的目录被称为挂载点（mount point）。Linux 系统中提供了/mnt 和/media 两个专门的挂载点。一般而言，挂载点应该是一个空目录，否则目录中原来的文件将被系统隐藏。通常将光盘和软盘挂载到/media/cdrom（或者/mnt/cdrom）和/media/floppy（或者/mnt/floppy）中，其对应的设备文件名分别为/dev/cdrom 和/dev/fd0。

文件系统的挂载，可以在系统引导过程中自动挂载，也可以手动挂载，手动挂载文件系统的挂载命令是 mount。该命令的语法格式如下：

mount　选项　设备　挂载点

mount 命令的主要选项有：

-t：指定要挂载的文件系统的类型。

-r：如果不想修改要挂载的文件系统，可以使用该选项以只读方式挂载。

-w：以可写的方式挂载文件系统。

-a：挂载/etc/fstab 文件中记录的设备。

把文件系统类型为 ext3 的磁盘分区/dev/sda2 挂载到/media/sda2 目录下，可以使用命令：

[root@RHEL5 ~]# **mount　-t　ext3　/dev/sda2　/media/sda2**

挂载光盘可以使用下列命令：

//挂载光盘

[root@RHEL5 ~]# **mount　-t　iso9660　/dev/cdrom　/media/cdrom**

或者使用下面的命令也可以完成光盘的挂载

[root@RHEL5 ~]# **mount　/media/cdrom**

挂载软盘可以使用下列命令：

//挂载软盘

[root@RHEL5 ~]# **mount　-t　vfat　/dev/fd0　/media/floppy**

或者使用下面的命令也可以完成软盘的挂载

[root@RHEL5 ~]# **mount　/media/floppy**

 通常使用 mount /dev/cdrom 命令挂载光驱后，在/media 目录下会有 cdrom 子目录。但如果使用的光驱是刻录机，此时/media 目录下为 cdrecorder 子目录而不是 cdrom 子目录。说明光驱是挂载到/media/cdrecorder 目录下。

（2）umount

文件系统可以被挂载也可以被卸载。卸载文件系统的命令是 umount。umount 命令的格式为：

umount　设备　挂载点

例如，卸载光盘和软盘可以使用命令：

//卸载光盘

[root@RHEL5 ~]# **umount　/media/cdrom**

//卸载软盘

[root@RHEL5 ~]# **umount　/media/floppy**

 光盘在没有卸载之前，无法从驱动器中弹出。正在使用的文件系统不能卸载。

8. 文件系统的自动挂载

如果要实现每次开机自动挂载文件系统，可以通过编辑/etc/fstab 文件来实现。在/etc/fstab 中列出了引导系统时需要挂载的文件系统以及文件系统的类型和挂载参数。系统在引导过程中会读取/etc/fstab 文件，并根据该文件的配置参数挂载相应的文件系统。以下是一个 fstab 文件的内容：

[root@RHEL5 ~]# **cat　/etc/fstab**

This file is edited by fstab-sync - see 'man fstab-sync' for details

LABEL=/	/	ext3	defaults	1 1
LABEL=/boot	/boot	ext3	defaults	1 2
none	/dev/pts	devpts	gid=5,mode=620	0 0
none	/dev/shm	tmpfs	defaults	0 0
none	/proc	proc	defaults	0 0
none	/sys	sysfs	defaults	0 0
LABEL=SWAP-sda2	swap	swap	defaults	0 0
/dev/sdb2	/media/sdb2	ext3	rw,grpquota,usrquota	0 0
/dev/hdc	/media/cdrom	auto	pamconsole,exec,noauto,managed	0 0
/dev/fd0	/media/floppy	auto	pamconsole,exec,noauto,managed	0 0

/etc/fstab 文件的每一行代表一个文件系统，每一行又包含六列，这六列的内容如下所示：

| fs_spec | fs_file | fs_vfstype | fs_mntops | fs_freq | fs_passno |

具体含义为：

fs_spec：将要挂载的设备文件。

fs_file：文件系统的挂载点。

fs_vfstype：文件系统类型。

fs_mntops：挂载选项，传递给 mount 命令时以决定如何挂载，各选项之间用逗号隔开。

fs_freq：由 dump 程序决定文件系统是否需要备份，0 表示不备份，1 表示备份。

fs_passno：由 fsck 程序决定引导时是否检查磁盘以及检查次序，取值可以为 0、1、2。

例如：如果希望实现每次开机自动将文件系统类型为 vfat 的分区/dev/sdb3 自动挂载到 /media/sdb3 目录下，需要在/etc/fstab 文件中添加下面一行。重新启动计算机后，/dev/sdb3 就能自动挂载了。

| /dev/sdb3 | /media/sdb3 | vfat | defaults | 0 0 |

任务 7　在 Linux 中设置软 RAID

RAID（Redundant Array of Inexpensive Disks，独立磁盘冗余阵列）用于将多个廉价的小型磁盘驱动器合并成一个磁盘阵列，以提高存储性能和容错功能。RAID 可分为软 RAID 和硬 RAID，软 RAID 是通过软件实现多块硬盘冗余的，而硬 RAID 一般是通过 RAID 卡来实现 RAID 的。前者配置简单，管理也比较灵活，对于中小企业来说不失为一种最佳选择；后者在性能方面具有一定优势，但往往花费比较贵。

RAID 作为高性能的存储系统，已经得到了越来越广泛的应用。从 RAID 概念的提出到现在，RAID 已经发展了六个级别，其级别分别是 0、1、2、3、4、5。但最常用的是 0、1、3、5 四个级别。

RAID0：将多个磁盘合并成一个大的磁盘，不具有冗余，并行 I/O，速度最快。RAID0 亦称为带区集。它是将多个磁盘并列起来，成为一个大硬盘。在存放数据时，其将数据按磁盘的个数来进行分段，然后同时将这些数据写进这些盘中。

在所有的级别中，RAID0 的速度是最快的。但是 RAID0 没有冗余功能，如果一个磁盘（物理）损坏，则所有的数据都无法使用。

RAID1：把磁盘阵列中的硬盘分成相同的两组，互为镜像，当任一磁盘介质出现故障时，可以利用其镜像上的数据恢复，从而提高系统的容错能力。对数据的操作仍采用分块后并行传输方式。所以 RAID1 不仅提高了读写速度，也加强了系统的可靠性。但其缺点是硬盘的利用率低，只有 50%。

RAID3：RAID3 存放数据的原理和 RAID0、RAID1 不同。RAID3 是以一个硬盘来存放数据的奇偶校验位，数据则分段存储于其余硬盘中。它像 RAID0 一样以并行的方式来存放数据，但速度没有 RAID0 快。如果数据盘（物理）损坏，只要将坏的硬盘换掉，RAID 控制系统会根据校验盘的数据校验位在新盘中重建坏盘上的数据。不过，如果校验盘（物理）损坏的话，则全部数据都无法使用。利用单独的校验盘来保护数据虽然没有镜像的安全性高，但是硬盘利用率得到了很大的提高，为 n-1。

RAID5：向阵列中的磁盘写数据，奇偶校验数据存放在阵列中的各个盘上，允许单个磁盘出错。RAID5 也是以数据的校验位来保证数据的安全，但它不是以单独硬盘来存放数据的校验位，而是将数据段的校验位交互存放于各个硬盘上。这样任何一个硬盘损坏，都还可以根据其他硬盘上的校验位来重建损坏的数据。硬盘的利用率为 n-1。

Red Hat Enterprise Linux 提供了对软 RAID 技术的支持。在 Linux 系统中建立软 RAID 可以使用 mdadm 工具建立和管理 RAID 设备。

1. RAID 设备的创建与挂载

下面以四块硬盘/dev/sdb、/dev/sdc、/dev/sdd、/dev/sde 为例来讲解 RAID5 的创建方法。

（1）使用 fdisk 命令创建四个磁盘分区/dev/sdb1、/dev/sdc1、/dev/sdd1、/dev/sde1，并设置分区类型 id 为 fd（Linux raid autodetect）。下面以/dev/sdb1 为例讲述划分磁盘分区的过程。

① 对 sdb 进行分区：

```
fdisk   /dev/sdb
```

```
[root@localhost ~]# fdisk /dev/sdb
Device contains neither a valid DOS partition table, nor Sun, SGI or OSF disklabel
Building a new DOS disklabel. Changes will remain in memory only,
until you decide to write them. After that, of course, the previous
content won't be recoverable.

Warning: invalid flag 0x0000 of partition table 4 will be corrected by w(rite)
```

分区前状态：

```
Command (m for help): p

Disk /dev/sdb: 1073 MB, 1073741824 bytes
255 heads, 63 sectors/track, 130 cylinders
Units = cylinders of 16065 * 512 = 8225280 bytes

   Device Boot      Start         End      Blocks   Id  System
```

使用"n"划分磁盘分区：

```
Command (m for help): n
Command action
   e   extended
   p   primary partition (1-4)
p
Partition number (1-4): 1
First cylinder (1-130, default 1):
Using default value 1
Last cylinder or +size or +sizeM or +sizeK (1-130, default 130):
Using default value 130
```

使用"t"修改磁盘分区格式为 fd：

```
Command (m for help): t
Selected partition 1
Hex code (type L to list codes): fd
Changed system type of partition 1 to fd (Linux raid autodetect)
```

使用 "w" 保存划分磁盘分区的结果：

```
Command (m for help): w
The partition table has been altered!

Calling ioctl() to re-read partition table.
Syncing disks.
```

② 使用同样的方法，对 sdc、sdd、sde 进行分区和保存。

③ 划分分区分区结果如下所示：

```
[root@RHEL5 ~]# fdisk   -l
Disk /dev/sdb: 536 MB, 536870912 bytes
64 heads, 32 sectors/track, 512 cylinders
Units = cylinders of 2048 * 512 = 1048576 bytes
Device Boot        Start         End         Blocks     Id   System
/dev/sdb1            1           512         524272     fd   Linux raid autodetect

Disk /dev/sdc: 536 MB, 536870912 bytes
64 heads, 32 sectors/track, 512 cylinders
Units = cylinders of 2048 * 512 = 1048576 bytes
Device Boot        Start         End         Blocks     Id   System
/dev/sdc1            1           512         524272     fd   Linux raid autodetect

Disk /dev/sdd: 536 MB, 536870912 bytes
64 heads, 32 sectors/track, 512 cylinders
Units = cylinders of 2048 * 512 = 1048576 bytes
Device Boot        Start         End         Blocks     Id   System
/dev/sdd1            1           512         524272     fd   Linux raid autodetect

Disk /dev/sde: 536 MB, 536870912 bytes
64 heads, 32 sectors/track, 512 cylinders
Units = cylinders of 2048 * 512 = 1048576 bytes
Device Boot        Start         End         Blocks     Id   System
/dev/sde1            1           512         524272     fd   Linux raid autodetect
```

（2）使用 mdadm 命令创建 RAID5。RAID 设备名称为/dev/mdX。其中 X 为设备编号，该编号从 0 开始。

```
[root@RHEL5 ~]# mdadm --create /dev/md0 --level=5 --raid-devices=3 --spare-devices=1 /dev/sd[b-e]1
mdadm: array /dev/md0 started.
```

上述命令中指定 RAID 设备名为/dev/md0，级别为 5，使用 3 个设备建立 RAID，空余一个留做备用。

 注意　上例中 "/dev/sd[b-e]1" 亦可写为 "/dev/sdb　/dev/sdc　/dev/sdd　/dev/sde"。

（3）为新建立的/dev/md0 建立类型为 ext3 的文件系统。

```
[root@RHEL5 ~]mkfs  -t  ext3  -c  /dev/md0
```

（4）查看建立的 RAID5 的具体情况。

```
[root@RHEL5 ~]mdadm  -detail  /dev/md0
/dev/md0:
           Version : 00.90.01
     Creation Time : Mon Oct   1 16:23:43 2007
        Raid Level : raid5
        Array Size : 1048320   （1023.75 MiB 1073.48 MB）
       Device Size : 524160   （511.88 MiB 536.74 MB）
      Raid Devices : 3
     Total Devices : 4
    Preferred Minor : 0
       Persistence : Superblock is persistent
       Update Time : Mon Oct   1 16:25:26 2007
             State : clean
    Active Devices : 3
   Working Devices : 4
    Failed Devices : 0
    Spare Devices : 1
            Layout : left-symmetric
        Chunk Size : 64K
      Number   Major   Minor   RaidDevice State
        0        8       17        0       active sync    /dev/sdb1
        1        8       33        1       active sync    /dev/sdc1
        2        8       49        2       active sync    /dev/sdd1
        3        8       65       -1       spare      /dev/sde1
           UUID : 89b765ed:48c01ab9:e4cffb5b:ce142051
         Events : 0.10
```

（5）将 RAID 设备/dev/md0 挂载到指定的目录/media/md0 中，并显示该设备中的内容。

```
[root@RHEL5 ~]# mount  /dev/md0  /media/md0 ;  ls  /media/md0
lost+found
```

2. RAID 设备的数据恢复

如果 RAID 设备中的某个硬盘损坏，系统会自动停止这块硬盘的工作，让后备的那块硬盘代替损坏的硬盘继续工作。例如，假设/dev/sdc1 损坏。更换损坏的 RAID 设备中成员的方法如下：

（1）将损坏的 RAID 成员标记为失效。

```
[root@RHEL5 ~]#mdadm  /dev/md0  --fail  /dev/sdc1
```

（2）移除失效的 RAID 成员。

```
[root@RHEL5 ~]#mdadm  /dev/md0  --remove  /dev/sdc1
```

（3）更换硬盘设备，添加一个新的 RAID 成员。

```
[root@RHEL5 ~]#mdadm  /dev/md0  --add  /dev/sde1
```

 说明　mdadm 命令参数中凡是以 "--" 引出的参数选项，与 "-" 加单词首字母的方式等价。例如 "--remove" 等价于 "-r"，"--add" 等价于 "-a"。

当不再使用 RAID 设备时，可以使用命令 "mdadm -S /dev/mdX" 的方式停止 RAID 设备。

任务 8　使用 LVM 逻辑卷管理器

LVM（Logical Volume Manager 逻辑卷管理器）最早应用在 IBM AIX 系统上。它的主要作用是动态分配磁盘分区及调整磁盘分区大小，并且可以让多个分区或者物理硬盘作为一个逻辑卷（相当于一个逻辑硬盘）来使用。这种机制可以让磁盘分区容量划分变得很灵活。

例如，有一个硬盘/dev/hda，划分了 3 个主分区：/dev/hda1、/dev/hda2、/dev/hda3，分别对应的挂载点是/boot、/和/home，除此之外还有一部分磁盘空间没有划分。伴随着系统用户的增多，如果/home 分区空间不够了，怎么办？传统的方法是在未划分的空间中分割一个分区，挂载到/home 下，并且把 hda3 的内容复制到这个新分区上。或者把这个新分区挂载到另外的挂载点上，然后在/home 下创建链接，链接到这个新挂载点。这两种方法都不大好，第一种方法浪费了/dev/hda3，并且如果后面的分区容量小于 hda3 怎么办？第二种方法需要每次都额外创建链接，比较麻烦。那么，利用 LVM 可以很好地解决这个问题，LVM 的好处在于，可以动态调整逻辑卷（相当于一个逻辑分区）的容量大小。也就是说/dev/hda3 如果是一个 LVM 逻辑分区，比如/dev/rootvg/lv3，那么 lv3 可以被动态放大。这样就解决了动态容量调整的问题。当然，前提是系统已设定好 LVM 支持，并且需要动态缩放的挂载点对应的设备是逻辑卷。

1．LVM 的基本概念

- PV（Physical Volume）物理卷：物理卷处于 LVM 的最底层，可以是整个物理磁盘，也可以是硬盘中的分区。
- VG（Volume Group）卷组：可以看成单独的逻辑磁盘，建立在 PV 之上，是 PV 的组合。一个卷组中至少要包括一个 PV，在卷组建立之后可以动态地添加 PV 到卷组中。
- LV（Logical Volume）逻辑卷：相当于物理分区的/dev/hdaX。逻辑卷建立在卷组之上，卷组中的未分配空间可以用于建立新的逻辑卷，逻辑卷建立后可以动态地扩展或缩小空间。系统中的多个逻辑卷可以属于同一个卷组，也可以属于不同的多个卷组。
- PE（Physical Extent）物理区域：物理区域是物理卷中可用于分配的最小存储单元，物理区域的大小可根据实际情况在建立物理卷时指定。物理区域大小一旦确定将不能更改，同一卷组中的所有物理卷的物理区域大小需要一致。当多个 PV 组成一个 VG 时，LVM 会在所有 PV 上做类似格式化的动作，将每个 PV 切成一块块的空间，这一块块的空间就称为 PE，通常是 4MB。
- LE（Logical Extent）逻辑区域：逻辑区域是逻辑卷中可用于分配的最小存储单元，逻辑区域的大小取决于逻辑卷所在卷组中的物理区域大小。LE 的大小为 PE 的倍数（通常为 1:1）。
- VGDA（Volume Group Descriptor Area）卷组描述区域：存在于每个物理卷中，用于描述该物理卷本身、物理卷所属卷组、卷组中的逻辑卷，以及逻辑卷中物理区域的分配等所有的信息，卷组描述区域是在使用 pvcreate 命令建立物理卷时建立的。

LVM 进行逻辑卷的管理时，创建顺序是 PV→VG→LV。也就是说，首先创建一个物理卷（对应一个物理硬盘分区或者一个物理硬盘），然后把这些分区或者硬盘加入到一个卷组中（相当于一个逻辑上的大硬盘），再在这个大硬盘上划分分区 LV（逻辑上的分区，就是逻辑卷），最后，把 LV 逻辑卷格式化以后，就可以像使用一个传统分区那样，把它挂载到一个挂载点上，需要的时候，这个逻辑卷可以被动态缩放。例如可以用一个长方形的蛋糕来说明这种对应关系。物理硬盘相当于一个长方形蛋糕，把它切割成许多块，每个小块相当于一个 PV，然后我们把其中的某些 PV 重新放在一起，抹上奶油，那么这些 PV 的组合就是一个新的蛋糕，也就是 VG。最后，我们切割这个新蛋糕 VG，切出来的小蛋糕就叫做 LV。

> **注意**　/boot 启动分区不可以是 LVM。因为 GRUB 和 LILO 引导程序并不能识别 LVM。

2. 物理卷、卷组和逻辑卷的建立

假设系统中新增加了一块硬盘/dev/sdb。我们以在/dev/sdb 上创建为例介绍物理卷、卷组和逻辑卷的建立。

物理卷可以建立在整个物理硬盘上，也可以建立在硬盘分区中，如在整个硬盘上建立物理卷则不要在该硬盘上建立任何分区，如使用硬盘分区建立物理卷则需事先对硬盘进行分区并设置该分区为 LVM 类型，其类型 ID 为 0x8e。

（1）建立 LVM 类型的分区

利用 fdisk 命令在/dev/sdb 上建立 LVM 类型的分区，如下所示。

```
[root@RHEL5 ~]# fdisk    /dev/sdb
//使用 n 子命令创建分区
Command （m for help）: n
Command action
   e   extended
   p   primary partition （1-4）
p   //创建主分区
Partition number （1-4）: 1
First cylinder （1-130, default 1）:
Using default value 1
Last cylinder or +size or +sizeM or +sizeK （1-30, default 30）: +100M
//查看当前分区设置
Command （m for help）: p
Disk /dev/sdb: 1073 MB, 1073741824 bytes
255 heads, 63 sectors/track, 130 cylinders
Units = cylinders of 16065 * 512 = 8225280 bytes

Device Boot      Start        End        Blocks    Id   System
/dev/sdb1          1          13        104391    83   Linux
/dev/sdb2         31          60        240975    83   Linux
//使用 t 命令修改分区类型
Command （m for help）: t
Partition number （1-4）: 1
Hex code （type L to list codes）: 8e        //设置分区类型为 LVM 类型
Changed system type of partition 1 to 8e （Linux LVM）
//使用 w 命令保存对分区的修改，并退出 fdisk 命令
Command （m for help）: w
```

利用同样的方法创建 LVM 类型的分区/dev/sdb3 和/dev/sdb4。

（2）建立物理卷

利用 pvcreate 命令可以在已经创建好的分区上建立物理卷。物理卷直接建立在物理硬盘或者硬盘分区上，所以物理卷的设备文件使用系统中现有的磁盘分区设备文件的名称。

```
//使用 pvcreate 命令创建物理卷
[root@RHEL5 ~]# pvcreate   /dev/sdb1
Physical volume "/dev/sdb1" successfully created

//使用 pvdisplay 命令显示指定物理卷的属性
[root@RHEL5 ~]# pvdisplay   /dev/sdb1
```

使用同样的方法建立/dev/sdb3 和/dev/sdb4。

（3）建立卷组

在创建好物理卷后，使用 vgcreate 命令建立卷组。卷组设备文件使用/dev 目录下与卷组同名的目录表示，该卷组中的所有逻辑设备文件都将建立在该目录下，卷组目录是在使用 vgcreate 命令建立卷组时创建的。卷组中可以包含多个物理卷，也可以只有一个物理卷。

```
//使用 vgcreate 命令创建卷组 vg0
[root@RHEL5 ~]# vgcreate   vg0   /dev/sdb1
    Volume group "vg0" successfully created
//使用 vgdisplay 命令查看 vg0 信息
[root@RHEL5 ~]# vgdisplay   vg0
```

其中 vg0 为要建立的卷组名称。这里的 PE 值使用默认的 4MB，如果需要增大可以使用-L 选项，但是一旦设定以后不可再更改 PE 的值。使用同样的方法创建 vg1 和 vg2。

（4）建立逻辑卷

建立好卷组后，可以使用命令 lvcreate 在已有卷组上建立逻辑卷。逻辑卷设备文件位于其所在的卷组的卷组目录中，该文件是在使用 lvcreate 命令建立逻辑卷时创建的。

```
//使用 lvcreate 命令创建卷组
[root@RHEL5 ~]# lvcreate   -L   20M   -n   lv0   vg0
Logical volume "lv0" created

//使用 lvdisplay 命令显示创建的 lv0 的信息
[root@RHEL5 ~]# lvdisplay   /dev/vg0/lv0
```

其中-L 选项用于设置逻辑卷大小，-n 参数用于指定逻辑卷的名称和卷组的名称。

3. 管理 LVM 逻辑卷

（1）增加新的物理卷到卷组

当卷组中没有足够的空间分配给逻辑卷时，可以用给卷组增加物理卷的方法来增加卷组的空间。需要注意的是，下面的/dev/sdb2 必须为 LVM 类型，而且必须为 PV。

```
[root@RHEL5 ~]# vgextend   vg0   /dev/sdb2
Volume group "vg0" successfully extended
```

（2）逻辑卷容量的动态调整

当逻辑卷的空间不能满足要求时，可以利用 lvextend 命令把卷组中的空闲空间分配到该逻辑卷以扩展逻辑卷的容量。当逻辑卷的空闲空间太大时，可以使用 lvreduce 命令减少逻辑卷的容量。

```
//使用 lvextend 命令增加逻辑卷容量
[root@RHEL5 ~]# lvextend   -L   +10M   /dev/vg0/lv0
```

```
Rounding up size to full physical extent 12.00 MB
Extending logical volume lv0 to 32.00 MB
Logical volume lv0 successfully resized
```

//使用 lvreduce 命令减少逻辑卷容量

```
[root@RHEL5 ~]# lvreduce  -L  -10M  /dev/vg0/lv0
   Rounding up size to full physical extent 8.00 MB
   WARNING: Reducing active logical volume to 24.00 MB
   THIS MAY DESTROY YOUR DATA （filesystem etc.）
Do you really want to reduce lv0? [y/n]: y
   Reducing logical volume lv0 to 24.00 MB
   Logical volume lv0 successfully resized
```

（3）删除逻辑卷→卷组→物理卷（必需按照先后顺序来执行删除）

//使用 lvremove 命令删除逻辑卷

```
  [root@RHEL5 ~]# lvremove  /dev/vg0/lv0
Do you really want to remove active logical volume "lv0"? [y/n]: y
  Logical volume "lv0" successfully removed
```

//使用 vgremove 命令删除卷组

```
[root@RHEL5 ~]# vgremove  vg0
Volume group "vg0" successfully removed
```

//使用 pvremove 命令删除物理卷

```
[root@RHEL5 ~]# pvremove  /dev/sdb1
Labels on physical volume "/dev/sdb1" successfully wiped
```

4. 物理卷、卷组和逻辑卷的检查

（1）物理卷的检查

```
[root@RHEL5 ~]# pvscan
   PV /dev/sdb4    VG vg2    lvm2 [624.00 MB / 624.00 MB free]
   PV /dev/sdb3    VG vg1    lvm2 [100.00 MB / 88.00 MB free]
   PV /dev/sdb1    VG vg0    lvm2 [232.00 MB / 232.00 MB free]
   PV /dev/sdb2    VG vg0    lvm2 [184.00 MB / 184.00 MB free]
   Total: 4 [1.11 GB] / in use: 4 [1.11 GB] / in no VG: 0 [0     ]
```

（2）卷组的检查

```
[root@RHEL5 ~]# vgscan
   Reading all physical volumes.   This may take a while...
   Found volume group "vg2" using metadata type lvm2
   Found volume group "vg1" using metadata type lvm2
   Found volume group "vg0" using metadata type lvm2
```

（3）逻辑卷的检查

```
[root@RHEL5 ~]# lvscan
   ACTIVE             '/dev/vg1/lv3' [12.00 MB] inherit
   ACTIVE             '/dev/vg0/lv0' [24.00 MB] inherit
```

（略）

任务 9　管理磁盘配额

Linux 是一个多用户的操作系统，为了防止某个用户或组群占用过多的磁盘空间，可以通过磁盘配额（Disk Quota）功能限制用户和组群对磁盘空间的使用。在 Linux 系统中可以通过索引节点数和磁盘块区数来限制用户和组群对磁盘空间的使用。

● 限制用户和组群的索引节点数（inode）是指限制用户和组群可以创建的文件数量。

● 限制用户和组群的磁盘块区数（block）是指限制用户和组群可以使用的磁盘容量。

设置系统的磁盘配额大体可以分为四个步骤：

（1）启动系统的磁盘配额（quota）功能。

（2）创建 quota 配额文件。

（3）设置用户和组群的磁盘配额。

（4）启动磁盘限额功能。

下面以在/dev/sdb2 分区上启用磁盘配额功能为例来讲解磁盘配额的具体配置。

1.　启动系统的磁盘配额（quota）功能

（1）保证已经安装了 quota 软件包，在 Red Hat Enterprise Linux 5 中该软件为默认安装。可以利用下面的命令检测 quota 软件包的安装情况：

[root@RHEL5 ~]# **rpm　-q　quota**

（2）编辑/etc/fstab 文件，启动文件系统的配额功能。为了启用用户的磁盘配额功能需要在/etc/fstab 文件中加入 usrquota 项，为了启用组群的磁盘配额功能需要在/etc/fstab 文件中加入 grpquota 项。如下所示：

/dev/sdb2　　　　　　　　　/media/sdb2　　　　　　ext3　　defaults,usrquota,grpquota 0 0

（3）重新启动系统，或者利用下面的命令重新挂载增加了磁盘配额功能的文件系统，使之生效。

[root@RHEL5 ~]# **mount　-o　remount　/media/sdb2**

2.　创建 quota 配额文件

运行 quotacheck 命令生成磁盘配额文件 aquota.user（设置用户的磁盘配额）和 aquota.group（设置组群的磁盘配额）。命令如下所示：

[root@ RHEL5 ~]#**quotacheck　-cvug　/dev/sdb2**
quotacheck: Scanning /dev/sdb2 [/media/sdb2] done
quotacheck: Checked 6 directories and 4 files

quotacheck 命令用于检查磁盘的使用空间和限制，生成磁盘配额文件。-c 选项用于生成配额文件，-v 选项用于显示详细的执行过程，-u 选项用于检查用户的磁盘配额，-g 选项用于检查组群的磁盘配额。

在已经启用了磁盘配额功能或者已挂载的文件系统中运行 quotacheck 命令可能会遇到问题，可以配合使用-f、-m 等选项强制执行。

3.　设置用户和组群的磁盘配额

对用户和组群的磁盘配额限制分为两种：

● 软限制（soft limit）：用户和组群在文件系统上可以使用的磁盘空间和文件数。当超过软限制之后，在一定期限内用户仍可以继续存储文件，但系统会对用户提出警告，建议用户清理文件，释放空间。超过警告期限后用户就不能再存储文件了。Red Hat Enterprise Linux 中默认的警告期限是 7 天。soft limit 的取值如果为 0，表示不受限制。

● 硬限制（hard limit）：用户和组群可以使用的最大磁盘空间或最多的文件数，超过之后用户和组群将无法再在相应的文件系统上存储文件。hard limit 的取值如果为 0，也表示不受限制。

注意 软限制的数值应该小于硬限制的数值。另外磁盘配额功能对于 root 用户无效。

设置用户和组群的磁盘配额可以使用命令 edquota：

● 设置用户的磁盘配额功能的命令是：edquota -u 用户名。

● 设置组群的磁盘配额功能的命令是：edquota -g 组群名。

例如，设置用户 user1 的磁盘配额功能，可以使用命令：

[root@ RHEL5 ~]# **edquota –u user1**

edquota 会自动调用 vim 编辑器来设置磁盘配额项，如图 2-7 所示。

图 2-7   用户磁盘限额功能的配置界面

上图表示用户 user1 在/dev/sdb2 分区上已经使用了 70 个数据块，拥有 2 个文件。把上图中的 blocks 和 inodes 的 soft limit 和 hard limit 改成想要设置的值，然后保存退出。

如果需要对多个用户进行设置，可以重复上面的操作。如果每个用户的设置都相同，可以使用下面的命令把参考用户的设置复制给待设置用户。格式如下：

[root@ RHEL5 ~]# edquota -p 参考用户 待设置用户

例如，要给用户 user2 设置和 user1 一样的磁盘配额，可以使用命令：

[root@ RHEL5 ~]# **edquota -p   user1   user2**

对组群的设置和用户的设置相似，例如设置组群 group1 的磁盘配额，可以使用命令：

[root@ RHEL5 ~]# **edquota -g   group1**

要给组群 group2 设置和 group1 一样的磁盘配额，可以使用命令：

[root@ RHEL5 ~]# **edquota -gp   group1   group2**

4. 启动与关闭磁盘配额功能

在设置好用户及组群的磁盘配额后，磁盘配额功能还不能立即产生作用，此时必须使用"quotaon"命令来启动磁盘配额功能；如果要关闭该功能则使用"quotaoff"命令。下面是启动及关闭 quota 配额功能的范例：

[root@RHEL5 ~]# **quotaon   -avug**

/dev/sdb2 [/media/sdb2]: group quotas turned on

/dev/sdb2 [/media/sdb2]: user quotas turned on

[root@RHEL5 ~]# **quotaoff -avug**

/dev/sdb2 [/media/sdb2]: group quotas turned off

/dev/sdb2 [/media/sdb2]: user quotas turned off

5．检查磁盘配额的使用情况

磁盘配额设置生效之后，如果要查看某个用户的磁盘配额及其使用情况可以使用 quota 命令。查看指定用户的磁盘配额使用命令"quota -u 用户名"，查看指定组群的磁盘配额使用命令"quota -g 组群名称"。对于普通用户而言，可以直接利用"quota"命令查看自己的磁盘配额使用情况。利用 quota 命令的-a 选项可以列出系统中所有用户的磁盘配额信息。

另外，系统管理员可以利用 repquota 命令生成完整的磁盘空间使用报告。例如，如下所示的命令"repquota /dev/sdb2"可以生成磁盘分区/dev/sdb2 上的磁盘使用报告。

```
[root@RHEL5 ~]# repquota   /dev/sdb2
*** Report for user quotas on device /dev/sdb2
Block grace time: 7days; Inode grace time: 7days
                       Block limits              File limits
User          used    soft   hard  grace   used   soft  hard  grace
----------------------------------------------------------------
root     --   6353      0      0            11      0     0
jw       --      1    2000   4000            1    2000  3000
```

其中，用户名"--"分别用于判断该用户是否超出磁盘空间限制及索引节点数目限制。当磁盘空间及索引节点数目的软限制超出时，相应的"-"就会变为"+"。最后的 grace 列通常是空的，如果某个软限制超出，则这一列会显示警告时间的剩余时间。要查看所有启用了磁盘配额的文件系统的磁盘使用情况，可以使用命令"repquota -a"。

练习题二

一、选择题

1．哪个目录存放用户密码信息？（　　）

    A．/etc　　　　　　B．/var　　　　　　C．/dev　　　　　　D．/boot

2．请选出创建用户 ID 是 200，组群 ID 是 1000，用户主目录为/home/user01 的正确命令是（　　）。

    A．useradd -u:200 -g:1000 -h:/home/user01 user01

    B．useradd -u=200 -g=1000 -d=/home/user01 user01

    C．useradd -u 200 -g 1000 -d /home/user01 user01

    D．useradd -u 200 -g 1000 -h /home/user01 user01

3．用户登录系统后首先进入下列哪个目录？（　　）

    A．/home　　　　　　　　　　　B．/root 的主目录

    C．/usr　　　　　　　　　　　　D．用户自己的家目录

4．在使用了 shadow 口令的系统中，/etc/passwd 和/etc/shadow 两个文件的权限正确的是（　　）。

    A．-rw-r-----，-r--------　　　　　　　B．-rw-r--r--，-r--r--r--

    C．-rw-r--r--，-r--------　　　　　　　D．-rw-r--rw-，-r-----r--

5．下面哪个参数可以删除一个用户并同时删除用户的主目录？（　　）

A．rmuser -r   B．deluser -r   C．userdel -r   D．usermgr -r

6．系统管理员应该采用哪些安全措施？（   ）

A．把 root 密码告诉每一位用户

B．设置 telnet 服务来提供远程系统维护

C．经常检测账户数量、内存信息和磁盘信息

D．当员工辞职后，立即删除该用户账户

7．在/etc/group 中有一行 shudents::600:z3,14,w5，有多少用户在 student 组群里？（   ）。

A．3   B．4   C．5   D．不知道

8．下列的哪些命令可以用来检测用户 lisa 的信息？（   ）

A．finger lisa   B．grep lisa /etc/passwd

C．find lisa /etc/passwd   D．who lisa

9．假定 kernel 支持 vfat 分区，下面哪一个操作是将/dev/hda1———一个 Windows 分区加载到/win 目录？（   ）。

A．mount -t windows /win /dev/hda1   B．mount -fs=msdos /dev/hda1 /win

C．mount -s win /dev/hda1 /win   D．mount -t vfat /dev/hda1 /win

10．（   ）是关于/etc/fstab 的正确描述。

A．启动系统后，由系统自动产生

B．用于管理文件系统信息

C．用于设置命名规则，是否可以用 TAB 来命名一个文件

D．保存硬件信息

11．存放 Linux 基本命令的目录是什么？（   ）

A．/bin   B．/tmp   C．/lib   D．/root

12．对于普通用户创建的新目录，哪个是缺省的访问权限？（   ）。

A．rwxr-xr-x   B．rw-rwxrw-   C．rwxrw-rw-   D．rwxrwxrw-

13．如果当前目录是/home/sea/china，那么"china"的父目录是哪个目录？（   ）。

A．/home/sea   B．/home/   C．/   D．/sea

14．系统中有用户 user1 和 user2，同属于 users 组群。在 user1 用户目录下有一文件 file1，它拥有 644 的权限，如果 user2 想修改 user1 用户目录下的 file1 文件，应拥有（   ）权限？

A．744   B．664   C．646   D．746

15．在一个新分区上建立文件系统应该使用命令？（   ）

A．fdisk   B．makefs   C．mkfs   D．format

16．用 ls -al 命令列出下面的文件列表，哪一个文件是符号连接文件？（   ）

A．-rw------- 2 hel-s users 56 Sep 09 11:05 hello

B．-rw------- 2 hel-s users 56 Sep 09 11:05 goodbey

C．drwx----- 1 hel users 1024 Sep 10 08:10 zhang

D．lrwx----- 1 hel users 2024 Sep 12 08:12 cheng

17．Linux 文件系统的目录结构是一棵倒挂的树，文件都按其作用分门别类地放在相关的目录中。现有一个外部设备文件，我们应该将其放在（   ）目录中。

A．/bin   B．/etc   C．/dev   D．lib

18. 如果 umask 设置为 022，缺省创建的文件的权限为（   ）。

    A．----w--w-   B．-rwxr-xr-x   C．r-xr-x---   D．rw-r--r--

二、填空题

1. 文件系统（File System）是磁盘上有特定格式的一片区域，操作系统利用文件系统_____和_____。

2. ext 文件系统在 1992 年 4 月完成，称为_____，是第一个专门针对 Linux 操作系统的文件系统。Linux 系统使用_____文件系统。

3. ext 文件系统结构的核心组成部分是_____、_____和_____。

4. Linux 的文件系统是采用阶层式的_____结构，在该结构中的最上层是_____。

5. 默认的权限可用_____命令修改，用法非常简单，只需执行_____命令，便代表屏蔽所有的权限，因而之后建立的文件或目录，其权限都变成_____。

6. _____代表当前的目录，也可以使用./来表示。_____代表上一层目录，也可以用../来代表。

7. 若文件名前多一个 "."，则代表该文件为_____。可以使用_____命令查看隐藏文件。

8. 你想要让用户拥有文件 filename 的执行权限，但你又不知道该文件原来的权限是什么。此时，应该执行_____命令。

9. _____是光盘所使用的标准文件系统。

10. RAID（Redundant Array of Inexpensive Disks）的中文全称是_____，用于将多个廉价的小型磁盘驱动器合并成一个_____，以提高存储性能和_____功能。RAID 可分为_____和_____，软 RAID 通过软件实现多块硬盘_____。

11. LVM（Logical Volume Manager）的中文全称是_____，最早应用在 IBM AIX 系统上。它的主要作用是_____及调整磁盘分区大小，并且可以让多个分区或者物理硬盘作为_____来使用。

12. 可以通过_____和_____来限制用户和组群对磁盘空间的使用。

三、实践习题

1. 根据 "任务 7 在 Linux 中设置软 RAID" 中的实例，实际做一做。

2. 根据 "任务 8 使用 LVM 逻辑卷管理器" 中的实例，实际做一做。

实训 1   管理用户和组群

一、实训目的

（1）掌握在 Linux 系统下利用命令方式实现用户和组群的管理。

（2）掌握利用图形配置界面进行用户和组群的管理。

二、实训内容

练习用户和组群的管理。

三、实训练习

（1）用户的管理：

- 创建一个新用户 user01，设置其主目录为/home/user01。
- 查看/etc/passwd 文件的最后一行，看看是如何记录的。
- 查看/etc/shadow 文件的最后一行，看看是如何记录的。
- 给用户 user01 设置密码。
- 再次查看/etc/shadow 文件的最后一行，看看有什么变化。
- 使用 user01 用户登录系统，看能否登录成功。
- 锁定用户 user01。
- 查看/etc/shadow 文件的最后一行，看看有什么变化。
- 再次使用 user01 用户登录系统，看能否登录成功。
- 解除对用户 user01 的锁定。
- 更改用户 user01 的账户名为 user02。
- 查看/etc/passwd 文件的最后一行，看看有什么变化。
- 删除用户 user02。

（2）组群的管理：

- 创建一个新组群 group1。
- 查看/etc/group 文件的最后一行，看看是如何设置的。
- 创建一个新账户 user02，并把他的起始组和附属组都设为 group1。
- 查看/etc/group 文件中的最后一行，看看有什么变化。
- 给组群 group1 设置组群密码。
- 在组群 group1 中删除用户 user02。
- 再次查看/etc/group 文件中的最后一行，看看有什么变化。
- 删除组群 group1。

（3）用图形界面管理用户和组群：

- 进入 X-Window 图形界面。
- 打开系统配置菜单中的用户和组群的管理子菜单，练习用户和组群的创建与管理。

四、实训报告

按要求完成实训报告。

实训 2　文件系统和磁盘管理

一、实训目的

（1）掌握 Linux 下磁盘管理的方法。
（2）掌握文件系统的挂载与卸载。
（3）掌握磁盘限额与文件权限管理。

二、实训内容

练习 Linux 系统下磁盘管理、文件系统管理、磁盘限额及文件权限的管理。

三、实训环境

在虚拟机相应操作系统的硬盘剩余空间中，用 fdisk 命令创建两个分区，分区类型分别为 fat32 和 Linux。然后，再用 mkfs 命令在上面分别创建 vfat 和 ext3 文件系统。然后，用 fsck 命令检查这两个文件系统；最后，把这两个文件系统挂载到系统上。

四、实训练习

（1）使用 fdisk 命令进行硬盘分区：

- 以 root 用户登录到系统字符界面下，输入 fdisk 命令，把要进行分区的硬盘设备文件作为参数，例如：fdisk /dev/sda。
- 利用子命令 m，列出所有可使用的子命令。
- 输入子命令 p，显示已有的分区表。
- 输入子命令 n，创建扩展分区。
- 输入子命令 n，在扩展分区上创建新的分区。
- 输入 l，选择创建逻辑分区。
- 输入新分区的起始扇区号，回车使用默认值。
- 输入新分区的大小。
- 再次利用子命令 n 创建另一个逻辑分区，将硬盘所有剩余空间都分配给它。
- 输入子命令 p，显示分区表，查看新创建好的分区。
- 输入子命令 l，显示所有的分区类型的代号。
- 输入子命令 t，设置分区的类型。
- 输入要设置分区类型的分区代号，其中 fat32 为 b，Linux 为 83。
- 输入子命令 p，查看设置结果。
- 输入子命令 w，把设置写入硬盘分区表，退出 fdisk 并重新启动系统。

（2）用 mkfs 创建文件系统：

- 在上述刚刚创建的分区上创建 ext3 文件系统和 vfat 文件系统。

（3）用 fsck 检查文件系统。

（4）挂载和卸载文件系统：

- 利用 mkdir 命令，在/mnt 目录下建立挂载点：mountpoint1 和 mountpoint2。
- 利用 mount 命令，列出已经挂载到系统上的分区。
- 把上述新创建的 ext3 分区挂载到/mnt/mountpoint1 上。
- 把上述新创建的 vfat 分区挂载到/mnt/mountpoint2 上。
- 利用 mount 命令列出挂载到系统上的分区，查看挂载是否成功。
- 利用 umount 命令卸载上面的两个分区。
- 利用 mount 命令查看卸载是否成功。
- 编辑系统文件/etc/fstab 文件，把上面两个分区加入此文件中。
- 重新启动系统，显示已经挂载到系统上的分区，检查设置是否成功。

（5）使用光盘与 U 盘：

- 取一张光盘放入光驱中，将光盘挂载到/media/cdrom 目录下。
- 查看光盘中的文件和目录列表。
- 卸载光盘。
- 利用与上述相似的命令完成 U 盘的挂载与卸载。

（6）磁盘限额：

- 启动 vi 编辑/etc/fstab 文件。
- 把/etc/fstab 文件中的 home 分区添加用户和组群的磁盘限额。
- 用 quotacheck 命令创建 aquota.user 和 aquota.group 文件。
- 给用户 user01 设置磁盘限额功能。
- 将其 blocks 的 soft 设置为 5000，hard 设置为 10000；inodes 的 soft 设置为 5000，hard 设置为 10000。编辑完成后保存并退出。
- 重新启动系统。
- 用 quotaon 命令启用 quota 功能。
- 切换到用户 user01，查看自己的磁盘限额及使用情况。
- 尝试复制大小分别超过磁盘限额软限制和硬限制的文件到用户的主目录下，检验一下磁盘限额功能是否起作用。

（7）设置文件权限：

- 在用户主目录下创建目录 test，进入 test 目录创建空文件 file1。
- 以长格式显示文件信息，注意文件的权限和所属用户和组群。
- 对文件 file1 设置权限，使其他用户可以对此文件进行写操作。
- 查看设置结果。
- 取消同组群用户对此文件的读取权限。查看设置结果。
- 用数字形式为文件 file1 设置权限，所有者可读、可写、可执行；其他用户和所属组群用户只有读和执行的权限。设置完成后查看设置结果。
- 用数字形式更改文件 file1 的权限，使所有者只能读取此文件，其他任何用户都没有权限。查看设置结果。
- 为其他用户添加写权限。查看设置结果。
- 回到上层目录，查看 test 的权限。
- 为其他用户添加对此目录的写权限。

（8）改变所有者：

- 查看目录 test 及其中文件的所属用户和组群。
- 把目录 test 及其下的所有文件的所有者改成 bin，所属组群改成 daemon。查看设置结果。
- 删除目录 test 及其下的文件。

五、实训报告

按要求完成实训报告。

项目 3 配置 Linux 基础网络

项目描述：

Linux 主机要与网络中其他主机进行通信，首先要进行正确的网络配置。网络配置通常包括主机名、IP 地址、子网掩码、默认网关、DNS 服务器等。

项目目标：

- 常见网络配置文件
- 常用的网络配置与调试工具
- Linux 启动过程和运行级别
- 守护进程和 xinetd

3.1　相关知识

在 Linux 中，TCP/IP 网络的配置信息是分别存储在不同的配置文件中的。相关的配置文件有/etc/sysconfig/network、网卡配置文件、/etc/hosts、/etc/resolv.conf 以及/etc/host.conf 等文件。下面分别介绍这些配置文件的作用和配置方法。

3.1.1　/etc/sysconfig/nework

/etc/sysconfig/nework 文件主要用于设置基本的网络配置，包括主机名称、网关等。文件中的内容如下所示：

```
[root@RHEL5 ~]# cat   /etc/sysconfig/network
NETWORKING=yes
HOSTNAME=RHEL5
GATEWAY=192.168.1.254
```

其中：

- NETWORKING：用于设置 Linux 网络是否运行，取值为 yes 或者 no。
- HOSTNAME：用于设置主机名称。
- GATEWAY：用于设置网关的 IP 地址。

除此之外，在这个配置文件中常见的还有：

- GATEWAYDEV：用来设置连接网关的网络设备。
- DOMAINNAME：用于设置本机域名。

● NISDOMAIN：在有 NIS 系统的网络中，用来设置 NIS 域名。

对于/etc/sysconfig/network 配置文件进行修改之后，应该重启网络服务或者注销系统以使配置文件生效。

3.1.2 /etc/sysconfig/nework-scripts/ifcfg-ethN

网卡设备名、IP 地址、子网掩码、网关等配置信息都保存在网卡配置文件中。一块网卡对应一个配置文件，配置文件位于目录"/etc/sysconfig/network-scripts"中，文件名以"ifcfg-"开始后跟网卡类型（通常使用的以太网卡用"eth"代表）加网卡的序号（从"0"开始）。系统中以太网卡的配置文件名为"ifcfg-ethN"，其中"N"为从"0"开始的数字，如第 1 块以太网卡的配置文件名为 ifcfg-eth0，第 2 块以太网卡的配置文件名为 ifcfg-eth1，其他的以此类推。

Linux 系统支持在一块物理网卡上绑定多个 IP 地址，需要建立多个网卡配置文件，其文件名形式为"ifcfg-ethN:M"，其中"N"和"M"均为从 0 开始的数字，代表相应的序号。如第 1 块以太网卡上的第 1 个虚拟网卡（设备名为：eth0:0）的配置文件名为"ifcfg-eth0:0"，第 1 块以太网卡上的第 2 个虚拟网卡（设备名为：eth0:1）的配置文件名为"ifcfg-eth0:1"。Linux 最多支持 255 个 IP 别名，对应的配置文件可通过复制 ifcfg-eth0 配置文件，并修改其配置内容来获得。

所有的网卡 IP 配置文件都有类似如下的格式，配置文件中每行进行一项内容设置，左边为项目名称，右边为项目设置值，中间以"="分隔。

```
[root@RHEL5 ~]# cat   /etc/sysconfig/network-scripts/ifcfg-eth0
DEVICE=eth0
BOOTPROTO=static
BROADCAST=192.168.1.255
HWADDR=00:0C:29:FA:AD:85
IPADDR=192.168.1.2
NETMASK=255.255.255.0
NETWORK=192.168.1.0
GATEWAY=192.168.1.254
ONBOOT=yes
TYPE=Ethernet
```

上述配置文件中各项的具体含义为：

● DEVICE：表示当前网卡设备的设备名称。
● BOOTPROTO：获取 IP 设置的方式，取值为 static、bootp 或 dhcp。
● BROADCAST：广播地址。
● HWADDR：该网络设备的 MAC 地址。
● IPADDR：该网络设备的 IP 地址。
● NETMASK：该网络设备的子网掩码。
● NETWORK：该网络设备所处网络的网络地址。
● GATEWAY：网卡的网关地址。
● ONBOOT：设置系统启动时是否启动该设备，取值为 yes 或 no。
● TYPE：该网络设备的类型。

例如，为上述 eth0 网卡再绑定一个 IP 地址 192.168.1.3。则绑定方法为：

```
[root@RHEL5 ~]# cd /etc/sysconfig/network-scripts/; cp ifcfg-eth0 ifcfg-eth0:1; vi ifcfg-eth0:1
DEVICE=eth0:1                         //此处应修改设备名称为 eth0:1
BOOTPROTO=static
BROADCAST=192.168.1.255
HWADDR=00:0C:29:FA:AD:85
IPADDR=192.168.1.3                    //此处设置为指定的 IP 地址
NETMASK=255.255.255.0
GATEWAY=192.168.1.254
ONBOOT=yes
TYPE=Ethernet
```

3.1.3 /etc/hosts

/etc/hosts 文件是早期实现静态域名解析的一种方法，该文件中存储 IP 地址和主机名的静态映射关系。用于本地名称解析，是 DNS 的前身。利用该文件进行名称解析时，系统会直接读取该文件中的 IP 地址和主机名的对应记录。文件中以"#"开始的行是注释行，其余各行，每行一条记录，IP 地址在左，主机名在右，主机名部分可以设置主机名和主机全域名。该文件的默认内容如下所示：

```
[root@RHEL5 etc]# cat   /etc/hosts
# Do not remove the following line, or various programs
# that require network functionality will fail.
127.0.0.1                    jnrp-long localhost.localdomain localhost
```

例如，要实现主机名称 RHEL5 和 IP 地址 192.168.1.2 的映射关系，则只需在该文件中添加如下一行即可。

```
192.168.1.2                  RHEL5
```

3.1.4 /etc/resolv.conf

/etc/resolv.conf 文件被 DNS 客户端用于指定系统所用的 DNS 服务器的 IP 地址。在该文件中除了可以指定 DNS 服务器外，还可以设置当前主机所在的域以及 DNS 搜寻路径等。

```
[root@RHEL5 etc]# cat   /etc/resolv.conf
nameserver 192.168.0.5
nameserver 192.168.0.9
nameserver 192.168.0.1
search jw.com
domain jw.com
```

- nameserver：设置 DNS 服务器的 IP 地址。可以设置多个名称服务器，客户端在进行域名解析时会按顺序使用。
- search：设置 DNS 搜寻路径，即在进行不完全域名解析时，默认的附加域名后缀。
- domain：设置计算机的本地域名。

3.1.5 /etc/host.conf

/etc/host.conf 文件用来指定如何进行域名解析。该文件的内容通常包含以下几行：

- order：设置主机名解析的可用方法及顺序。可用方法包括 hosts（利用/etc/hosts 文件进行解析）、bind（利用 DNS 服务器解析）、NIS（利用网络信息服务器解析）。
- multi：设置是否从/etc/hosts 文件中返回主机的多个 IP 地址，取值为 on 或者 off。
- nospoof：取值为 on 或者 off。当设置为 on 时系统会启用对主机名的欺骗保护以提高 rlogin、rsh 等程序的安全性。

下面是一个/etc/host.conf 文件的实例：

```
[root@RHEL5 etc]# cat   /etc/host.conf
order hosts,bind
```

上述文件内容设置主机名称解析的顺序为：先利用/etc/hosts 进行静态名称解析再利用 DNS 服务器进行动态域名解析。

3.1.6 /etc/services

/etc/services 文件用于保存各种网络服务名称与该网络服务所使用的协议及默认端口号的映射关系。该文件内容较多，以下是该文件的部分内容：

```
ssh              22/tcp                           # SSH Remote Login Protocol
ssh              22/udp                           # SSH Remote Login Protocol
telnet           23/tcp
telnet           23/udp
```

3.2   项目实施

任务 1   熟练使用常用的网络配置命令

子任务 1   配置主机名

确保主机名在网络中是唯一的，否则通信会受到影响，建议设置主机名时要有规则地进行设置（比如按照主机功能进行划分）。

（1）打开 Linux 的虚拟终端，使用 vim 编辑/etc/hosts 文件，修改主机名 localhost 为 rhel5。修改后效果如图 3-1 所示。

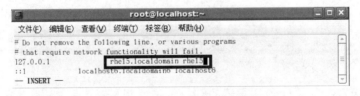

图 3-1   修改主机名后的效果

（2）通过编辑/etc/sysconfig/network 文件中的 HOSTNAME 字段修改主机名。

```
NETWORKING=yes
NETWORKING_ipv6=no
HOSTNAME=rhel5.localdomain
GATEWAY=192.168.0.254
```

我们修改主机名为 rhel5。

注意　如果 hosts 里没有设置本地解析就可以不管，修改主机名后需要重启系统生效。

我们设置完主机名生效后，可以使用 hostname 查看当前主机名称。

[root@rhel5 ～]# **hostname**
rhel5

（3）可以使用两个简单的命令临时设置主机名。

① 最常用的是使用 hostname 来设置。格式：

hostname　主机名

② 使用 sysctl 命令修改内核参数。格式：

sysctl kernel.hostname=主机名

这两个设置是临时的，重启系统后设置失效。

子任务 2　使用 ifconfig 配置 IP 地址及辅助 IP 地址

大多数 Linux 发行版都会内置一些命令来配置网络，而 ifconfig 是最常用的命令之一。它通常用来设置 IP 地址和子网掩码以及查看网卡相关配置。

（1）配置 IP 地址。

格式：

ifconfig 网卡名 ip 地址 netmask 子网掩码

我们使用 ifconfig 命令来设置 IP 地址，修改 IP 地址为 192.168.0.168。

[root@rhel5 ～]#**ifconfig eth0 192.168.0.168　netmask　255.255.255.0**

直接使用 ifconfig 命令可以查看网卡配置信息，如 IP 地址、MAC 地址、收发数据包情况等，以此可以查看修改是否成功，如图 3-2 所示。

```
[root@localhost ~]# ifconfig
eth0      Link encap:Ethernet  HWaddr 00:0C:29:1A:75:04
          inet addr:192.168.0.10  Bcast:192.168.0.255  Mask:255.255.255.0
          inet6 addr: fe80::20c:29ff:fe1a:7504/64 Scope:Link
          UP BROADCAST RUNNING MULTICAST  MTU:1500  Metric:1
          RX packets:92 errors:0 dropped:0 overruns:0 frame:0
          TX packets:320 errors:0 dropped:0 overruns:0 carrier:0
          collisions:0 txqueuelen:1000
          RX bytes:14250 (13.9 KiB)  TX bytes:28905 (28.2 KiB)
          Interrupt:67 Base address:0x2000

lo        Link encap:Local Loopback
          inet addr:127.0.0.1  Mask:255.0.0.0
          inet6 addr: ::1/128 Scope:Host
          UP LOOPBACK RUNNING  MTU:16436  Metric:1
          RX packets:7149 errors:0 dropped:0 overruns:0 frame:0
          TX packets:7149 errors:0 dropped:0 overruns:0 carrier:0
          collisions:0 txqueuelen:0
          RX bytes:8068529 (7.6 MiB)  TX bytes:8068529 (7.6 MiB)

You have new mail in /var/spool/mail/root
```

图 3-2　使用 ifconfig 命令可以查看网卡配置信息

执行 ifconfig 命令后，会显示所有激活网卡的信息，其中 eth0 为物理网卡，lo 为回环测试接口。每块网卡的详细情况通过标志位表示。

（2）配置虚拟网卡 IP 地址。

在实际工作中，可能会出现一块网卡需要拥有多个 IP 地址的情况，可以通过设置虚拟网卡来实现。

命令格式：

ifconfig 网卡名：虚拟网卡 ID IP 地址　netmask　子网掩码

为第 1 块网卡 eth0 设置一个虚拟网卡，IP 地址为 192.168.0.208，子网掩码为 255.255.255.0，如果不设置 netmask，则使用默认的子网掩码。

[root@rhel5 ～]#**ifconfig eth0:1 192.168.0.208 netmask 255.255.255.0**

子任务 3 禁用和启用网卡

（1）对于网卡的禁用和启用，依然可以使用 ifconfig 命令。

命令格式：

ifconfig	网卡名称 **down**	#禁用网卡
ifconfig	网卡名称 **up**	#启用网卡

使用 ifconfig eth0 down 命令后，在 Linux 主机上还可以 ping 通 eth0 的 IP 地址，但是在其他主机上就 ping 不通 eth0 地址了。

使用 ifconfig eth0 up 命令后，启用 eth0 网卡。

（2）使用 ifdown 和 ifup 命令也可以实现禁用和启用网卡的效果。

命令格式：

ifdown	网卡名称	#禁用网卡
ifup	网卡名称	#启用网卡

 注意 如果使用 ifdown eth0 禁用 eth0 网卡，在 Linux 主机上也不能 ping 通 eth0 的 IP 地址。

子任务 4 更改网卡 MAC 地址

MAC 地址也叫物理地址或者硬件地址。它是全球唯一的地址，由网络设备制造商生产时写在网卡内部。MAC 地址的长度为 48 位（6 个字节），通常表示为 12 个十六进制数，每两个十六进制数之间用冒号隔开，比如：00:0C:29:EC:FD:83 就是一个 MAC 地址。其中前 6 个十六进制数 00:0C:29 代表网络硬件制造商的编号，它由 IEEE（电气与电子工程师协会）分配，而后 3 个十六进制数 EC:FD:83 代表该制造商所制造的某个网络产品（如网卡）的系列号。

更改网卡 MAC 地址时，需要先禁用该网卡，然后使用 ifconfig 命令进行修改。

命令格式：

ifconfig 网卡名 hw ether MAC 地址

我们来修改 eth0 网卡的 MAC 地址为 00:11:22:33:44:55。

[root@rhel5 ～]# **ifdown eth0**
[root@rhel5 ～]# **ifconfig eth0 hw ether 00:11:22:33:44:55**

通过 ifconfig 命令可以看到 eth0 的 MAC 地址已经被修改成 00:11:22:33:44:55 了。

 注意 （1）如果不先禁用网卡会发现提示错误，修改不生效。
（2）ifconfig 命令修改 IP 地址和 MAC 地址都是临时生效的，重新启动系统后设置失效。我们可以通过修改网卡配置文件使其永久生效。具体可以参看后面的网卡配置文件。

子任务 5 使用 route 命令

route 命令可以说是 ifconfig 命令的黄金搭档，也像 ifconfig 命令一样，几乎所有的 Linux 发行版都可以使用该命令。route 通常用来进行路由设置。比如添加或者删除路由条目以及查看路由信息，当然也可以设置默认网关。

（1）用 route 命令设置网关。

route 命令格式：

route add default gw ip 地址   #添加默认网关

route del default gw ip 地址   #删除默认网关

我们把 Linux 主机的默认网关设置为 192.168.1.254，设置好后可以使用 route 命令查看网关及路由情况，如图 3-3 所示。

图 3-3 设置网关

在图 3-3 中，Flags 用来描述该条路由条目的相关信息，如是否活跃、是否为网关等，U 表示该条路由条目为活跃，G 表示该条路由条目要涉及网关。

 route 命令设置网关也是临时生效的，重启系统后失效。

（2）查看本机路由表信息。

[root@rhel5 ~]# **route**

Kernel IP routing table

Destination	Gateway	Genmask	Flags	Metric	Ref	Use	Iface
192.168.1.0	*	255.255.255.0	U	0	0	0	eth0
169.254.0.0	*	255.255.0.0	U	0	0	0	eth0
default	192.168.0.55	0.0.0.0	UG	0	0	0	eth0

上面输出的路由表中，各项信息的含义如下。

● Destination：目标网络 IP 地址，可以是一个网络地址，也可以是一个主机地址。

● Gateway：网关地址，即该路由条目中下一跳的路由器 IP 地址。

● Genmask：路由项的子网掩码，与 Destination 信息进行"与"运算得出目标地址。

● Flags：路由标志。其中 U 表示路由项是活动的，H 表示目标是单个主机，G 表示使用网关，R 表示对动态路由进行复位，D 表示路由项是动态安装的，M 表示动态修改路由，！表示拒绝路由。

● Metric：路由开销值，用以衡量路径的代价。

● Ref：依赖于本路由的其他路由条目。

● Use：该路由项被使用的次数。

● Iface：该路由项发送数据包使用的网络接口。

（3）添加/删除路由条目。

在路由表中添加路由条目，其命令语法格式为：

route add -net/host 网络/主机地址 netmask 子网掩码 [dev 网络设备名] [gw 网关]

在路由表中删除路由条目，其命令语法格式为：

route del -net/host 网络/主机地址 netmask

下面是几个配置实例。

① 添加到达目标网络 192.168.2.0/24 的网络路由，经由 eth1 网络接口，并由路由器

192.168.2.254 转发。

```
[root@rhel5 ~]# route add -net 192.168.2.0 netmask 255.255.255.0 \
                >gw 192.168.2.254 dev eth1
```

 若命令太长，一行写不下时，可以使用斜杠"\"来转义[Enter]符号，使命令连续到下一行。反斜杠后立刻接特殊字符，才能转义。

② 添加到达 192.168.2.10 的主机路由，经由 eth1 网络接口，并由路由器 192.168.2.254 转发。

```
[root@rhel5 ~]# route add -host 192.168.2.10 netmask 255.255.255.255 \
                >gw 192.168.2.254 dev eth1
```

③ 删除到达目标网络 192.168.2.0/24 的路由条目。

```
[root@rhel5 ~]# route del -net 192.168.2.0 netmask 255.255.255.0
```

④ 删除到达主机 192.168.2.10 的路由条目。

```
[root@rhel5 ~]# route del -host 192.168.2.10 netmask 255.255.255.255
```

 如果添加/删除的是主机路由，其子网掩码应该为 255.255.255.255。

子任务 6　网卡配置文件

在更改网卡 MAC 地址时说过，ifconfig 设置 IP 地址和修改网卡的 MAC 地址以及后面的 route 设置路由和网关时，配置都是临时生效的。也就是说，在我们重启系统后配置都会失效。怎么样来解决这个问题让我们的配置永久生效呢？这里就要直接编辑网卡的配置文件，通过参数来配置网卡，让设置永久生效。网卡配置文件位于/etc/sysconfig/network-scripts/目录下。

每块网卡都有一个单独的配置文件，可以通过文件名来找到每块网卡对应的配置文件。例如：ifcfg-eth0 就是 eth0 这块网卡的配置文件。我们来编辑/etc/sysconfig/network-scripts/ifcfg-eth0 文件进行配置，查看效果如图 3-4 所示。

```
[root@rhel5 ~]# vim    ifcfg-eth0
```

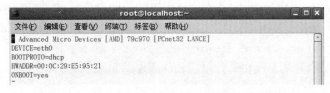

图 3-4　网卡 eht0 的配置效果

每个网卡配置文件都存储了网卡的状态，每一行代表一个参数值。系统启动时通过读取该文件所记录的情况来配置网卡。常见的参数解释如表 3-1 所示。

表 3-1　网卡配置文件常见参数

参数	注解	默认值	是否可省略
DEVICE	指定网卡名称	无	不能
BOOTPROTO	指定启动方式 static：表示使用静态 IP 地址 boot/dhcp：表示通过 BOOTP 或 DHCP 自动获得 IP 地址	static	可以

续表

参数	注解	默认值	是否可省略
HWADDR	指定网卡的 MAC 地址	无	可以
BROADCAST	指定广播地址	通过 IP 地址和子网掩码自动计算得到	可以
IPADDR	指定 IP 地址	无	可以 当 BOOTPROTO=static 时不能省略
NETMASK	指定子网掩码	无	可以 当 BOOTPROTO=static 时不能省略
NETWORK	指定网络地址	通过 IP 地址和子网掩码自动计算得到	可以
ONBOOT	指定在启动 network 服务时，是否启用该网卡	yes	可以
GATEWAY	指定网关	无	可以
DEVICE	指定网卡名称	无	不能

修改过网卡配置文件后，需要重新启动 network 服务或重新启用设置过的网卡，使配置生效。

子任务 7 使用 setup 命令

RHEL5 支持以文本窗口的方式对网络进行配置，CLI 命令行模式下使用 setup 命令就可以进入文本窗口，如图 3-5 所示。

[root@rhel5 ～]# **setup**

用 Tab/Alt+Tab 快捷键在元素间进行切换，选择"网络配置"选项，按回车键确认进入配置界面，可以对主机上的网卡 eth0 进行配置，界面简洁明了，不再详述。

子任务 8 图形界面配置工具

在 Red Hat Enterprise Linux 5 中图形化的网络配置是在桌面环境下的主菜单中选择"系统"→"管理"→"网络"命令，打开如图 3-6 所示的"网络配置"对话框，进行相应的设置即可。

图 3-5 文本窗口模式下对网络进行配置

图 3-6 "网络配置"对话框

子任务 9 修改 resolv.conf 设置 DNS

Linux 中设置 DNS 客户端时可以直接编辑/etc/resolv.conf 文件，然后使用 nameserver 参数来指定 DNS 服务器的 IP 地址。

```
[root@rhel5 ~]#vim /etc/resolv.conf
search   localdomain
nameserver   192.168.0.1
```

192.168.0.1 是首选 DNS 服务器地址，如果下面还有 nameserver 字段的话为备用 DNS 地址，也可以指定更多的 DNS 服务器地址在下面，当指定的 DNS 服务器超过 3 台时，只有前 3 台 DNS 服务器地址是有效的。客户端在向服务器发送查询请求时，会按照文件中的顺序依次发送，当第 1 台 DNS 服务器没有响应时，就会去尝试向下一台 DNS 服务器查询，直到发送到最后一台 DNS 服务器为止。所以建议将速度最快、稳定性最高的 DNS 服务器设置在最前面，以确保查询不会超时。

子任务 10　使用 service

/etc/service 是一个脚本文件，利用 service 命令可以检查指定网络服务的状态，启动、停止或者重新启动指定的网络服务。/etc/service 通过检查/etc/init.d 目录中的一系列脚本文件来识别服务名称，否则会显示该服务未被认可。service 命令的语法格式如下：

```
service   服务名   start/stop/status/restart/reload
```

例如，要重新启动 network 服务，则命令及运行结果如下所示：

```
[root@rhel5 ~]# service network restart
```

 service 命令中的"服务名"只能是独立守护进程不能是被动守护进程。

任务 2　熟练使用常用的网络测试工具

子任务 1　使用 ping 命令检测网络状况

ping 命令可以测试网络连通性，在网络维护时使用非常广泛，在网络出现问题后，我们通常第一步使用 ping 命令测试网络的连通性。ping 命令使用 ICMP 协议，发送请求数据包到其他主机，然后接受对方的响应数据包，获取网络状况信息。我们可以根据返回的不同信息，判断可能出现的问题。ping 命令格式：

```
ping 可选项 IP 地址或主机名
```

ping 命令支持大量可选项，表 3-2 所示为 ping 命令的功能选项说明。

表 3-2　ping 命令的各项功能选项说明

选项	说明	选项	说明
-c	<完成次数> 设置完成要求回应的次数	-R	记录路由过程
-s	<数据包大小> 设置数据包的大小	-q	不显示指令执行过程，开头和结尾的相关信息除外
-i	<间隔秒数> 指定收发信息的间隔时间	-r	忽略普通的路由表，直接将数据包送到远端主机上
-f	极限检测	-t	<存活数值> 设置存活数值 TTL 的大小
-I	<网络界面> 使用指定的网络界面送出数据包	-v	详细显示指令的执行过程

续表

选项	说明	选项	说明
-n	只输出数值	-l	<前置载入> 设置在送出要求信息之前，先行发出的数据包
-p	<范本样式> 设置填满数据包的范本样式		

使用 ping 命令简单测试下网络的连通性，如图 3-7 所示。

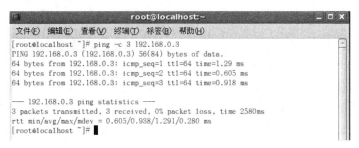

图 3-7　使用 ping 命令测试网络连通性

向 IP 地址为 192.168.0.3 的主机发送请求后，192.168.0.3 主机以 64 字节的数据包回应，说明两节点间的网络可以正常连接。每条返回信息表示响应的数据包的情况。

● icmp_seq：数据包的序号，从 1 开始递增。

● ttl：Time To Live，生存周期。

● time：数据包的响应时间，即发送请求数据包到接收响应数据包的整个时间，该时间越短说明网络的延时越小，速度越快。

在 ping 命令终止后，会在下方出现统计信息，显示发送及接收的数据包、丢包率及响应时间，其中丢包率越低，说明网络状况越良好、越稳定。

 注意　Linux 与 Windows 不同，默认不使用任何参数，ping 命令会不断发送请求数据包，并从对方主机获得响应信息。如果测试完毕可以使用 Ctrl+C 组合键终止，或者使用参数-c 设置指定发送数据包的个数。

子任务 2　使用 netstat 命令

netstat（network statistics）命令主要用于检测主机的网络配置和状况，可以查看显示网络连接（进站和出站）、系统路由表、网络接口状态。Netstat 命令支持 UNIX、Linux 及 Windows 系统，功能非常强大。netstat 命令格式：

netstat [可选项]

netstat 常用的可选项如表 3-3 所示。

表 3-3　netstat 常用的可选项

选项	说明	选项	说明
-r 或--route	显示路由表	-i 或--interfaces	显示网络界面信息表单
-a 或--all	显示所有连接信息	-l 或--listening	显示监控中的服务器的 Socket
-t 或--tcp	显示 TCP 传输协议的连接状况	-n 或--numeric	使用数字方式显示地址和端口号

续表

选项	说明	选项	说明
-u 或--udp	显示 UDP 传输协议的连接状况	-p 或--programs	显示正在使用 Socket 的程序识别码和程序名称
-c 或 --continuous	持续列出网络状态，监控连接情况	-s 或--statistice	显示网络工作信息统计表

1. 查看端口信息

网络上的主机通信时必须具有唯一的 IP 地址以表示自己的身份，计算机通信时使用 TCP/IP 协议栈的端口，主机使用"IP 地址：端口"与其他主机建立连接并进行通信。计算机通信时使用的端口从 0～65 535，共有 65 536 个，数量非常多。对于一台计算机，可能同时使用很多协议，为了表示它们，相关组织为每个协议分配了端口号，比如 HTTP 的端口号为 80，SMTP 的端口号为 25，TELNET 的端口号为 23 等。网络协议是网络中传递、管理信息的一些规范。计算机之间的相互通信需要共同遵守一定的规则，这些规则就称为网络协议。

使用 netstat 命令以数字方式查看所有 TCP 连接情况，命令及显示效果如图 3-8 所示。

图 3-8　netstat 命令测试

选项中-a 表示显示所有连接。

● Proto：协议类型，因为使用-t 选项，这里就只显示 TCP 了，要显示 UDP 可以使用-u 选项，不设置则显示所有协议。

● Local Address：本地地址，默认显示主机名和服务名称，使用选项-n 后显示主机的 IP 地址及端口号。

● Foreign Address：远程地址，与本机连接的主机，默认显示主机名和服务名称，使用选项-n 后显示主机的 IP 地址及端口号。

● State：连接状态，常见的有以下几种。

◆ LISTEN 表示监听状态，等待接收入站的请求。

◆ ESTABLISHED 表示本机已经与其他主机建立好连接。

◆ TIME_WAIT 等待足够的时间以确保远程 TCP 接收到连接中断请求的确认。

2. 查看路由表

netstat 使用-r 参数，可以显示当前主机的路由表信息。

3. 查看网络接口状态

灵活运用 netstat 命令，还可以监控主机网络接口的统计信息，显示数据包发送和接收情况，如图 3-9 所示。

```
[root@localhost ~]# netstat -i
Kernel Interface table
Iface     MTU Met  RX-OK RX-ERR RX-DRP RX-OVR  TX-OK TX-ERR TX-DRP TX-OVR Flg
eth0     1500  0      89      0      0      0    275      0      0      0 BMRU
lo      16436  0    7121      0      0      0   7121      0      0      0 LRU
```

图 3-9　监控主机网络接口的统计信息

- MTU 字段：表示最大传输单元，即网络接口传输数据包的最大值。
- Met 字段：表示度量值，越小优先级越高。
- RX-OK/TX-OK：分别表示接收、发送的数据包数量。
- RX-ERR/TX-ERR：表示接收、发送的错误数据包数量。
- RX-DRP/TX-DRP：表示丢弃的数据包数量。
- RX-OVR/TX-OVR：表示丢失的数据包数量。

通过这些数据可以查看主机各接口连接网络的情况。

子任务 3　使用 traceroute 命令

该命令用于实现路由跟踪。例如：

```
[root@Server ~]#traceroute www.sina.com.cn
traceroute to jupiter.sina.com.cn  （218.57.9.53）, 30 hops max, 38 byte packets
1 60.208.208.1 4.297 ms 1.366 ms 1.286 ms
2 124.128.40.149 1.602 ms 1.415 ms 1.996 ms
3 60.215.131.105 1.496 ms 1.470 ms 1.627 ms
4 60.215.131.154 1.657 ms 1.861 ms 3.198 ms
5 218.57.8.234 1.736 ms 218.57.8.222 4.349 ms 1.751 ms
6 60.215.128.9*** 1.523 ms 1.550 ms 1.516 ms
```

该命令输出中的每一行代表一段，利用该命令可以跟踪从当前主机到达目标主机所经过的路径，如果目标主机无法到达，也很容易分析出问题所在。

子任务 4　使用 arp 命令

可以使用 arp 命令配置并查看 Linux 系统的 arp 缓存。包括查看 arp 缓存、删除某个缓存条目、添加新的 IP 地址和 MAC 地址的映射关系。

例如：

```
//查看 arp 缓存
[root@Server ~]# arp
//添加 IP 地址 192.168.1.1 和 MAC 地址 00:14:22:AC:15:94 的映射关系
[root@Server ~]# arp -s 192.168.1.1 00:14:22:AC:15:94
//删除 IP 地址和 MAC 地址对应的缓存记录
[root@Server ~]# arp -d 192.168.1.1
```

任务 3　认识守护进程

1．什么是守护进程

通常 Linux 系统上提供服务的程序是由运行在后台的守护进程（daemon）来执行的。一个实际运行中的系统一般会有多个这样的程序在运行。这些后台守护进程在系统开机后就运行了，并且在时刻监听前台客户的服务请求，一旦客户发出了服务请求，守护进程便为它们提供服务。由于此类程序运行在后台，除非程序主动退出或者人为终止，否则它们将一直运行下去直至系统关闭。所以，将此类提供服务功能的程序称为守护进程。

2. 查看系统当前运行的守护进程

查看系统的守护进程可以使用 pstree 命令。pstree 命令以树形结构显示系统中运行的进程。利用此命令用户可以清楚地看到各个进程之间的父子关系。由于内容较多，以下是部分内容：

```
[root@Server ~]# pstree
init-+-acpid
     |-atd
     |-crond
     |-khubd
     |-metacity
     |-nmbd
（略）
```

3. 守护进程工作原理

网络程序之间的连接是通过端口之间的连接而实现的。在 C/S 模型中，服务器监听（Listen）在一个特定的端口上等待客户的连接。连接成功之后客户机与服务器通过端口进行数据通信。守护进程的工作就是打开一个端口，并且等待（Listen）进入的连接。如果客户提请了一个连接，守护进程就创建（fork）子进程来响应此连接，而父进程继续监听更多的服务请求。正因为如此，每个守护进程都可以处理多个客户服务请求。

4. 守护进程的分类

按照服务类型分为如下几类。

● 系统守护进程：如 syslogd、login、crond、at 等。

● 网络守护进程：如 sendmail、httpd、xinetd 等。

按照启动方式分为如下几类。

● 独立启动的守护进程：如 httpd、named、xinetd 等。

● 被动守护进程（由 xinetd 启动）：如 telnet、finger、ktalk 等。

5. xinetd

从守护进程的概念可以看出，对于系统所要提供的每一种服务，都必须运行一个监听某个端口连接发生的守护程序，这通常造成系统资源的浪费。为了解决这个问题，引入了"网络守护进程服务程序（超级服务器）"的概念。几乎所有的 UNIX 类系统都运行了一个"网络守护进程服务程序"，它为许多服务创建套接字（Socket），并且使用 Socket 系统调用同时监听所有这些端口。当远程系统请求一个服务时，网络守护进程服务程序监听到这个请求并且会产生该端口的服务器程序为客户提供服务。

Red Hat Enterprise Linux 5.0 使用的网络守护进程服务程序是 xinetd。xinetd 同时监听着它所管理的服务的所有端口，当有客户提出服务请求时，它会判断这是对哪个服务的请求，然后再开启此服务的守护进程，由该守护进程处理客户的请求。因此 xinetd 也被称为超级服务器。

任务 4　配置 xinetd

几乎所有的服务程序都可以由 xinetd 来启动，而具体提供哪些服务由/etc/services 文件指出。以下是/etc/services 文件的部分内容：

```
[root@Server xinetd.d]# cat /etc/services
```

| ssh | 22/tcp | # SSH Remote Login Protocol |
| ssh | 22/udp | # SSH Remote Login Protocol |

（略）

该文件说明了 xinetd 可提供服务的端口号和名字，在实际启动相应的守护进程时则需要另外的配置文件/etc/xinetd.conf 和/etc/xinetd.d/*。

1. 配置/etc/xinetd.conf

/etc/xinetd.conf 文件本身并没有记录所有的服务配置，而是把每一个服务的配置写进一个相应的文件，把这些文件保存在/etc/xinetd.d 目录下，在/etc/xinetd.conf 文件中利用 includedir 把这些文件包含进来。

```
[root@Server xinetd.d]# cat /etc/xinetd.conf
defaults
{
        instances               = 60
        log_type                 = SYSLOG authpriv
        log_on_success          = HOST PID
        log_on_failure          = HOST
}
includedir /etc/xinetd.d
```

在/etc/xinetd.conf 文件中使用 defaults{}项为所有的服务指定缺省值。其中：

● instances：表示 xinetd 同时可以运行的最大进程数。
● log_type：设置指定使用 syslogd 进行服务登记。
● log_on_success：设置指定成功时，登记客户机 IP 地址和进程的 PID。
● log_on_failure：设置指定失败时，登记客户机 IP 地址。
● includedir：指定由 xinetd 监听的服务配置文件在/etc/xinetd.d 目录下，并将其加载。

2. 配置/etc/xinetd.d/*

/etc/xinetd.d 目录下存放的都是由 xinetd 监听的服务的配置文件，配置文件名一般为服务的标准名称。例如启动 kerberos 5 认证的 telnet 服务的配置文件的名称为 krb5-telnet，服务的配置文件内容为：

```
[root@Server xinetd.d]# cat krb5-telnet
service telnet
{
        flags               = REUSE
        socket_type         = stream
        wait                 = no
        user                 = root
        server               = /usr/kerberos/sbin/telnetd
        log_on_failure      += USERID
        disable              = yes
}
```

第 1 行定义了服务的名称，下面几行是启动配置，具体含义如下。

● flags：此服务的旗标。有多种，例如 INTERCEPT、NORETRY 等。
● socket_type：该服务的数据封包类型，如 stream、dgram 等。
● wait：取值如果为 no，服务进程启动后，若有新用户提出服务请求，系统会在对前面的用户服务结束后再接受新用户的请求；取值如果为 yes，则可以同时处理多个用户请求。

- user：执行此服务进程的用户，通常为 root。
- server：执行服务程序的路径和文件名。
- log_on_failure：把失败的登录记录到日志中。
- disable：取值为 no，启动服务；取值为 yes，禁用服务。

/etc/xinetd.d 目录下每种服务所包含的内容不尽相同，一般来说取默认设置就可以了。只需把 disable 的值设置为 no，就可以启动相应的服务了。在修改好服务配置文件后，需重新启动 xinetd 守护进程使配置生效。

任务 5　使用守护进程管理工具

1. 命令行界面（CLI）工具

（1）service

使用 service 命令可以查看当前系统中的所有服务和守护进程的运行状态，以及启动和停止指定的守护进程等。

例如，查看系统中所有守护进程的状态，可以使用命令：

```
[root@Server xinetd.d]# service --status-all
```

查看、启动、停止、重新启动某个守护进程可以使用命令：

```
[root@Server xinetd.d]# service 进程名 status/start/stop/restart
```

 注意
① 利用 service 命令执行后立即生效，无需重新启动系统。② 对于被动守护进程的启动，应先编辑/etc/xinetd.d 目录下的配置文件，修改好后，应利用 service 命令重新启动 xinetd 服务才能使设置生效。

（2）chkconfig

可以使用 chkconfig 命令检查、设置系统的各种服务。此命令通过操控/etc/rc[0-6].d 目录下的符号链接文件对系统的各种服务进行管理。

chkconfig 命令的语法格式为：

- chkconfig　　--list　　[servername]
- chkconfig　　--add/del　　servername
- chkconfig　　[--level levels]　　servername　　<on/off/reset>

以下是一些具体的应用实例：

```
//查看系统的服务启动设置情况
[root@Server ~]# chkconfig --list

//查看指定的服务在当前运行级别的运行状态
[root@Server ~]# chkconfig httpd

//添加一个由 chkconfig 管理的服务
[root@Server ~]# chkconfig --add httpd

//更改指定服务在指定运行级别的运行状态
```

[root@Server ~]# **chkconfig --level 35 httpd on**

2．文本用户界面（TUI）工具

ntsysv 是一个用于管理每次开机自动运行的守护进程的文本用户界面工具。

在命令提示符下输入 ntsysv，会进入如图 3-10 所示的界面。

可以使用上下方向键移动光标选择操作对象，使用空格键激活或者终止服务（相应服务中有*号为激活）。另外可以在选中操作对象后按 F1 键获得该服务的帮助信息。设置结束，按 Tab 键，选中"确定"按钮结束操作，在下次启动系统时，设置生效。

3．图形用户界面（GUI）工具

在 Red Hat Enterprise Linux 5.0 的图形界面下，可以依次单击系统主菜单中的"系统"→"管理"→"服务器设置"→"服务"，打开"服务配置"对话框，如图 3-11 所示。在该对话框中，选择相应的服务进行设置，在此不再赘述。

图 3-10　ntsysv 配置界面

图 3-11　"服务配置"对话框

练习题三

一、选择题

1．当运行在多用户的模式下时，用 Ctrl+Alt+（　　）键可以切换虚拟用户终端。

　　A．F1　　　　　　　　B．F3　　　　　　　　C．F6　　　　　　　　D．F12

2．使用（　　）命令能查看当前的运行级别。

　　A．/sbin/runlevel　　B．/sbin/fdisk　　　　C．/sbin/fsck　　　　D．/sbin/halt

3．请选择一个关于 Linux 运行级别的错误描述。（　　）

　　A．（run level）1 是单用户模式

　　B．（run level）2 是带 NFS 功能的多用户模式

　　C．（run level）6 是重启系统

　　D．（run level）5 是图形登录模式

4．下面哪个命令用来启动 X-Window？（　　）。

　　A．startX　　　　　　B．runx　　　　　　　C．startx　　　　　　D．xwin

5. 以下哪个命令能用来显示 server 当前正在监听的端口？（　　）。

    A．ifconfig   B．netlst   C．iptables   D．netstat

6. 哪个文件存放机器名到 IP 地址的映射？（　　）。

    A．/etc/hosts   B．/etc/host   C．/etc/host.equiv   D．/etc/hdinit

7. 快速启动网卡"eth0"的命令是（　　）。

    A．ifconfig eth0 noshut   B．ipconfig eth0 noshut

    C．ifnoshut eth0   D．ifup eth0

8. 设置 Linux 系统默认运行级别的文件是（　　）。

    A．/etc/init   B．/etc/inittab   C．/var/inittab   D．/etc/initial

9. Linux 系统提供了一些网络测试命令，当与某远程网络连接不上时，就需要跟踪路由查看，以便了解在网络的什么位置出现了问题，请从下面的命令中选出满足该目的的命令。（　　）。

    A．ping   B．ifconfig   C．traceroute   D．netstat

10. 拨号上网使用的协议通常是（　　）。

    A．PPP   B．UUCP   C．SLIP   D．Ethernet

二、填空题

1. ＿＿＿＿＿＿＿文件主要用于设置基本的网络配置，包括主机名称、网关等。

2. 一块网卡对应一个配置文件，配置文件位于目录＿＿＿＿＿＿＿中，文件名以＿＿＿＿＿＿＿开始后跟网卡类型（通常使用的以太网卡用＿＿＿＿＿＿＿代表）加网卡的序号（从"0"开始）。如第 2 块以太网卡的配置文件名为＿＿＿＿＿＿＿。

3. ＿＿＿＿＿＿＿文件被 DNS 客户端用于指定系统所用的 DNS 服务器的 IP 地址。

4. ＿＿＿＿＿＿＿文件用于保存各种网络服务名称与该网络服务所使用的协议及默认端口号的映射关系。

5. 查看系统的守护进程可以使用＿＿＿＿＿＿＿命令。

实训　Linux 网络配置

一、实训目的

（1）掌握 Linux 下 TCP/IP 网络的设置方法。

（2）学会使用命令检测网络配置。

（3）学会启用和禁用系统服务。

二、实训内容

练习 Linux 系统下 TCP/IP 网络设置，网络检测方法。

三、实训环境

在一台已经安装好 Linux 系统但还没有配置 TCP/IP 网络参数的主机上，设置好各项

TCP/IP 参数，连通网络。

四、实训练习

（1）设置 IP 地址及子网掩码：

- 用 dmesg 命令查看系统启动信息中关于网卡的信息。
- 查看系统加载的与网卡匹配的内核模块。
- 查看系统模块加载配置文件中关于网卡的信息。
- 查看网络接口 eth0 的配置信息。
- 为此网络接口设置 IP 地址、广播地址、子网掩码，并启动此网络接口。
- 利用 ifconfig 命令查看系统中已经启动的网络接口。仔细观察看到的现象，记录启动的网络接口。

（2）设置网关和主机名：

- 显示系统的路由设置。
- 设置默认路由。
- 再次显示系统的路由设置，确认设置成功。
- 显示当前的主机名设置；并以自己的姓名缩写重新设置主机名。
- 再次显示当前的主机名设置，确认修改成功。

（3）检测设置：

- ping 网关的 IP 地址，检测网络是否连通。
- 用 netstat 命令显示系统核心路由表。
- 用 netstat 命令查看系统开启的 TCP 端口。

（4）设置域名解析：

- 编辑/etc/hosts 文件，加入要进行静态域名解析的主机的 IP 地址和域名。
- 用 ping 命令检测上面设置好的网关的域名，测试静态域名解析是否成功。
- 编辑/etc/resolv.conf 文件，加入域名服务器的 IP 地址，设置动态域名解析。
- 编辑/etc/host.conf 文件，设置域名解析顺序为：hosts，bind。
- 用 nslookup 命令查询一个网址对应的 IP 地址，测试域名解析的设置。

（5）启动和停止守护进程：

- 用 service 命令查看守护进程 sshd 的状态。
- 如果显示 sshd 处于停用状态，可以试着用 ssh 命令来连接本地系统，看看是否真的无法登录。
- 然后用 service 命令启动 sshd，再用 ssh 命令连接本地系统，看看 sshd 服务是否真的已经启动。
- 用 ntsysv 命令设置 sshd 在系统启动时自动启动。
- 用 service 命令停止 sshd 守护进程。
- 用 service 命令重新启动 xinetd 服务，看看此时再利用 ssh 命令能否登录你的计算机。

五、实训报告

按要求完成实训报告。

项目 **4** 配置与管理 Samba 服务器

项目描述：

是谁最先搭起 Windows 和 Linux 沟通的桥梁，并且提供不同系统间的共享服务，还能拥有强大的打印服务功能？答案就是 Samba。这使得它的应用环境非常广泛。当然 Samba 的魅力还远远不止这些。

项目目标：

- Samba 简介及配置文件
- Samba 文件和打印共享的设置
- Linux 和 Windows 资源共享
- Samba 组件应用程序

4.1 相关知识

Samba 是一套让 Linux 系统能够应用 Microsoft 网络通信协议的软件，它使运行 Linux 系统的计算机能与运行 Windows 系统的计算机进行文件与打印共享。Samba 使用一组基于 TCP/IP 的 SMB 协议，通过网络共享文件及打印机，这组协议的功能类似于 NFS 和 lpd（Linux 标准打印服务器）。支持此协议的操作系统包括 Windows、Linux 和 OS/2。Samba 服务在 Linux 和 Windows 系统共存的网络环境中尤为有用。

和 NFS 服务不同的是，NFS 服务只用于 Linux 系统之间的文件共享，而 Samba 可以实现 Linux 系统之间以及 Linux 和 Windows 系统之间的文件和打印共享。SMB 协议使 Linux 系统的计算机在 Windows 的网上邻居中看起来如同一台 Windows 计算机。

4.1.1 SMB 协议

SMB（Server Message Block）通信协议可以看作是局域网上共享文件和打印机的一种协议。它是微软和英特尔在 1987 年制定的协议，主要是作为 Microsoft 网络的通信协议，而 Samba 则是将 SMB 协议搬到 UNIX 系统上来使用。通过 "NetBIOS over TCP/IP" 使用 Samba 不但能与局域网主机共享资源，而且能与全世界的计算机共享资源。因为互联网上千千万万的主机所使用的通信协议就是 TCP/IP。SMB 是运行在会话层和表示层以及小部分应用层的协议，SMB 使用了 NetBIOS 的应用程序接口 API。另外，它是一个开放性的协议，允许协议扩展，这使得它变得庞大而复杂，大约有 65 个最上层的作业，而每个作业都有超过 120 个函数。

4.1.2　Samba

Samba 用来实现 SMB 协议，由澳大利亚的 Andew Tridgell 开发，是一套让 UNIX 系统能够应用 Microsoft 网络通信协议的软件。它使执行 UNIX 系统的机器能与执行 Windows 系统的计算机共享资源。Samba 属于 GNU Public License（GPL）的软件，因此可以合法而免费地使用。作为类 UNIX 系统，Linux 系统也可以运行这套软件。

Samba 的运行包含两个后台守护进程：nmbd 和 smbd，它们是 Samba 的核心。在 Samba 服务器启动到停止运行期间持续运行。nmbd 监听 137 和 138 UDP 端口，smbd 监听 139 TCP 端口。nmbd 守护进程使其他计算机可以浏览 Linux 服务器，smbd 守护进程在 SMB 服务请求到达时对它们进行处理，并且对被使用或共享的资源进行协调。在请求访问打印机时，smbd 把要打印的信息存储到打印队列中；在请求访问一个文件时，smbd 把数据发送到内核，最后把它存到磁盘上。smbd 和 nmbd 使用的配置信息全部保存在/etc/samba/smb.conf 文件中。

4.1.3　Samba 的功能

Samba 的主要功能如下：

（1）提供 Windows 风格的文件和打印机共享。Windows 9x、Windows 2000、Windows XP、Windows 2003、Windows 7 等操作系统都可以利用 Samba 共享 Linux 等其他操作系统上的资源，外表看起来和共享 Windows 的资源没有区别。图 4-1 所示为在 Windows 7 上使用 UNC 路径访问 samba 服务器的截图（如果不是 share 级共享，则需要输入相应的 samba 用户名和密码）。

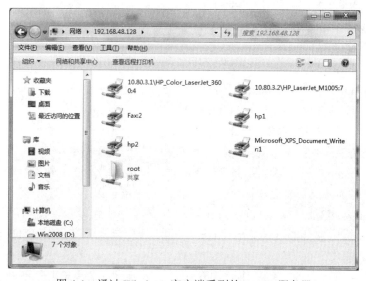

图 4-1　通过 Windows 客户端看到的 Samba 服务器

（2）解析 NetBIOS 名字。在 Windows 网络中为了能够利用网上资源，同时使自己的资源也能被别人所利用，各个主机都定期向网上广播自己的身份信息。而负责收集这些信息并为其他主机提供检索的服务器被称为浏览服务器。Samba 可以有效地完成这项功能。在跨越网关的时候 Samba 还可以作为 WINS 服务器使用。

（3）提供 SMB 客户功能。利用 Samba 提供的 smbclient 程序可以在 Linux 上像使用 FTP

一样访问 Windows 的资源。

（4）提供一个命令行工具，利用该工具可以有限制地支持 Windows 的某些管理功能。

（5）支持 SWAT（Samba Web Administration Tool）和 SSL（Secure Socket Layer）。

4.2　项目设计与准备

对于一个完整的计算机网络，不仅有 Linux 网络服务器，也会有 Windows Server 网络服务器；不仅有 Linux 客户端，也会有 Windows 客户端。利用 Samba 服务可以实现 Linux 系统和 Microsoft 公司的 Windows 系统之间的资源共享，以实现文件和打印共享。

在进行本单元的教学与实验前，需要做好如下准备：

（1）已经安装好的 RHEL 5。

（2）RHEL 5 安装光盘或 ISO 镜像文件。

（3）Linux 客户端。

（4）Windows 客户端。

（5）VMware 5.0 以上虚拟机软件。以上环境可以用虚拟机实现。

4.3　项目实施

任务 1　配置 Samba 服务

子任务 1　安装 Samba 服务

1. Samba 所需软件

在我们安装 Samba 服务之前，先来了解一下其所需要的软件包以及它们的用途。

（1）Samba-3.0.33-3.7.el5.i386.rpm：该包为 Samba 服务的主程序包。服务器必须安装该软件包，后面的数字为版本号。如果是 rhel5.1 CD 版则该软件包位于第 2 张 RHEL 5 安装光盘上。

（2）Samba-client-3.0.33-3.7.el5.i386.rpm：该包为 Samba 的客户端工具，是连接服务器和网上邻居的客户端工具并包含其测试工具（该软件包位于第 1 张 RHEL 5 安装光盘上）。

（3）Samba-common-3.0.33-3.7.el5.i386.rpm：该包存放的是通用的工具和库文件，无论是服务器还是客户端都需要安装该软件包（这个软件包也位于第 1 张 RHEL 5 安装光盘上）。

（4）Samba-swat-3.0.33-3.7.el5.i386.rpm：当安装了这个包以后，就可以通过浏览器（比如 IE 等）来对 Samba 服务器进行图形化管理（这个软件包位于第 3 张 rhel 5 安装光盘上）。

2. Samba 的安装

建议在安装 Samba 服务之前，使用 rpm -qa |grep samba 命令检测系统是否安装了 Samba 相关性软件包：

```
[root@rhel5 ~]#rpm -qa |grep samba
samba-client-3.0.33-3.7.el5
samba-common-3.0.33-3.7.el5
```

如果系统还没有安装 Samba 软件包，我们可以使用 rpm 命令安装所需软件包。

插入第 2 张安装盘，挂载。然后输入 rpm -ivh samba-3.0.33-3.7.el5.i386.rpm 命令完成安装。

如果是 DVD 光盘，直接挂载一次就可以了。

```
//挂载光盘到 /media 下
[root@rhel5 ～]# mount  /dev/cdrom  /media
//进入安装文件所在目录
[root@rhel5 ～]# cd /media/Server
//安装相应的软件包
[root@rhel5 Server]#rpm -ivh samba-3.0.33-3.7.el5.i386.rpm
```

用同样的方法挂载第 3 张光盘，安装 Samba 图形化管理工具：rpm -ivh samba-swat-3.0.33-3.7.el5..i386.rpm。但这时会发现出现一个错误：

```
error: Failed dependencies:
        perl（Convert::ASN1）  is   needed by samba-swat-3.0.33-3.7.el5.i386
```

告诉我们缺少 perl-Convert-ASN1-0.20-1.1.noarch.rpm，那只能先安装 perl，然后再安装图形化管理工具。安装时的命令仍然是 rpm，请读者自己试着安装一下。

所有软件包安装完毕之后，可以使用 rpm 命令再一次进行查询：rpm -qa | grep samba。

子任务 2　启动与停止 Samba 服务

（1）Samba 服务的启动

```
[root@rhel5 ～]# service smb start
//或者
[root@rhel5 ～]# /etc/rc.d/init.d/smb start
```

（2）Samba 服务的停止

```
[root@rhel5 ～]# service smb stop
//或者
[root@rhel5 ～]# /etc/rc.d/init.d/smb stop
```

（3）Samba 服务的重启

```
[root@rhel5 ～]# service smb restart
//或者
[root@rhel5 ～]# /etc/rc.d/init.d/smb restart
```

（4）Samba 服务配置重新加载

```
[root@rhel5 ～]# service smb reload
//或者
[root@rhel5 ～]# /etc/rc.d/init.d/smb reload
```

 注意　Linux 服务中，当我们更改配置文件后，一定要记得重启服务，让服务重新加载配置文件，这样新的配置才可以生效。

（5）自动加载 Samba 服务

我们可以使用 chkconfig 命令自动加载 SMB 服务，如图 4-2 所示。

```
[root@rhel5 ～]# chkconfig --level 3 smb on    #运行级别 3 自动加载
[root@rhel5 ～]# chkconfig --level 3 smb off   #运行级别 3 不自动加载
```

图 4-2　使用 chkconfig 命令自动加载 SMB 服务

子任务 3　了解 Samba 服务器配置的工作流程

在 Samba 服务安装完毕之后，并不是直接可以使用 Windows 或 Linux 的客户端访问 Samba 服务器，还必须对服务器进行设置：告诉 Samba 服务器将哪些目录共享出来给客户端进行访问，并根据需要设置其他选项，比如添加对共享目录内容的简单描述信息和访问权限等具体设置。

基本的 Samba 服务器的搭建流程主要分为 4 个步骤。

（1）编辑主配置文件 smb.conf，指定需要共享的目录，并为共享目录设置共享权限。

（2）在 smb.conf 文件中指定日志文件名称和存放路径。

（3）设置共享目录的本地系统权限。

（4）重新加载配置文件或重新启动 SMB 服务，使配置生效。

Samba 工作流程如图 4-3 所示。

主配置文件
（smb.conf）
①
②
③
④
客户端
Samba 服务器
日志文件

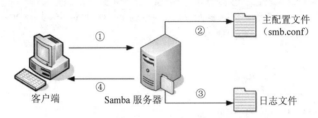

图 4-3　Samba 工作流程示意图

① 客户端请求访问 Samba 服务器上的 Share 共享目录。

② Samba 服务器接收到请求后，会查询主配置文件 smb.conf，看是否共享了 Share 目录，如果共享了这个目录则查看客户端是否有权限访问。

③ Samba 服务器会将本次访问信息记录在日志文件之中，日志文件的名称和路径都需要我们设置。

④ 如果客户端满足访问权限设置，则允许客户端进行访问。

子任务 4　配置主配置文件 smb.conf

Samba 的配置文件一般就放在/etc/samba 目录中，主配置文件名为 smb.conf。如果把 Samba 服务器比喻成一个公共图书馆，那么在/etc/samba 目录中，主配置文件/etc/samba/smb.conf 就相当于这个图书馆的图书总目录，记录着大量的共享信息和规则，所以该文件是 Samba 服务非常重要的核心配置文件，几乎绝大部分的配置工作都在该文件中进行。此外，smb.conf 这个配置文件本身就含有非常丰富的说明，所以在我们配置之前可以先看一下这些说明性的文字。

使用 ll 命令查看 smb.conf 文件属性，并使用命令：vim /etc/samba/smb.conf 查看文件的详细内容，如图 4-4 所示。

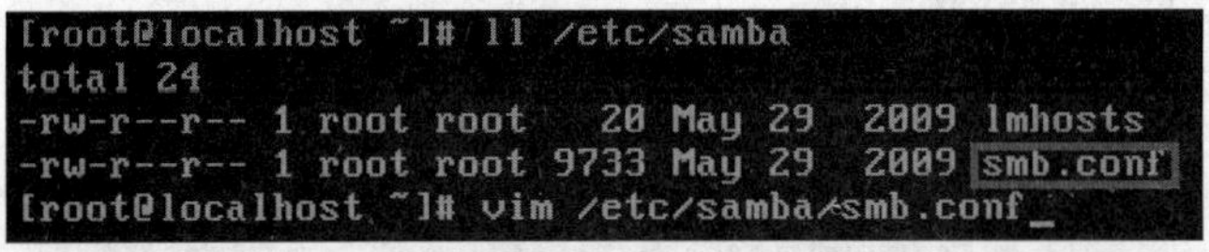

[root@localhost ~]# ll /etc/samba
total 24
-rw-r--r-- 1 root root   20 May 29 2009 lmhosts
-rw-r--r-- 1 root root 9733 May 29 2009 smb.conf
[root@localhost ~]# vim /etc/samba/smb.conf

图 4-4　查看 smb.conf 配置文件

smb.conf 配置文件有 288 行内容，配置也相对比较复杂，不过不用担心，Samba 开发组按照功能不同，对 smb.conf 文件进行了分段划分，条理非常清楚。

下面来具体看下 smb.conf 的内容，smb.conf 大致分为 3 个部分，我们来了解一下，其中经常要使用到的字段我们将以实例解释。

1. Samba 配置简介

smb.conf 文件的开头部分为 Samba 配置简介，告诉我们 smb.conf 文件的作用及相关信息，如图 4-5 所示。

smb.conf 中以 "#" 开头的为注释，为用户提供相关的配置解释信息，方便用户参考，不用修改它。

smb.conf 中还有以 ";" 开头的，这些都是 Samba 配置的格式范例，默认是不生效的，可以通过去掉前面的 ";" 并加以修改来设置成想使用的功能。

2. Global Settings

Global Settings 为全局变量区域。那什么是全局变量呢？全局变量就是说我们只要在 global 时进行设置，那么该设置项目就是针对所有共享资源生效的。这与以后我们学习的很多服务器配置文件相似，请读者一定谨记。

该部分以[global]开始，如图 4-6 所示。

图 4-5　smb.conf 主配置文件的简介部分

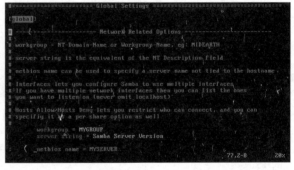

图 4-6　Global Setting 设置

smb.conf 配置通用格式，对相应功能进行设置：字段=设定值。

[global]常用字段及设置方法如下所示：

（1）设置工作组或域名称。

工作组是网络中地位平等的一组计算机，可以通过设置 workgroup 字段来对 Samba 服务器所在工作组或域名进行设置。比如：workgroup=SmileGroup。

（2）服务器描述。

服务器描述实际上类似于备注信息，在一个工作组中，可能存在多台服务器，为了方便用户浏览，我们可以在 server string 中配置相应描述信息，这样用户就可以通过描述信息知道自己要登录哪台服务器了。比如：server string=Samba Server One。

（3）设置 Samba 服务器安全模式。

Samba 服务器有 share、user、server、domain 和 ads 5 种安全模式，用来适应不同的企业服务器的需求。比如：security=share。

① share 安全级别模式。客户端登录 Samba 服务器，不需要输入用户名和密码就可以浏

览 Samba 服务器的资源，适用于公共的共享资源，安全性差，需要配合其他权限设置，保证 Samba 服务器的安全性。

② user 安全级别模式。客户端登录 Samba 服务器，需要提交合法账号和密码，经过服务器验证才可以访问共享资源，服务器默认为此级别模式。

③ server 安全级别模式。客户端需要将用户名和密码提交到一台指定的 Samba 服务器上进行验证，如果验证出现错误，客户端会用 user 级别访问。

④ domain 安全级别模式。如果 Samba 服务器加入到 Windows 域环境中，验证工作将由 Windows 域控制器负责，domain 级别的 Samba 服务器只是成为域的成员客户端，并不具备服务器的特性。Samba 早期的版本就是使用此级别登录 Windows 域的。

⑤ ads 安全级别模式。当 Samba 服务器使用 ads 安全级别加入到 Windows 域环境中，就具备了 domain 安全级别模式中所有的功能并可以具备域控制器的功能。

3．Share Definitions 共享服务

Share Definitions 设置对象为共享目录和打印机，如果我们想发布共享资源，需要对 Share Definitions 部分进行配置。Share Definitions 字段非常丰富，设置灵活。

我们先来看一下几个最常用的字段。

（1）设置共享名。

共享资源发布后，必须为每个共享目录或打印机设置不同的共享名，给网络用户访问时使用，并且共享名可以与原目录名不同。

共享名设置非常简单，格式为：

[共享名]

【例 4-1】Samba 服务器中有个目录为/share，需要发布该目录成为共享目录，定义共享名为 public。设置如图 4-7 所示。

（2）共享资源描述。

网络中存在各种共享资源，为了方便用户识别，可以为其添加备注信息，以方便用户查看时知道共享资源的内容是什么。

格式：

comment = 备注信息

（3）共享路径。

共享资源的原始完整路径，可以使用 path 字段进行发布，务必正确指定。

格式：

path = 绝对地址路径

【例 4-2】Samba 服务器上/share/tools 目录存放常用工具软件，需要发布该目录为共享，设置如图 4-8 所示。

图 4-7　设置共享名示例

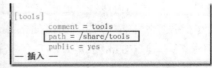

图 4-8　设置共享路径

（4）设置匿名访问。

设置是否允许对共享资源进行匿名访问，可以更改 public 字段。

格式：

```
public = yes      #允许匿名访问
public = no       #禁止匿名访问
```

（5）设置访问用户。

如果共享资源存在重要数据的话，需要对访问用户审核，我们可以使用 valid users 字段进行设置。

格式：

```
valid users = 用户名
valid users = @组名
```

【例 4-3】Samba 服务器/share/tech 目录存放了公司技术部数据，只允许技术部员工和经理访问，技术部组群为 tech，经理账号为 mang。

```
[tech]
        comment=tecch
        path=/share/tech
        valid users=@tech,mang
```

（6）设置目录只读。

共享目录如果限制用户的读写操作，我们可以通过 read only 实现。

格式：

```
read only = yes      #只读
read only = no       #读写
```

【例 4-4】Samba 服务器公共目录/public 存放大量共享数据，为保证目录安全我们只允许读取，禁止写入。

```
[public]
        comment=public
        path=/public
        public=yes
        read only=yes
```

（7）设置目录可写。

如果共享目录允许用户写操作，可以使用 writable 或 write list 两个字段进行设置。

writable 格式：

```
writable = yes      #读写
writable = no       #只读
```

write list 格式：

```
write list = 用户名
write list = @组名
```

 注意　[homes]为特殊共享目录，表示用户主目录。[printers]表示共享打印机。

子任务 5　了解 Samba 服务日志文件和服务密码文件

1. Samba 服务日志文件

日志文件对于 Samba 非常重要，它存储着客户端访问 Samba 服务器的信息，以及 Samba

服务的错误提示信息等，可以通过分析日志，帮助解决客户端访问和服务器维护等问题。

在/etc/samba/smb.conf 文件中，log file 为设置 Samba 日志的字段。如下所示。

log file= /var/log/samba/%m.log

Samba 服务的日志文件默认存放在/var/log/samba/中，其中 Samba 会为每个连接到 Samba 服务器的计算机分别建立日志文件。

我们使用/etc/rc.d/init.d/smb start 命令启动 SMB 服务，使用 ls -a /var/log/samba 命令查看日志的所有文件。

其中，当 Samba 服务器刚刚建立好后，只有两个文件，分别是 nmbd.log 和 smbd.log，它们分别记录 nmbd 和 smbd 进程的运行日志。

- nmbd.log 记录 nmbd 进程的解析信息。
- smbd.log 记录用户访问 Samba 服务器的问题，以及服务器本身的错误信息，可以通过该文件获得大部分的 Samba 维护信息。

当客户端通过网络访问 Samba 服务器后，会自动添加客户端的相关日志。所以，Linux 管理员可以根据这些文件来查看用户的访问情况和服务器的运行情况。另外当 Samba 服务器工作异常时，也可以通过/var/log/samba/下的日志进行分析。

2. Samba 服务密码文件

Samba 服务器发布共享资源后，客户端访问 Samba 服务器，需要提交用户名和密码进行身份验证，验证合格后才可以登录。Samba 服务为了实现客户身份验证功能，将用户名和密码信息存放在/etc/samba/smbpasswd 中，在客户端访问时，将用户提交的资料与 smbpasswd 存放的信息进行比对，如果相同，并且 Samba 服务器其他安全设置允许，客户端与 Samba 服务器连接才能建立成功。

那如何建立 Samba 账号呢？首先 Samba 账号并不能直接建立，需要先建立 Linux 同名的系统账号。比如我们要建立一个名为 yy 的 Samba 账号，那么 Linux 系统中必须提前存在一个同名的 yy 系统账号。

Samba 中添加账号命令为 smbpasswd，命令格式：

smbpasswd -a 用户名

【例 4-5】在 Samba 服务器中添加 Samba 账号 reading。

Step1：建立 Linux 系统账号 reading。

[root@rhel5 ～]# **useradd   reading**
[root@rhel5 ～]# **passwd   reading**

Step2：添加 reading 用户的 Samba 账户。

[root@rhel5 ～]# **smbpasswd -a   reading**

Samba 账号添加完毕。如果我们在添加 Samba 账号时输入完两次密码后出现错误信息：
Failed to modify password entry for user amy，则是因为 Linux 本地用户里没有 reading 这个用户，我们在 Linux 系统里面添加一下就可以了。

> **注意** 务必要注意在建立 Samba 账号之前，一定要先建立一个与 Samba 账号同名的系统账号。

我们经过上面的设置，再次访问 Samba 共享文件时就可以使用 reading 账号访问了。

警示：不过，还应特别注意解决/etc/Samba 目录下没有 smbpasswd 文件的问题。如果出现了这个问题，Samba 账号同样不能成功建立。之所以出现这样的问题，是因为 Samba 启用了 tdbsam 验证。

解决方法：在 smb.conf 文件中注释掉 "passdb backend = tdbsam" 一行，再另加一行：smb passwd file = /etc/samba/smbpasswd，然后保存退出即可，如图 4-9 所示。这样再建立用户就会产生/etc/samba/smbpasswd 文件了。使用 cat /etc/samba/smbpasswd 命令可以查看 smbpasswd 文件的内容。

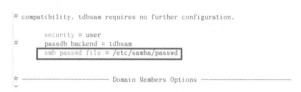

图 4-9 解决没有 smbpasswd 文件的问题

任务 2 share 服务器实例解析

上面已经对 Samba 的相关配置文件简单介绍，现在我们通过一个实例来掌握如何搭建 Samba 服务器。

【例 4-6】某公司需要添加 Samba 服务器作为文件服务器，工作组名为 Workgroup，发布共享目录/share，共享名为 public，这个共享目录允许公司所有员工访问。

分析：这个案例属于 Samba 的基本配置，我们可以使用 share 安全级别模式，既然允许所有员工访问，则需要为每个用户建立一个 Samba 账号，那么如果公司拥有大量用户呢？1 000 个用户，100 000 个用户，一个个设置会非常麻烦。我们可以通过配置 security=share 来让所有用户登录时采用匿名账户 nobody 访问，这样实现起来非常简单。

Step1：建立 share 目录，并在其下建立测试文件。

```
[root@rhel5 ~]# mkdir   /share
[root@rhel5 ~]# touch   /share/test_share.tar
```

Step2：修改 Samba 主配置文件 smb.conf。

```
[root@rhel5 ~]# vim   /etc/Samba/smb.conf
```

修改配置文件，并保存结果。

```
[global]
        workgroup = Workgroup          #设置 Samba 服务器工作组名为 Workgroup
        server string = File Server    #添加 Samba 服务器注释信息为 "File Server"
        security = share               #设置 Samba 安全级别为 share 模式，允许用户匿名访问
;       passdb backend = tdbsam
        smb passwd file = /etc/samba/smbpasswd
[public]                               #设置共享目录的共享名为 public
        comment=public
        path=/share                    #设置共享目录的绝对路径为/share
        guest ok=yes                   #允许匿名访问
        public=yes                     #最后设置允许匿名访问
```

Step3：重新加载配置。

Linux 为了使新配置生效，需要重新加载配置，可以使用 restart 命令重新启动服务或者使用 reload 命令重新加载配置。

```
[root@rhel5 ～]# service smb restart
//或者
[root@rhel5 ～]# /etc/rc.d/init.d/smb reload
```

注意　重启 Samba 服务，虽然可以让配置生效，但是 restart 是先关闭 Samba 服务再开启服务，这样在公司网络运营过程中肯定会对客户端员工的访问造成影响，建议使用 reload 命令重新加载配置文件使其生效，这样不需要中断服务就可以重新加载配置。

通过以上设置，用户就可以不需要输入账号和密码直接登录 Samba 服务器并访问 public 共享目录了。

提示　① 要想使用 Samba 进行网络文件和打印机共享，就必须首先设置让 Red Hat Enterprise Linux 5 的防火墙放行，请执行"系统"→"管理"→"安全级别和防火墙"命令，然后勾选 Samba，如图 4-10 所示。② 在"SELinux"选项卡中将 SELinux 禁用。

图 4-10　在防火墙上开放 Samba 端口

任务 3　user 服务器实例解析

上面的案例讲了 share 安全级别模式的 Samba 服务器，可以实现用户方便地通过匿名方式访问，但是如果在我们的 Samba 服务器上存有重要文件的目录，那么为了保证系统安全性及资料保密性，就必须对用户进行筛选，允许或禁止相应的用户访问指定的目录，这里 share 安全级别模式就不能满足某些单位的实际要求了。

【例 4-7】如果公司有多个部门，因工作需要，就必须分门别类地建立相应部门的目录。要求将销售部的资料存放在 Samba 服务器的/companydata/sales/目录下集中管理，以便销售人员浏览，并且该目录只允许销售部员工访问。

需求分析：在/companydata/sales/目录中存放有销售部的重要数据，为了保证其他部门无法查看其内容，我们需要将全局配置中 security 设置为 user 安全级别，这样就启用了 Samba 服务器的身份验证机制，然后在共享目录/companydata/sales 下设置 valid users 字段，配置只允许销售部员工能够访问这个共享目录。

Step1：建立共享目录，并在其下建立测试文件。

```
[root@rhel5 ~]# mkdir  /companydata
[root@rhel5 ~]# mkdir  /companydata/sales
[root@rhel5 ~]# touch  / companydata/sales/test_share.tar
```

Step2：添加销售部用户和组并添加相应 Samba 账号。

（1）使用 groupadd 命令添加 sales 组，然后执行 useradd 命令和 passwd 命令添加销售部员工的账号及密码。

```
[root@rhel5 ~]# groupadd   sales              #建立销售组 sales
[root@rhel5 ~]# useradd  -g  sales  sale1     #建立用户 sale1，添加到 sales 组
[root@rhel5 ~]# useradd  -g  sales  sale2     #建立用户 sale2，添加到 sales 组
[root@rhel5 ~]# passwd  sale1                 #设置用户 sale1 密码
[root@rhel5 ~]# passwd  sale2                 #设置用户 sale2 密码
```

（2）接下来为销售部成员添加相应 Samba 账号。

```
[root@rhel5 ~]# smbpasswd  -a  sale1
[root@rhel5 ~]# smbpasswd  -a  sale2
```

（3）修改 Samba 主配置文件 smb.conf。

```
[global]
        workgroup = Workgroup
        server string = File Server
        security = user                       #设置 user 安全级别模式
;       passdb backend = tdbsam
        smb passwd file = /etc/Samba/smbpasswd
[sales]                                       #设置共享目录的共享名为 sales
        comment=sales
        path=/companydata/sales               #设置共享目录的绝对路径
        writable = yes
        browseable = yes
        valid users = @sales                  #设置可以访问的用户为 sales 组
```

Step3：设置共享目录的本地系统权限。

```
[root@rhel5 ~]# chmod   770  /companydata/sales
[root@rhel5 ~]# chown   sale1:sales  /companydata/sales
[root@rhel5 ~]# chown   sale2:sales  /companydata/sales
```

Step4：重新加载配置。

要让修改后的 Linux 配置文件生效，需要重新加载配置。

```
[root@rhel5 ~]# service smb reload
//或者
[root@rhel5 ~]# /etc/rc.d/init.d/smb reload
```

Step5：测试。

任务 4　配置 Samba 客户端

1. Linux 客户端访问 Samba 共享

Linux 客户端访问服务器主要有两种方法。

（1）使用 smbclient 命令。

在 Linux 中，Samba 客户端使用 smbclient 这个程序来访问 Samba 服务器时，先要确保客户端已经安装了 Samba-client 这个 rpm 包。

[root@rhel5 ～]# **rpm -qa|grep samba**

默认已经安装，如果没有安装可以用前面讲过的命令来安装。

smbclient 可以列出目标主机共享目录列表：smbclient 命令格式：

smbclient -L 目标 IP 地址或主机名 -U 登录用户名%密码

当我们查看 rhel5（192.168.0.10）主机的共享目录列表时，提示输入密码，这时候可以不输入密码，直接按回车键，表示匿名登录，然后就会显示匿名用户可以看到的共享目录列表。

[root@rhel5 ～]# **smbclient -L rhel5**

[root@rhel5 ～]# **smbclient -L 192.168.0.10**

若想使用 samba 账号查看 samba 服务器端共享的目录，可以加上-U 参数，后面跟上用户名%密码。下面的命令显示只有 boss 账号才有权限浏览和访问的技术部共享目录。

[root@rhel5 ～]# **smbclient -L 192.168.0.10 -U boss%Password**

> **注意**　不同用户使用 smbclient 浏览的结果可能不一样，这要根据服务器设置的访问控制权限而定。

读者还可以使用 smbclient 命令行共享访问模式浏览共享的资料。

smbclient 命令行共享访问模式命令格式：

smbclient //目标 IP 地址或主机名/共享目录 -U 用户名%密码

下面的命令结果显示服务器上 tech 共享目录的内容。

[root@rhel5 ～]# **smbclient //192.168.0.10/tech -U boss%Password**

另外 smbclient 登录 Samba 服务器后，我们可以使用 help 查询所支持的命令。

（2）使用 mount 命令挂载共享目录。

mount 命令挂载共享目录格式：

mount -t cifs //目标 IP 地址或主机名/共享目录名称 挂载点 -o username=用户名

[root@rhel5～]# **mount -t cifs //192.168.0.10/tech /mnt/sambadata/ -o username=boss%Password**

表示挂载 192.168.0.10 主机上的共享目录 tech 到/mnt/sambadata 目录下，cifs 是 Samba 所使用的文件系统。

2. Windows 客户端访问 Samba 共享

（1）依次单击"开始"→"运行"，使用 UNC 路径直接进行访问。

形如：\\rhel5\tech 或者 \\192.168.0.10\tech

（2）映射网络驱动器访问 Samba 服务器共享目录。

双击打开"我的电脑"，再依次单击"工具"→"映射网络驱动器"，在"映射网络驱动器"对话框中选择"Z"驱动器，并输入 tech 共享目录的地址，比如：\\192.168.0.10\tech。单击"完成"按钮，在接下来的对话框中输入可以访问 tech 共享目录的 samba 账号和密码。

再次打开"我的电脑",驱动器 Z 就是我们的共享目录 tech,可以很方便地访问了。

任务 5   用 Samba 组件中的应用程序

与 Samba 组件相关的应用程序还包括 testparm、smbstaus、SWAT 等,本节将主要介绍这些应用程序的作用和使用方法。

1. testparm 命令

Samba 服务配置完成之后可以利用 testparm 命令检查该文件有无语法错误。

【例 4-8】在 RHEL5 计算机上利用 testparm 命令测试 smb.conf 文件的语法配置。

[root@RHEL5 windir2]# **testparm**

通过该命令可以查看到相应的服务定义,并且根据提示及时更正语法错误。

2. Smbstatus 命令

smbstatus 用于显示当前 Samba 服务器的连接状态。该命令执行结果如下所示:

[root@RHEL5 windir2]# **smbstatus**

3. SWAT

SWAT 是 Samba Web Administration Tool 的缩写,它允许用户通过 Web 界面配置 Samba 服务器。SWAT 对应的软件包名称为 samba-swat-3.0.33-3.7.el5.i386.i386.rpm,在第 4 张安装光盘上。SWAT 和 smb 服务不同的是,它是由 xinetd 进程监听的。实现 SWAT 的过程如下:

(1)安装上软件包之后,修改/etc/xinetd.d/swat 文件。配置后的内容如下:

```
service swat
{       port            = 901           //监听端口
        socket_type     = stream
        wait            = no
#       only_from       = 127.0.0.1     //注释掉该行,代表从本机所有接口监听
        user            = root
        server          = /usr/sbin/swat
        log_on_failure  += USERID
        disable         = no }          //将 disable 的值设置为 no,代表由 xinetd 监听
```

(2)查看/etc/services 文件,保证 901 端口启动。在/etc/services 文件中的内容如下:

```
swat            901/tcp                 # samba Web Administration Tool
```

(3)重新启动 xinetd 超级守护进程,使其监听 swat 服务。

[root@RHEL5 xinetd.d]# **service xinetd restart**

(4)查看 901 端口的运行状态。

```
[root@RHEL5 xinetd.d]# lsof   i:901
COMMAND   PID USER   FD     TYPE DEVICE SIZE NODE NAME
xinetd 8929 root    5u   IPv4   30778          TCP *:swat (LISTEN)
```

由此可见 swat 服务已经正常启动并处于监听状态。

(5)使用 SWAT 设置 Samba 服务器。

在任何一台和 Samba 服务器能正常通信的计算机的浏览器中输入 http://server:901(其中 server 是 Samba 服务器的 IP 地址或主机名),并输入正确的配置账户和口令(一般以 root 用户登录)即可进入配置界面,如图 4-11 所示。

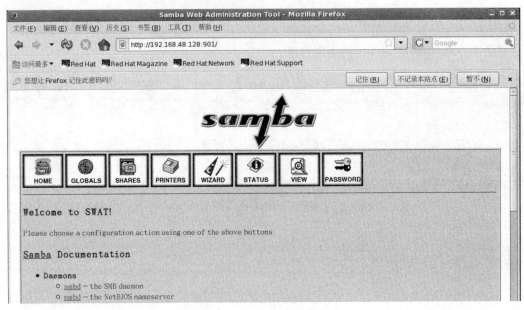

图 4-11　SWAT 配置界面

SWAT 提供了较为完整的配置帮助信息，在此可以进行设置。配置方式和修改 smb.conf 文件的方法相似，在此不再赘述。

4.4　Samba 排错

为了大家以后能在工作中应付 Samba 出现的问题，下面会介绍一系列检验 Samba 服务器的方法，并且解释造成这些错误的原因。通过这些测试，能够保证 Samba 服务器工作得更加良好。

所有的工程师都是经过先前大量的工作，总结获得经验。因此，遇到错误后不要害怕，以下提到的排错方法会对解决这些问题有很大的帮助。

1. Linux 服务的一般排错方法

对于 Linux 服务，想排错得心应手的话，先要养成良好的操作习惯。

（1）错误信息

一定要仔细查看接收到的错误信息。如果有错误提示的话，根据错误提示，去判断产生问题所在。

（2）配置文件

配置文件存放服务的设置信息，用户可以修改配置文件，以实现服务的特定功能。但是，用户的配置失误，会造成服务无法正常运行。为了减少输入引起的错误，很多服务的软件包，都自带配置文件检查工具，用户可以通过这些工具，对配置文件进行检查。

（3）日志文件

一旦服务出现问题，不要惊慌，用组合键 Ctrl+Alt+F1 到 F6 切换到另外一个文字终端，使用 tail 命令来动态监控日志文件。

[root@RHEL5 ~]#　**testparm　-F　/var/log/messages**

2. Samba 服务的故障排错

以上是 Linux 中各种服务排错的通用方法，下面具体介绍 Samba 的故障排除分析。

Samba 服务的功能相当强大，当然配置也相当复杂，所以在 Samba 出现问题后，可以通过以下步骤进行排错。

Step1：使用 testparm 命令检测。

使用 testparm 命令检测 smb.conf 文件的语法，如果报错，说明 smb.conf 文件设置错误。根据提示信息，去修改主配置文件，进行调试。

```
[root@RHEL5 ~]#  testparm  /etc/samba/smb.conf
```

Step2：使用 ping 命令测试。

Samba 服务器主配置文件排除错误后，再次重启 smb 服务，如果客户端仍然无法连接 Samba 服务器，可以使用 ping 命令测试。根据出现的不同情况，进行分析。

- 如果没有收到任何提示，说明客户端 TCP/IP 协议安装有问题，需要重新安装该协议，然后重试。
- 如果提示"host not found"（无法找到主机），那么，客户端的 DNS 或者/etc/hosts 文件没有设置正确，确保客户端能够使用名称访问 Samba 服务器。
- 无法 ping 通还可能是防火墙设置的问题。需要重新设置防火墙的规则，开启 Samba 与外界联系的端口（具体设置请参照项目 11 中有关"iptables"的设置）。
- 还有一种可能，执行 ping 命令时，主机名输入错误……更正重试！

Step3：使用 smbclient 命令测试。

若客户端与 Samba 服务器可以 ping 通，说明客户端到达服务器的连接没有问题，如果用户还是不能访问 Samba 共享资源，可以执行 smbclient 命令进一步测试服务器端配置。

（1）如果 Samba 服务器正常，并且用户采用正确的账号和密码，执行 smbclient 命令可以获取共享列表。

```
[root@RHEL5 ~]#  smbclient  -L  10.0.0.1  -U  test%123
Domain=[RHEL5]  OS = [Unix]  Server = [samba  3.0.23c-2]
    Sharename        Type        Comment
    public           Disk        public
    IPC$             IPC         IPC  Service（file server）
    test             Disk        Home  Directories
Domain=[RHEL5]  OS = [Unix]  Server = [samba  3.0.23c-2]
    Server                     Comment
    ---------                  ---------
Workgroup                      Master
---------                      ---------
Workgroup
```

（2）如果接收到一个错误信息提示"tree connect failed"，如下所示。

```
[root@RHEL5 ~]#  smbclient  //10.0.0.1/public  -U  test%123
tree  connect  failed：Call  returned  zero  bytes（EOF）
```

说明可能在 smb.conf 文件中设置了 host deny 字段，拒绝了客户端的 IP 地址或域名，可以修改 smb.conf，允许该客户端访问即可。

（3）如果返回信息"connection refused"（连接拒绝），如下所示。

```
[root@slave~]# smbclient -L 10.0.0.1
Error connecting to 10.0.0.1（Connection refused）
Connection to 10.0.0.1 failed
```

说明 Samba 服务器 smbd 进程可能没有开启。确保 smbd 和 nmbd 进程开启，并使用 netstat -a 检查 NetBIOS 使用的 139 端口是否处在监听状态。

（4）提示信息如果为"session setup failed"（连接建立失败），表明服务器拒绝了连接请求。

```
[root@RHEL5 ~]# smbclient -L 10.0.0.1 -U test%1234
session setup failed：NT_STATUS_LOGON_FAILURE
```

这是因为用户输入的账号或密码错误造成的，请更正重试。

（5）有时会收到提示信息"Your server software is being unfriendly"（你的服务器软件存在问题）。

一般是因为配置 smbd 时使用了错误的参数，或者启动 smbd 时遇到的类似严重错误。可以使用前面提到的 testparm 去检查相应的配置文件，并检查日志。

练习题四

一、选择题

1．用 Samba 共享了目录，但是在 Windows 网上邻居却看不到它，应该在/etc/samba/smb.conf 中怎样设置才能正确工作？（   ）

    A．AllowWindowsClients=yes   B．Hidden=no

    C．Browsable=yes   D．以上都不是

2．请选择一个正确的命令来卸载 samba-3.0.33-3.7.el5.i386.rpm。（   ）

    A．rpm -d samba-3.0.33-3.7.el5   B．rpm -i samba-3.0.33-3.7.el5

    C．rpm -e samba-3.0.33-3.7.el5   D．rpm -d samba-3.0.33-3.7.el5

3．以下哪个命令可以允许 198.168.0.0/24 访问 Samba 服务器？（   ）

    A．hosts enable = 198.168.0.0/24   B．hosts allow = 198.168.0.0/255.255.255.0

    C．hosts accept = 198.168.0.0/24   D．hosts accept = 198.168.0.255

4．启动 Samba 服务，哪些是必须运行的端口监控程序？（   ）

    A．nmbd   B．lmbd   C．mmbd   D．smbd

5．下面所列出的服务器类型中哪一种可以使用户在异构网络操作系统之间进行文件系统共享？（   ）。

    A．FTP   B．Samba   C．DHCP   D．Squid

6．Samba 服务的主配置文件是（   ）。

    A．smb.conf   B．samba.conf   C．smbpasswd   D．smbclient

7．利用（   ）命令可以对 Samba 的配置文件进行语法测试。

    A．smbclient   B．smbpasswd   C．testparm   D．smbmount

8．（   ）是 Samba 服务器默认的安全级别。

A．share   B．user   C．server   D．domain

9．通过设置条目（　　）来控制可以访问 Samba 共享服务器的合法主机名。

A．allow hosts   B．valid hosts   C．allow   D．publicS

10．Samba 的主配置文件中不包括（　　）。

A．global 参数   B．directory shares 部分

C．printers shares 部分   D．applications shares 部分

二、填空题

1．Samba 服务功能强大，使用_____协议，英文全称是_____。

2．SMB 经过开发，可以直接运行于 TCP/IP 上，使用 TCP 的_____端口。

3．Samba 服务由两个进程组成，分别是_____和_____。

4．Samba 服务软件包包括_____、_____、_____和_____（不要求版本号）。

5．Samba 的配置文件一般就放在_____目录中，主配置文件名为_____。

6．Samba 服务器有_____、_____、_____、_____和_____五种安全模式，默认级别是_____。

实训　Samba 服务器的配置

一、实训目的

掌握 Samba 服务器的安装、配置与调试。

二、实训内容

练习利用 Samba 服务实现文件共享及权限设置。

三、实训练习

（1）Samba 的默认用户连接的配置：

● 安装 Samba 软件包并且启动 smb 服务。使用如下的命令确定 Samba 是否正常工作：smbclient -L localhost -N。

● 利用 useradd 命令添加 karl、joe、mary 和 jen 四个用户，但是并不给他们设定密码。这些用户仅能够通过 Samba 服务访问服务器。为了使得他们在 shadow 中不含有密码，这些用户的 shell 应该设定为/sbin/nologin。

● 利用 smbpasswd 命令为上述四个用户添加 Samba 访问密码。

● 利用 karl 和 mary 用户在客户端登录 Samba 服务器，并试着上传文件。观察实验现象。

（2）组目录访问权限的配置：

上述四位用户在同一个部门工作并且需要一个地方来存储部门的文件。这就需要将四个用户添加到同一个组中，建立一个目录给这些用户来存储它们的内容，并且配置 Samba 服务器来共享目录。

● 利用 groupadd 命令添加一个 gid 为 30000 的 legal 组，并且使用 usermod 命令将上面

的四个用户加到组里去。

● 建立一个目录/home/depts/legal。对于这个目录设定权限，使得 legal 组中的用户可以在这个目录中添加、删除文件，其他的人不可以。设定 SGID 和粘滞位使得所有在这个目录中建立的文件都拥有 legal 组的权限，并且组中其他的人不能够删除其他用户建立的文件。

● 在/etc/samba/smb.conf 中建立一个 Samba 共享，叫做[legal]。只有 legal 组中的用户才能够访问该共享，并且确保在[legal]中存放的新建文件的权限为 0600。

● 重新启动 smb 服务进行测试。

四、实训报告

按要求完成实训报告。

项目 **5** 配置与管理 DHCP 服务器

项目描述：

某高校已经组建了学校的校园网，然而随着笔记本电脑的普及，教师移动办公以及学生移动学习的现象越来越多，当计算机从一个网络移动到另一个网络时，需要重新获知新网络的 IP 地址、网关等信息，并对计算机进行设置。这样，客户端就需要知道整个网络的部署情况，需要知道自己处于哪个网段、哪些 IP 地址是空闲的，以及默认网关是多少等信息，不仅用户觉得烦琐，也为网络管理员规划网络、分配 IP 地址带来了困难。网络中的用户希望无论处于网络中什么位置，都不需要配置 IP 地址、默认网关等信息就能够上网。这就需要在网络中部署 DHCP 服务器。

在完成该项目之前，首先应当对整个网络进行规划，确定网段的划分以及每个网段可能的主机数量等信息。

项目目标：

- 了解 DHCP 服务器在网络中的作用
- 了解 DHCP 服务的工作原理
- 掌握 DHCP 服务器的基本配置
- 掌握 DHCP 客户端的配置和测试
- 理解在网络中部署 DHCP 服务器的解决方案
- 掌握 DHCP 服务器中继代理的配置

5.1 相关知识

5.1.1 配置 TCP/IP 参数的两种方法

在 TCP/IP 网络中，每台计算机要想进行通信，存取网络上的资源，都必须配置 TCP/IP 参数，一些主要的 TCP/IP 参数如 IP 地址、子网掩码、默认网关、DNS 服务器等是必不可少的。配置这些参数有两种方法：

- 手工配置
- 自动分配（自动向 DHCP 服务器获得 IP 地址）

手工配置 TCP/IP 参数是一些网络管理员习惯使用的方法。通常，网络管理员需要创建一张详细的配置清单，并将其带在身上或存放在计算机上，以便于随时查阅并配置 IP 地址、子网掩码以及默认网关和 DNS 服务器的 IP 地址。这种方法看似简单可行，但却相当费时且容易出错。

　　自动分配 TCP/IP 参数可以避免因手工配置带来的如工作量大、费时、易出错、地址易冲突等诸多问题，只需部署一台提供自动分配 TCP/IP 参数的服务器，其他计算机则无需配置或进行极为简单的配置就可以上网。我们把这种服务器称为 DHCP 服务器，动态获得 IP 地址的计算机就是 DHCP 客户端。

5.1.2　什么是 DHCP

　　DHCP 全称是 Dynamic Host Configuration Protocol（动态主机配置协议），是由 IETF（Internet Engineering Task Force，Internet 工程任务组）设计开发的，专门用于为 TCP/IP 网络中的计算机自动分配 IP 地址，并完成 TCP/IP 参数（包括 IP 地址、子网掩码、默认网关以及 DNS 服务器等）配置的协议。

　　DHCP 服务器能够从预先设置的 IP 地址池中自动给主机分配 IP 地址，它不仅能够解决 IP 地址冲突的问题，也能及时回收 IP 地址以提高 IP 地址的利用率。

5.1.3　何时使用 DHCP 服务

　　在实际工作中，通常在下列情况下需要采用 DHCP 服务器来自动分配 TCP/IP 参数：

　　（1）网络的规模较大，网络中需要分配 IP 地址的主机较多，特别是要在网络中增加和删除网络主机或者要重新配置网络时，手工配置的工作量很大，而且常常会因为用户不遵守规则而出现错误，导致 IP 地址的冲突等，这时可以采用 DHCP 服务。

　　（2）网络中的主机多，而 IP 地址不够用，这时也可以使用 DHCP 服务器来缓解这一问题。例如某个网络上有 260 台计算机，采用静态 IP 地址时，每台计算机都需要预留一个 IP 地址，即共需要 260 个 IP 地址，但可用的 IP 地址只有 254 个，若采用手工配置，永远有 6 台计算机无法接入网络，然而实际工作中，这 260 台计算机并不可能同时开机，使用 DHCP 恰好可以调节 IP 地址的使用。但这种情况对 ISP（Internet Service Provider，互联网服务供应商）来说是一个十分严重的问题，如果 ISP 有 100000 个用户，是否需要 100000 个 IP 地址？因此解决这个问题的方法就是使用 DHCP 服务。我们利用拨号上网实际上就是从 ISP 那里动态获得了一个公有的 IP 地址。

　　（3）一些主机（例如采用无线或有线技术接入的笔记本电脑或 PDA）在不同的子网中移动时，可以通过 DHCP 在移动到某一个子网时自动获得该子网的 IP 地址，无需做任何额外的配置，从而满足了移动用户的需求。报告厅、餐厅、宾馆等移动用户流动较大的公共场所通常采用 DHCP 服务器分配 IP 地址。

5.1.4　DHCP 服务的工作过程

1. DHCP 工作站第一次登录网络

　　当 DHCP 客户机第一次登录网络时，主要通过 4 个阶段与 DHCP 服务器建立联系，如图 5-1 所示。

　　（1）DHCP 客户机发送 IP 租约请求

　　当 DHCP 客户机第一次启动时由于客户机此时没有 IP 地址，也不知道服务器的 IP 地址，因此客户机在当前的子网中以 0.0.0.0 作为源地址，以 255.255.255.255 作为目标地址向 DHCP

服务器广播 DHCP Discover 报文，申请一个 IP 地址。DHCP Discover 报文中还包括客户机的 MAC 地址和主机名。

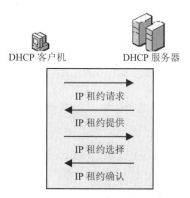

图 5-1 DHCP 的工作过程

（2）DHCP 服务器提供 IP 地址

DHCP 服务器收到 DHCP Discover 报文后，将从地址池中为它提供一个尚未被分配出去的 IP 地址，并把提供的 IP 地址暂时标记为"不可用"。服务器使用广播将 DHCP Offer 报文送回给客户机，DHCP Offer 报文中包含的信息如图 5-2 所示。如果网络中包含有不止一个 DHCP 服务器，则客户机可能收到好几个 DHCP Offer 报文，客户机通常只承认第一个 DHCP Offer。

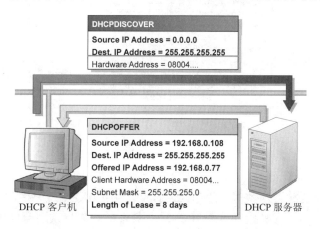

图 5-2 DHCP 请求和提供

DHCP 客户机将等待 1 秒，若 DHCP 客户机未能得到 DHCP 服务器提供的地址，将分别以 2 秒、4 秒、8 秒和 16 秒的时间间隔重新广播四次，若还没有得到 DHCP 服务器的响应，则 DHCP 客户机将以 0～1000 毫秒内的随机时间间隔再次发出广播请求租用 IP 地址。

如果 DHCP 客户机经过上述努力仍未能从任何 DHCP 服务器端获得 IP 地址，则可能发生以下两种情况之一：

客户机将使用保留的 B 类地址 169.254.0.1～169.254.255.254 范围中的一个。

① 如果客户端使用的是 Windows 2000 及后续版本，并且 Windows 操作系统将自动设置 IP 地址的功能处于激活状态，那么客户端将自动从 Microsoft 保留 IP 地址段中选择一个自动私

有地址（Automatic Private IP Address，APIPA）作为自己的 IP 地址。自动私有 IP 地址的范围是 169.254.0.1～169.254.255.254。使用自动私有 IP 地址，在 DHCP 服务器不可用时，DHCP 客户端之间仍然可以利用私有 IP 地址进行通信。所以，即使在网络中没有 DHCP 服务器，计算机之间仍能通过网上邻居发现彼此。

② 如果使用其他的操作系统或自动设置 IP 地址的功能被禁止，则客户机无法获得 IP 地址，初始化失败。但客户机在后台每隔 5 分钟发送四次 DHCP Discover 信息直到它收到 DHCP Offer 信息。

（3）DHCP 客户机进行 IP 租约选择

客户机收到 DHCP Offer 后，向服务器发送一个包含有关 DHCP 服务器提供的 IP 地址的 DHCP Request 报文。如果客户机没有收到 DHCP Offer 报文并且还记得以前的网络配置，此时可以使用以前的网络配置（如果该配置仍然在有效期限内）。

（4）DHCP 服务器 IP 租约认可

DHCP 服务器在收到 DHCP Request 信息后，立即发送 DHCP Ack 确认信息，以确定此租约成立，且此信息中还包含其他 DHCP 选项信息，如图 5-3 所示。

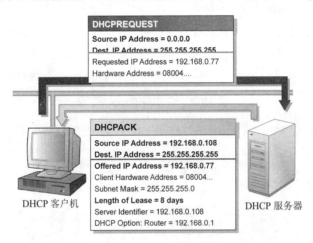

图 5-3　DHCP 选择与确认

客户机接收到包含配置参数的 DHCP Ack 报文，利用 ARP 检查网络上是否有相同的 IP 地址。如果检查通过，则客户机接受这个 IP 地址及其参数。如果发现有问题，客户机向服务器发送 DHCP Decline 信息，并重新开始新的配置过程。服务器收到 DHCP Decline 信息后，将该地址标记为"不可用"。

2. DHCP 工作站第二次登录网络

DHCP 客户机获得 IP 地址后再次登录网络时，就不需要再发送 DHCP Discover 报文了，而是直接发送包含前一次所分配的 IP 地址的 DHCP Request 报文。当 DHCP 服务器收到 DHCP Request 报文，会尝试让客户机继续使用原来的 IP 地址，并回答一个 DHCP Ack（确认信息）报文。

如果 DHCP 服务器无法分配给客户机原来的 IP 地址，则回答一个 DHCP NAck（不确认信息）报文。当客户机接收到 DHCP NAck 报文后，就必须重新发送 DHCP Request 报文来请求新的 IP 地址。

3. DHCP 租约的更新

DHCP 服务器将 IP 地址分配给 DHCP 客户机后，有租用时间的限制，DHCP 客户机必须在该次租用过期前对它进行更新。客户机在 50％租借时间过去以后，每隔一段时间就开始请求 DHCP 服务器更新当前租借，如果 DHCP 服务器应答则租用延期。如果 DHCP 服务器始终没有应答，在有效租借期的 87.5％时，客户机应该与任何一个其他的 DHCP 服务器通信，并请求更新它的配置信息。如果客户机不能和所有的 DHCP 服务器取得联系，租借时间到期后，它必须放弃当前的 IP 地址，并重新发送一个 DHCP Discover 报文开始上述的 IP 地址获得过程。

客户端可以主动向服务器发出 DHCP Release 报文，将当前的 IP 地址释放。

5.2　项目设计与准备

5.2.1　项目设计

部署 DHCP 之前应该先进行规划，明确哪些 IP 地址用于自动分配给客户端（即作用域中应包含的 IP 地址），哪些 IP 地址用于手工指定给特定的服务器。例如，在本项目中，将 IP 地址 192.168.2.10～200/24 用于自动分配，将 IP 地址 192.168.2.104/24 预留给需要手工指定 TCP/IP 参数的服务器，将 192.168.2.100 用作保留地址等。

 用于手工配置的 IP 地址，一定要采用已经排除掉的 IP 地址或者地址池之外的 IP 地址，否则会造成 IP 地址冲突。请思考，为什么？

5.2.2　项目准备

部署 DHCP 服务应满足下列需求：

（1）安装 Linux 企业服务器版，用作 DHCP 服务器。

（2）DHCP 服务器的 IP 地址、子网掩码、DNS 服务器等 TCP/IP 参数必须手工指定，否则将不能为客户端分配 IP 地址。

（3）DHCP 服务器必须要拥有一组有效的 IP 地址，以便自动分配给客户端。

5.3　项目实施

任务 1　安装 DHCP 服务

本节主要介绍 DHCP 服务的安装、配置与启动等内容。

与 DHCP 服务相关的软件包有以下几个：

- dhcp-*：DHCP 服务器软件包。
- dhclient-*：DHCP 客户端软件包。
- dhcp-devel-*：DHCP 开发工具。

（1）首先检测下系统是否已经安装了 DHCP 相关软件。

```
[root@server ～]# rpm  -qa | grep  dhcp
```

dhcpv6_client-1.0.10-16.el5

（2）将第 3 张系统光盘放入光驱，挂载到/mnt/dhcp 目录，然后安装 DHCP 主程序。

[root@server ~]# **mkdir**　　**/mnt/dhcp**　　　　　　　　　　　　;创建挂载目录.

[root@server ~]# **mount**　**/dev/cdrom**　　**/mnt/dhcp**　　;挂载到/mnt/dhcp 目录

[root@server ~]# **cd**　　　**/mnt/dhcp/Server**

[root@server ~]# **dir**　　**dhcp*.***

[root@server ~]# **rpm**　**-ivh**　**dhcp-3.0.5-18.el5.i386.rpm**

（3）如果需要我们还可以安装 DHCP 服务器开发工具软件包和 DHCP 的 IPv6 扩展工具。由于软件包都在第 3 张系统安装盘上，不用再重新挂载。

[root@server ~]# **rpm**　**-ivh**　**dhcp-devel-3.0.5-18.el5.i386.rpm**

[root@server ~]# **rpm**　**-ivh**　**dhcpv6-1.0.10-16.el5.i386.rpm**

（4）安装完后我们再次查询，发现已安装成功。

[root@server ~]# **rpm**　**-qa | grep**　　**dhcp**

dhcpv6_client-1.0.10-16.el5.i386.rpm

dhcp-3.0.5-18.el5.i386.rpm

dhcp-devel-3.0.5-18.el5.i386.rpm

dhcpv6-1.0.10-16.el5.i386.rpm

任务 2　DHCP 常规服务器配置

基本的 DHCP 服务器搭建流程如下所示：

（1）编辑主配置文件 dhcpd.conf，指定 IP 作用域（指定一个或多个 IP 地址范围）。

（2）建立租约数据库文件。

（3）重新加载配置文件或重新启动 dhcpd 服务使配置生效。

DHCP 工作流程如图 5-4 所示。

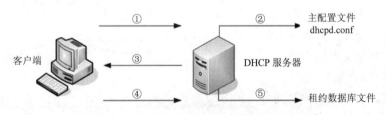

图 5-4　DHCP 工作流程

① 客户端发送广播向服务器申请 IP 地址。

② 服务器收到请求后查看主配置文件 dhcpd.conf，先根据客户端的 MAC 地址查看是否为客户端设置了固定 IP 地址。

③ 如果为客户端设置了固定 IP 地址则将该 IP 地址发送给客户端。如果没有设置固定 IP 地址，则将地址池中的 IP 地址发送给客户端。

④ 客户端收到服务器回应后，给予服务器回应，告诉服务器已经使用了分配的 IP 地址。

⑤ 服务器将相关租约信息存入数据库。

1. 主配置文件 dhcpd.conf

（1）dhcpd.conf 主配置文件组成部分

● 　parameters（参数）

- declarations（声明）
- option（选项）

（2）dhcpd.conf 主配置文件整体框架

dhcpd.conf 包括全局配置和局部配置。

全局配置可以包含参数或选项，该部分对整个 DHCP 服务器生效。

局部配置通常由声明部分来表示，该部分仅对局部生效，比如只对某个 IP 作用域生效。

dhcpd.conf 文件格式：

```
#全局配置
参数或选项;                    #全局生效
#局部配置
声明 {
       参数或选项;            #局部生效
       }
```

当 DHCP 主程序包安装好后会自动生成主配置文件的范本文件/usr/share/doc/dhcp-3.0.5/dhcpd. conf.sample。

而在/etc 目录下会建立一个空白的 dhcpd.conf 主配置文件。

现在我们将范本配置文件复制到/etc 目录下替换掉空白的 dhcpd.conf 主配置文件。

```
[root@server ~]# cp   /usr/share/doc/dhcp-3.0.5/dhcpd.conf.sample   /etc/dhcpd.conf
```

显示是否覆盖时，选择 y。

DHCP 范本配置文件内容包含了部分参数、声明以及选项的用法，其中注释部分可以放在任何位置，并以"#"号开头，当一行内容结束时，以";"号结束，大括号所在行除外，如图5-5 所示。

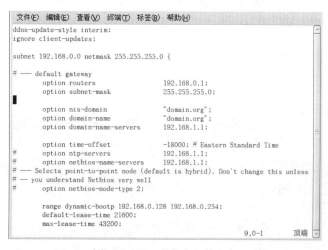

图 5-5　DHCP 范本文件内容

可以看出整个配置文件分成全局和局部两个部分。但是并不容易看出哪些属于参数，哪些属于声明和选项。

2．常用参数介绍

参数主要用于设置服务器和客户端的动作或者是否执行某些任务，比如设置 IP 地址租约时间、是否检查客户端所用的 IP 地址等。

常见参数使用说明如下：

（1）ddns-update-style（none|interim|ad-hoc）

作用：定义所支持的 DNS 动态更新类型。

none：表示不支持动态更新。

interim：表示 DNS 互动更新模式。

ad-hoc：表示特殊 DNS 更新模式。

 注意 这个选项是必选参数，配置文件中必须包含这个参数并且要放在第 1 行。

（2）ignore client-updates

作用：忽略客户端更新。

注意 这个参数只能在服务器端使用。

（3）default-lease-time number(数字)

作用：定义默认 IP 租约时间。

```
default-lease-time   21600;
```

（4）max-lease-time number(数字)

作用：定义客户端 IP 租约时间的最大值。

```
max-lease-time   43200;
```

注意 （3）、（4）项都是以秒为单位的租约时间，既可以作用在全局配置中，也可以作用在局部配置中。

3. 常用声明介绍

声明一般用来指定 IP 作用域、定义为客户端分配的 IP 地址池等。

声明格式如下：

```
声明 {
        选项或参数;
    }
```

常见声明的使用介绍如下：

（1）subnet 网络号 netmask 子网掩码 {……}

作用：定义作用域，指定子网。

```
subnet   192.168.0.0   netmask   255.255.255.0   {
                ……
                                              }
```

注意 网络号必须与 DHCP 服务器的网络号相同。

（2）range dynamic-bootp   起始 IP 地址   结束 IP 地址

作用：指定动态 IP 地址范围。

```
range dynamic-bootp    192.168.0.100    192.168.0.200
```

 可以在 subnet 声明中指定多个 range，但多个 range 所定义的 IP 范围不能重复。

4. 常用选项介绍

选项通常用来配置 DHCP 客户端的可选参数，比如定义客户端的 DNS 地址、默认网关等。选项内容都是以 option 关键字开始的。

常见选项使用说明如下：

（1）option routers　　IP 地址

作用：为客户端指定默认网关。

```
option routers    192.168.0.1
```

（2）option subnet-mask　　子网掩码

作用：设置客户端的子网掩码。

```
option subnet-mask    192.168.0.1
```

（3）option domain-name-servers　　IP 地址

作用：为客户端指定 DNS 服务器地址。

```
option  domain-name-servers    192.168.0.3
```

 （1）、（2）、（3）项既可以用在全局配置中，也可以用在局部配置中。

5. 租约数据库文件

租约数据库文件用于保存一系列的租约声明，其中包含客户端的主机名、MAC 地址、分配到的 IP 地址，以及 IP 地址的有效期等相关信息。这个数据库文件是可编辑的 ASCII 格式文本文件。每当发生租约变化的时候，都会在文件结尾添加新的租约记录。

DHCP 刚安装好后租约数据库文件 dhcpd.leases 是个空文件。

当 DHCP 服务正常运行后就可以使用 cat 命令查看租约数据库文件内容。

```
cat    /var/lib/dhcpd/dhcpd.leases
```

6. DHCP 的启动与停止

（1）DHCP 服务启动

```
[root@server ～]# services   dhcpd    start
#或者
[root@server ～]# /etc/rc.d/init.d/dhcpd    start
```

（2）DHCP 服务停止

```
[root@server ～]# services   dhcpd    stop
#或者
[root@server ～]# /etc/rc.d/init.d/dhcpd    stop
```

（3）DHCP 服务重启

```
[root@server ～]# services   dhcpd    restart
#或者
[root@server ～]# /etc/rc.d/init.d/dhcpd    restart
```

（4）自动加载 DHCP 服务

① chkconfig

运行级别 3 自动加载 dhcpd 服务：

[root@server ~]# **chkconfig --level 3 dhcpd on**

运行级别 3 关闭自动加载 dhcpd 服务：

[root@server ~]# **chkconfig --level 3 dhcpd off**

② ntsysv

[root@server ~]# **ntsysv**

如图 5-6 所示，选中 dhcpd 选项，然后单击"确定"按钮完成设置，即可自动加载 dhcpd 服务。

7. IP 地址绑定

在 DHCP 中的 IP 地址绑定用于给客户端分配固定 IP 地址。比如服务器需要使用固定 IP 地址就可以使用 IP 地址绑定，通过 MAC 地址与 IP 地址的对应关系为指定的物理地址计算机分配固定 IP 地址。

整个配置过程需要用到 host 声明和 hardware、fixed-address 参数。

图 5-6 服务设置窗口

（1）host   主机名 {......}

作用：用于定义保留地址。

host   computer1

 注意 该项通常搭配 subnet 声明使用。

（2）hardware   类型   硬件地址

作用：定义网络接口类型和硬件地址。常用类型为以太网（ethernet），地址为 MAC 地址。

hardware   Ethernet   3a:b5:cd:32:65:12

（3）fixed-address   IP 地址

作用：定义 DHCP 客户端指定的 IP 地址。

fixed-address   192.168.0.254

 注意 （2）、（3）项只能应用于 host 声明中。

任务 3   完成 DHCP 简单配置的应用案例

技术部有 60 台计算机，IP 地址段为 192.168.0.1～192.168.0.254，子网掩码是 255.255.255.0，网关为 192.168.0.1，192.168.0.2～192.168.0.30 网段地址是服务器的固定地址，客户端可以使用的地址段为 192.168.0.100～192.168.0.200，其余剩下的 IP 地址为保留地址。

（1）定制全局配置和局部配置，局部配置需要把 192.168.0.0/24 网段声明出来，然后在该声明中指定一个 IP 地址池，范围为 192.168.0.100～192.168.0.200，分配给客户端使用，最后重新启动 dhcpd 服务让配置生效。配置结果如图 5-7 所示。

（2）配置完后保存退出并重启 dhcpd 服务。

[root@server ~]# **service dhcpd restart**

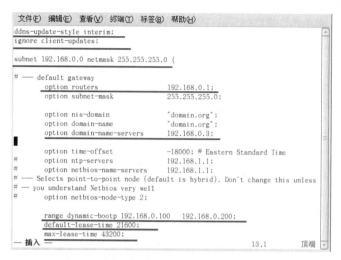

图 5-7 简单配置应用案例

（3）配置完成进行测试。

> 注意 如果在真实网络中，应该不会出问题。但如果您用的是 VMware 7.0 或其他类似版本，虚拟机中的 Windows 客户端可能会获取到 192.168.79.0 网络中的一个地址，与我们的预期目标相背。这种情况，需要关闭 VMnet8 和 VMnet1 的 DHCP 服务功能。解决方法如下。

在 VMware 主窗口中，依次单击 Edit→Virtual Network Editor，打开"虚拟网络编辑器"窗口，选中 VMnet1 或 VMnet8，去掉对应的 DHCP 服务启用选项，如图 5-8 所示。

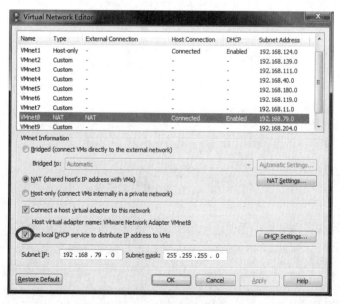

图 5-8 虚拟网络编辑器

（4）查看租约数据库文件，如图 5-9 所示。

```
[root@server ～]# cat    /var/lib/dhcpd/dhcpd.leases
```

图 5-9　Windows 客户从 Linux DHCP 服务器上获取了 IP 地址

任务 4　完成 DHCP 服务器配置保留地址的应用案例

某公司有 200 台计算机，采用 192.168.0.0/24 网段给技术部使用，路由器 IP 地址为 192.168.0.1，DNS 服务器 IP 地址为 192.168.0.2，DHCP 服务器为 192.168.0.3，客户端地址范围为 192.168.0.100～192.168.0.200，子网掩码为 255.255.255.0，技术总监 CIO 使用的固定 IP 地址为 192.168.0.88，部门经理使用的固定 IP 地址为 192.168.0.66。

要保证使用固定 IP 地址的话，就要在 subnet 声明中嵌套 host 声明，目的是要单独为总监和经理的主机设置固定 IP 地址，并在 host 声明中加入 IP 地址和 MAC 地址绑定的选项以申请固定 IP 地址。

（1）编辑主配置文件/etc/dhcpd.conf，如图 5-10 所示。

```
文件(F)  编辑(E)  查看(V)  终端(T)  标签(T)  帮助(H)
        option time-offset            -18000; # Eastern Standard Time
#       option ntp-servers            192.168.1.1;
#       option netbios-name-servers   192.168.1.1;
# --- Selects point-to-point node (default is hybrid). Don't change this unless
# -- you understand Netbios very well
#       option netbios-node-type 2;

        range dynamic-bootp 192.168.0.100   192.168.0.200;
        default-lease-time 21600;
        max-lease-time 43200;

        # we want the nameserver to appear at a fixed address
        host CIO {
                next-server ph.long.com;
                hardware ethernet 12:34:56:78:AB:CD;
                fixed-address 192.168.0.88;
        }
        host manager {
                next-server yy.smile.com;
                hardware ethernet 34:56:76:CB:A2:32
                fixed-address 192.168.0.66;
        }
```

图 5-10　主配置文件配置结果

　① 在实际配置过程中，一定要使用保留的那两台计算机的真实 MAC 地址。
② 客户端的 DNS 地址、默认网关等的设置本例中未详述，请参见《网络服务器搭建、配置与管理——Linux 版》（杨云、马立新主编）。

（2）重启 hcpd 服务。

`[root@server ~]# services    dhcpd    restart`

（3）测试验证。

将要测试的计算机的 IP 地址获取方式改为自动获取，然后用 ipconfig /renew 进行测试（以

Windows 客户端为例）。

任务 5 在 Linux 下配置 DHCP 客户端

安装完服务器端的 DHCP 服务后，要对 DHCP 客户端进行配置。

在 Linux 中配置 DHCP 客户端需要修改/etc/sysconfig/network-scripts 目录下的设备配置文件。在该目录中，每个设备都有一个叫做 ifcfg.eth?的配置文件，这里的 eth?是网络设备的名称，如 eth0、eth1、eth0:1 等。具体配置步骤如下：

```
//直接编辑文件/etc/sysconfig/network-scripts/ifcfg-eth0
[root@RHEL5  ~]# vi /etc/sysconfig/network-scripts/ifcfg-eth0
BOOTPROTO=static              //将其改为 BOOTPROTO=dhcp 即可
BROADCAST=192.168.1.255
HWADDR=00:0C:29:FA:AD:85
IPADDR=192.168.1.4
NETMASK=255.255.255.0
NETWORK=192.168.1.0
ONBOOT=yes
TYPE=Ethernet
//重新启动网卡
[root@RHEL5  ~]#ifdown eth0 ; ifup eth0     //或 service network restart
//测试 DHCP 客户端配置
[root@RHEL5  ~]#ifconfig eth0
```

任务 6 在 Windows 下配置 DHCP 客户端

在 Windows 下配置 DHCP 客户端需要按以下步骤执行（以 Windows XP 的 DHCP 客户端为例）：

（1）客户租约数据库文件。右击桌面上的"网上邻居"图标，从弹出的快捷菜单中选择"属性"命令，则系统会打开"网络连接"属性对话框，如图 5-11 所示。

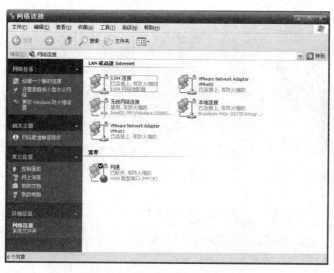

图 5-11 "网络连接"属性对话框

（2）右击"本地连接"图标，在弹出的快捷菜单中选择"属性"命令，则系统会打开"本地连接属性"对话框，如图 5-12 所示。

（3）选中"Internet 协议（TCP/IP）"复选框，然后单击"属性"按钮，系统会打开"Internet 协议（TCP/IP）属性"对话框，如图 5-13 所示。

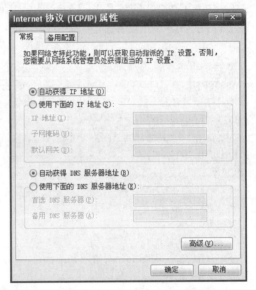

图 5-12 "本地连接属性"对话框   图 5-13 "Internet 协议（TCP/IP）属性"对话框

（4）选中"自动获得 IP 地址"单选按钮和"自动获得 DNS 服务器地址"单选按钮，然后单击"确定"按钮即可完成 Windows XP 下的客户端配置。

（5）测试 DHCP 客户端是否已经配置好，可在命令行下执行 ipconfig /all 命令查看 IP 地址配置的详细结果。如图 5-14 所示。

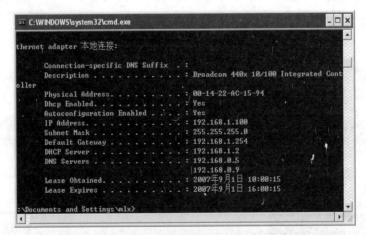

图 5-14 Windows XP 系统下 DHCP 客户端测试结果

在 Windows 下，DHCP 客户端可以利用 ipconfig /renew 命令更新 IP 地址租约，或者利用 ipconfig /release 命令自行将 IP 地址释放。

练习题五

一、选择题

1. TCP/IP 中，哪个协议是用来进行 IP 地址自动分配的？（　　）
   A．ARP 　　　　　B．NFS 　　　　　C．DHCP 　　　　　D．DDNS
2. DHCP 租约文件默认保存在（　　）目录中。
   A．/etc/dhcpd 　　B．/var/log/dhcpd 　　C．/var/log/dhcp 　　D．/var/lib/dhcp
3. 配置完 DHCP 服务器，运行（　　）命令可以启动 DHCP 服务。
   A．service dhcpd start 　　　　　　　B．/etc/rc.d/init.d/dhcpd start
   C．start dhcpd 　　　　　　　　　　　D．dhcpd on

二、填空题

1. DHCP 工作过程包括_____、_____、_____、_____4 种报文。
2. 如果 DHCP 客户端无法获得 IP 地址，将自动从_____地址段中选择一个作为自己的地址。
3. 在 Windows 环境下，使用_____命令可以查看 IP 地址配置，释放 IP 地址使用_____命令，续租 IP 地址使用_____命令。
4. DHCP 是一个简化主机 IP 地址分配管理的 TCP/IP 标准协议，英文全称是_____，中文名称为_____。
5. 当客户端注意到它的租用期到了_____以上时，就要更新该租用期。这时它发送一个_____信息包给它所获得原始信息的服务器。
6. 当租用期达到期满时间的近_____时，如果客户端在前一次请求中没能更新租用期的话，它会再次试图更新租用期。
7. 配置 Linux 客户端需要修改网卡配置文件，将 BOOTPROTO 项设置为_____。

实训　配置与管理 DHCP 服务器

一、实训目的

掌握 Linux 下 DHCP 服务器的安装和配置方法。

二、实训内容

练习 DHCP 服务器的安装与配置。

三、实训练习

（1）DHCP 服务器的配置 1：
配置 DHCP 服务器，为子网 A 内的客户机提供 DHCP 服务。具体参数如下：

- IP 地址段：192.168.11.101～192.168.11.200
- 子网掩码：255.255.255.0
- 网关地址：192.168.11.254
- 域名服务器：192.168.0.1
- 子网所属域的名称：jnrp.edu.cn
- 默认租约有效期：1 天
- 最大租约有效期：3 天

（2）DHCP 服务器的配置 2：

架设一台 DHCP 服务器，并按照下面的要求进行配置：

- 为 192.168.203.0/24 建立一个 IP 作用域，并将 192.168.203.60～192.168.203.200 范围内的 IP 地址动态分配给客户机。
- 假设子网的 DNS 服务器的 IP 地址为 192.168.0.9，网关为 192.168.203.254，所在的域为 jnrp.edu.cn，将这些参数指定给客户机使用。

四、实训报告

按要求完成实训报告。

项目 *6* 配置与管理 DNS 服务器

项目描述：

某高校组建了学校的校园网，为了使校园网中的计算机简单快捷地访问本地网络及 Internet 上资源，需要在校园网中架设 DNS 服务器，用来提供域名转换成 IP 地址的功能。

在完成该项目之前，首先应当确定网络中 DNS 服务器的部署环境，明确 DNS 服务器的各种角色及其作用。

项目目标：

- 了解 DNS 服务器的作用及其在网络中的重要性
- 理解 DNS 的域名空间结构及其工作过程
- 理解并掌握缓存 DNS 服务器的配置
- 理解并掌握主 DNS 服务器的配置
- 理解并掌握辅助 DNS 服务器的配置
- 理解并掌握 DNS 客户机的配置
- 掌握 DNS 服务的测试

6.1 相关知识

DNS（Domain Name Service，域名服务）是 Internet/Intranet 中最基础也是非常重要的一项服务，它提供了网络访问中域名和 IP 地址的相互转换。

6.1.1 DNS 概述

在 TCP/IP 网络中，每台主机必须有一个唯一的 IP 地址，当某台主机要访问另外一台主机上的资源时，必须指定另一台主机的 IP 地址，通过 IP 地址找到这台主机后才能访问这台主机。但是，当网络的规模较大时，使用 IP 地址就不太方便了，所以，便出现了主机名（Host Name）与 IP 地址之间的一种对应解决方案，可以通过使用形象易记的主机名而非 IP 地址进行网络的访问，这比单纯使用 IP 地址要方便得多。其实，在这种解决方案中使用了解析的概念和原理，单独通过主机名是无法建立网络连接的，只有通过解析的过程，在主机名和 IP 地址之间建立了映射关系后，才可以通过主机名间接地找到 IP 地址建立网络连接。

主机名与 IP 地址之间的映射关系，在小型网络中多使用 hosts 文件来完成，后来，随着网络规模的增大，为满足不同组织的要求，以实现一个可伸缩、可自定义的命名方案的需要，InterNIC 制定了一套称为域名系统 DNS 的分层名字解析方案，当 DNS 用户提出 IP 地址查询请求时，可以由 DNS 服务器中的数据库提供所需的数据，完成域名和 IP 地址的相互转换。DNS 技术目前已广泛应用于 Internet 中。

组成 DNS 系统的核心是 DNS 服务器，它是回答域名服务查询的计算机，为连接 Intranet 和 Internet 的用户提供并管理 DNS 服务，维护 DNS 名字数据并处理 DNS 客户端主机名的查询。DNS 服务器保存了包含主机名和相应 IP 地址的数据库。

DNS 服务器分为三类：

● 主（Master 或 Primary）DNS 服务器

主 DNS 服务器负责维护所管辖域的域名服务信息。它从域管理员构造的本地磁盘文件中加载域信息，该文件（区文件）包含着该服务器具有管理权的一部分域结构的最精确信息。配置主 DNS 服务器需要一整套的配置文件，包括主配置文件（/etc/named.conf）、正向域的区文件、反向域的区文件、高速缓存文件（/var/named/named.ca）和回送文件（/var/named/named.local）。

● 辅助（Slave 或 Secondary）DNS 服务器

辅助 DNS 服务器用于分担主 DNS 服务器的查询负载。区文件是从主服务器中转移出来的，并作为本地磁盘文件存储在辅助服务器中。这种转移称为"区文件转移"。在辅助 DNS 服务器中有一个所有域信息的完整复制，可以权威地回答对该域的查询请求。配置辅助 DNS 服务器不需要生成本地区文件，因为可以从主服务器下载该区文件。因而只需配置主配置文件、高速缓存文件和回送文件就可以了。

● 唯高速缓存（Caching-only）DNS 服务器

供本地网络上的客户机用来进行域名转换。它通过查询其他 DNS 服务器并将获得的信息存放在它的高速缓存中，为客户机查询信息提供服务。唯高速缓存 DNS 服务器不是权威性的服务器，因为它提供的所有信息都是间接信息。

6.1.2 DNS 查询模式

按照 DNS 搜索区域的类型，DNS 的区域分为正向搜索区域和反向搜索区域。正向搜索是 DNS 服务的主要功能，它根据计算机的 DNS 名称（域名），解析出相应的 IP 地址；而反向搜索是根据计算机的 IP 地址解析出它的 DNS 名称（域名）。

● 正向查询

正向查询就是根据域名，搜索出对应的 IP 地址。其查询方法为：当 DNS 客户机（也可以是 DNS 服务器）向首选 DNS 服务器发出查询请求后，如果首选 DNS 服务器数据库中没有与查询请求所对应的数据，则会将查询请求转发给另一台 DNS 服务器，依此类推，直到找到与查询请求对应的数据为止，如果最后一台 DNS 服务器中也没有所需的数据，则通知 DNS 客户机查询失败。

● 反向查询

反向查询与正向查询正好相反，它是利用 IP 地址查询出对应的域名。

6.1.3 DNS 域名空间结构

在域名系统中，每台计算机的域名由一系列用点分开的字母数字段组成。例如，某台计算机的 FQDN（Full Qualified Domain Name，完全符合域名）为 computer.jnrp.cn，其具有的域名为 jnrp.cn；另一台计算机的 FQDN 为 www.compter.jnrp.cn，其具有的域名为 computer.jnrp.cn。域名是有层次的,最重要的部分位于右边。FQDN 中最左边的部分是单台计算机的主机名或主机别名。

DNS 域名空间的分层结构如图 6-1 所示。

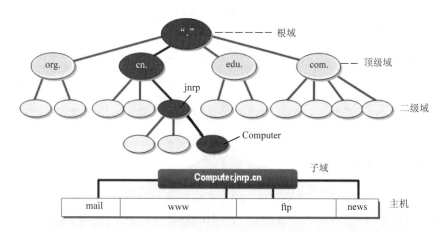

图 6-1 DNS 域名空间结构

整个 DNS 域名空间结构如同一棵倒挂的树,层次结构非常清晰。如上图所示,根域位于顶部,紧接在根域下面的是顶级域,每个顶级域又可以进一步划分为不同的二级域,二级域再划分出子域,子域下面可以是主机也可以再划分子域,直到最后的主机。Internet 中的域是由 InterNIC 负责管理的,域名的服务则由 DNS 来实现。

6.1.4 DNS 域名解析过程

DNS 域名解析过程如图 6-2 所示。

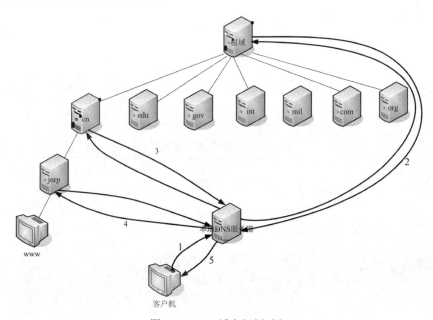

图 6-2 DNS 域名解析过程

（1）客户机提出域名解析请求，并将该请求发送给本地的域名服务器。

（2）当本地的域名服务器收到请求后，就先查询本地的缓存，如果有该记录项，则本地的域名服务器就直接把查询的结果返回。

（3）如果本地的缓存中没有该记录，则本地域名服务器就直接把请求发给根域名服务器，然后根域名服务器再返回给本地域名服务器一个所查询域（根的子域）的主域名服务器的地址。

（4）本地服务器再向上一步返回的域名服务器发送请求，然后接受请求的服务器查询自己的缓存，如果没有该记录，则返回相关的下级的域名服务器的地址。

（5）重复（4），直到找到正确的记录。

（6）本地域名服务器把返回的结果保存到缓存，以备下一次使用，同时还将结果返回给客户机。

6.1.5　DNS 常见资源记录

从 DNS 服务器返回的查询结果可以分为两类：权威的（authoritative）和非权威的（non-authoritative）。所谓权威的查询结果，是指该查询结果是从被授权管理该区域的域名服务器的数据库中查询而来的。所谓非权威的查询结果，是指该查询结果来源于非授权的域名服务器，是该域名服务器通过查询其他域名服务器而不是本地数据库得来的。

在能够返回权威查询结果的域名服务器中存在一个本地数据库，该数据库中存储与域名解析相关的条目，这些条目称为 DNS 资源记录。

资源记录的内容通常包括 5 项，基本格式如下：

| Domain | TTL | Class | Record Type | Record Data |

各项的含义如表 6-1 所示。

表 6-1　资源记录条目中各项含义

项目	含义
域名（Domain）	拥有该资源记录的 DNS 域名
存活期（TTL）	该记录的有效时间长度
类别（Class）	说明网络类型，目前大部分资源记录采用"IN"，表示 Internet
记录类型（Record Type）	说明该资源记录的类型，常见资源记录类型如表 6-2 所示
记录数据（Record Data）	说明和该资源记录有关的信息，通常是解析结果，该数据格式和记录类型有关

表 6-2　DNS 资源记录类型

资源记录类型	说明
A	主机资源记录，建立域名到 IP 地址的映射
CNAME	别名资源记录，为其他资源记录指定名称的替补
SOA	起始授权机构
NS	名称服务器，指定授权的名称服务器
PTR	指针资源记录，用来实现反向查询，建立 IP 地址到域名的映射
MX	邮件交换记录，指定用来交换或者转发邮件信息的服务器
HINFO	主机信息记录，指明 CPU 与 OS

例如为了能够解析 www.jnrp.cn 这个域名所对应的 IP 地址，需要在 jnrp.cn 所在的域名服务器中添加如下条目：

```
www.jnrp.cn.      IN      A      192.168.0.1
```

或者：

```
www               IN      A      192.168.0.1
```

6.1.6　/etc/hosts 文件

hosts 文件是 Linux 系统中一个负责 IP 地址与域名快速解析的文件，以 ASCII 格式保存在 /etc 目录下，文件名为"hosts"。hosts 文件包含了 IP 地址和主机名之间的映射，还包括主机名的别名。在没有域名服务器的情况下，系统上的所有网络程序都通过查询该文件来解析对应于某个主机名的 IP 地址，否则就需要使用 DNS 服务程序来解决。通常可以将常用的域名和 IP 地址映射加入到 hosts 文件中，实现快速方便的访问。hosts 文件的格式如下：

```
IP 地址        主机名/域名
```

【例 6-1】假设要添加域名为 www.jnrp.cn，IP 地址为 192.168.0.1；域名为 computer.jnrp.cn，IP 地址为 192.168.21.1。则可在 hosts 文件中添加如下记录。

```
www.jnrp.cn        192.168.0.1
computer.jnrp.cn   192.168.21.1
```

6.1.7　DNS 规划与域名申请

在建立 DNS 服务之前，进行 DNS 规划是非常必要的。

1. DNS 的域名空间规划

DNS 的域名空间规划是决定如何使用 DNS 命名，以及通过使用 DNS 要达到什么目的。要在 Internet 上使用自己的 DNS，公司必须先向一个授权的 DNS 域名注册颁发机构申请并注册一个二级域名，注册并获得至少一个可在 Internet 上有效使用的 IP 地址。这项业务通常可由 ISP 代理。如果准备使用 Active Directory，则应从 Active Directory 设计着手，并用适当的 DNS 域名空间支持它。

2. DNS 服务器的规划

DNS 服务器的规划是确定网络中需要的 DNS 服务器的数量及其各自的作用，根据通信负载、复制和容错问题，确定在网络上放置 DNS 服务器的位置。对于大多数安装配置来说，为了实现容错，至少应该对每个 DNS 区域使用两台服务器。DNS 被设计成每个区域有两台服务器，一个是主服务器，另一个是备份或辅助服务器。在单个子网环境中的小型局域网上仅使用一台服务器时，可以配置该服务器扮演区域的主服务器和辅助服务器两种角色。

3. 申请域名

活动目录域名通常是该域完整的 DNS 名称。为了确保向下兼容，每个域还应当有一个与 Windows 2000 以前版本相兼容的名称。同时，为了将企业网络与 Internet 很好地整合在一起，实现局域网与 Internet 的相互通信，建议向域名服务商（如万网 http://www.net.cn 和新网 http://www.xinnet.com）申请合法的域名；然后设置相应的域名解析。

若要实现其他网络服务（如 Web 服务、E-mail 服务等），DNS 服务是必不可少的。没有 DNS 服务，就无法将域名解析为 IP 地址，客户端也就无法享受相应的网络服务。若要实现服务器的 Internet 发布，就必须申请合法的 DNS 域名。

6.2 项目设计与准备

6.2.1 项目设计

为了保证校园网中的计算机能够安全可靠地通过域名访问本地网络以及 Internet 资源，需要在网络中部署主 DNS 服务器、辅助 DNS 服务器和缓存 DNS 服务器。

6.2.2 项目准备

（1）安装 Linux 企业服务器版，用作 DHCP 服务器。
（2）安装有 Windows XP 操作系统的计算机一台，用来部署 DNS 客户端。
（3）安装有 Linux 操作系统的计算机一台，用来部署 DNS 客户端。
（4）确定每台计算机的角色，并规划每台计算机的 IP 地址及计算机名。
（5）或者用 VMware 虚拟机软件部署实验环境。

 注意 DNS 服务器的 IP 地址必须是静态的。

6.3 项目实施

任务 1 安装 DNS 服务

Linux 下架设 DNS 服务器通常使用 BIND（Berkeley Internet Name Domain）程序来实现，其守护进程是 named。

1. 安装 BIND 软件包

BIND 是一款实现 DNS 服务器的开放源码软件。

bind-9.3.6-2.p1.el5.i386.rpm：该包为 DNS 服务的主程序包。服务器端必须安装该软件包，后面的数字为版本号（该软件包位于第 2 张 RHEL 5 安装光盘）。

caching-nameserver-9.3.6-2.p1.el5.i386.rpm：DNS 服务器缓存文件软件包。如果没有安装该包，则需要手动建立 named.conf 文件。为了便于管理，通常把 named.conf 建立在/etc 目录下（该软件包位于第 4 张 RHEL 5 安装光盘）。

bind-utils-9.3.6-2.p1.el5.i386.rpm：该包为客户端工具，默认安装，用于搜索域名指令（该软件包位于第 1 张 RHEL 5 安装光盘）。

（1）首先检测系统是否已经安装了 DNS 相关软件。

```
[root@server ~]# rpm  -qa | grep   bind
bind-utils-9.3.6-2.p1.el5
ypbind-1.19-12.el5
bind-libs-9.3.6-2.p1.el5
[root@server ~]# rpm  -qa | grep   caching-nameserver
```

（2）服务器端：将第 2 张系统光盘放入光驱，挂载到/mnt/dns 目录，然后安装 DNS

主程序。

```
[root@server  ~]# mkdir      /mnt/dns              //创建挂载目录
[root@server  ~]# mount  /dev/cdrom    /mnt/dns      //挂载到/mnt/dns 目录
[root@server  ~]# cd      /mnt/dns/Server
[root@server   Server]# dir    bind*.*
[root@server   Server]# rpm  -ivh    bind-9.3.6-2.p1.el5.i386.rpm
```

（3）服务器端：将第 4 张系统光盘放入光驱，挂载到/mnt/dns4 目录，然后安装服务器缓存程序包。

```
[root@server  ~]# mkdir      /mnt/dns4             //创建挂载目录
[root@server  ~]# mount  /dev/cdrom    /mnt/dns4     //挂载到/mnt/dns4 目录
[root@server  ~]# cd      /mnt/dns4/Server
[root@server   Server]# ls    caching-nameserver*.*
[root@server Server]#rpm -ivh   caching-nameserver-9.3.6-2.p1.el5.i386.rpm
```

（4）客户端：安装客户端工具（将第 1 张系统光盘挂载并安装）。

```
[root@Client  ~]# mkdir      /mnt/dns1            //创建挂载目录
[root@Client  ~]# mount  /dev/cdrom    /mnt/dns1    //挂载到/mnt/dns1 目录
[root@Client  ~]# cd      /mnt/dns/Server
[root@Client   Server~]# dir    bind*.*
[root@Client   Server~]# rpm –ivh bind-utils-9.3.6-2.p1.el5.i386.rpm
```

2. 安装 chroot 软件包

chroot 也就是 Change Root，用于改变程序执行时的根目录位置。早期的很多系统程序默认所有程序执行的根目录都是"/"，这样黑客或者其他的不法分子就很容易通过/etc/passwd 绝对路径来窃取系统机密。有了 chroot，BIND 的根目录就被改变到/var/named/chroot，这样即使黑客突破了 BIND 账号，也只能访问/var/named/chroot，能把攻击对系统的危害降低到最小。

为了让 DNS 以更加安全的状态运行，我们也需要安装 chroot。将 Red Hat Enterprise Linux 5 的第 2 张安装盘放入光驱（或者直接放入 Red Hat Enterprise Linux 5 的 DVD 安装光盘），加载光驱后，在光盘的 Server 目录下可以找到 chroot 的 RPM 安装包 bind-chroot-9.3.6-2.p1.el5.i386.rpm。使用下面的命令安装它（第 2 张光盘已提前挂载到/mnt/dns 本地目录）。

```
[root@server  ~]#rpm –ivh   /mnt/dns/Server/bind-chroot-9.3.6-2.p1.el5.i386.rpm
```

① 当 BIND 包安装完后，会在/usr/sbin 目录下出现 bind-chroot-admin 文件，这是一个与 chroot 有关的命令文件，利用它，可以禁用或启用 chroot 功能，也可以使虚拟根目录下的named 配置文件与实际根目录下的named 配置文件进行同步。其命令格式如下所示：# bind-chroot-admin -[e|d|s]。
在 bind-chroot-admin 命令后加-e 选项可以启用 chroot 功能，加-d 选项则禁用 chroot 功能，加-s 选项可同步配置文件。使用此命令前必须建立/var/log/named.log 和/var/named/chroot/var/log/named.log 两个目录。
② 在实际工作中，最好启用 chroot 功能，可以使服务器的安全性能得到提高。启用了 chroot 后，由于 BIND 程序的虚拟目录是/var/named/chroot，所以 DNS 服务器的配置文件、区域数据文件和配置文件内的语句，都是相对这个虚拟目录而言的。如/etc/named.conf 文件的真正路径是/var/named/chroot/etc/named.conf，/var/named 目录的真正路径是/var/named/chroot/var/named。

RHEL5.4 有一点小 bug，自动建立日志文件会有问题，主要是权限的事情，手工改了权限会解决问题。但是启用禁用一下 chroot 后，权限会被重新设置，日志文件的权限也会发生变化，又造成日志无法写入的问题，这时需要再次手工更改权限。

3. 启动与停止 DNS 服务

Red Hat Enterprise Linux 5 中内置的 DNS 程序是被安装为服务方式运行的，所以遵循一般的启动、停止规范。

（1）启动/停止/重新启动 DNS 服务

如果 DNS 已经安装成功，要启动/停止/重新启动它是很简单的。

```
[root@server ~]# service    named    start
[root@server ~]# service    named    stop
[root@server ~]# service    named    restart
```

（2）让 DNS 服务自动运行

需要注意的是，如上启动的 DNS 服务只能运行到计算机关机之前，下一次系统重新启动后就又需要重新启动它了。能不能让它随系统启动而自动运行呢？答案是肯定的，而且操作起来还很简单。

在桌面上单击右键，选择"打开终端"，在打开的"终端"窗口中输入"ntsysv"命令，就打开了 Red Hat Enterprise Linux 5 下的"服务"配置小程序，找到"named"，并在它前面加上"*"号。这样，DNS 服务就会随系统启动而自动运行了。

在 Red Hat Enterprise Linux 5 中启动/停止/重启一个服务有很多种不同的方法，比如我们可以如此来完成：

```
[root@server ~]# /etc/init.d/named    start
[root@server ~]# /etc/init.d/named    stop
[root@server ~]# /etc/init.d/named    restart
```

任务 2　掌握 BIND 配置文件

一般的 DNS 配置文件分为全局配置文件、主配置文件和正反向解析区域声明文件。下面介绍各配置文件的配置方法。

子任务 1　认识全局配置文件

在/var/named/chroot/etc 目录下可利用"cp -p named.caching-nameserver.conf   named.conf"命令将模板 named.caching-nameserver.conf 复制为 named.conf 进行配置。注意，使用 p 参数，可保留该文件原有的属组。

该文件的每一行都以分号作为结束符，行注释可使用"#"或者"//"。对多行文字的注释采用/*……*/。

```
[root@server etc]# pwd
/var/named/chroot/etc
[root@server etc]# cat named.conf
//
```

```
// named.caching-nameserver.conf
//
// Provided by Red Hat caching-nameserver package to configure the
// ISC BIND named(8) DNS server as a caching only nameserver
// (as a localhost DNS resolver only).
//
// See /usr/share/doc/bind*/sample/ for example named configuration files.
//
// DO NOT EDIT THIS FILE - use system-config-bind or an editor
// to create named.conf - edits to this file will be lost on
// caching-nameserver package upgrade.
//以下用于指定 BIND 服务的参数
options {
listen-on port 53 { 127.0.0.1; };//指定 BIND 侦听的 DNS 查询请求的本机 IP 地址及端口
listen-on-v6 port 53 { ::1; };                //限于 IPv6
directory "/var/named";                       //指定区域配置文件所在的路径
dump-file "/var/named/data/cache_dump.db";
statistics-file "/var/named/data/named_stats.txt";
memstatistics-file "/var/named/data/named_mem_stats.txt";
// Those options should be used carefully because they disable port
// randomization
// query-source port 53;                      //指定客户端在提交 DNS 查询时必须使用的源端口
// query-source-v6 port 53;
allow-query { localhost; };                   //指定接收 DNS 查询请求的客户端
allow-query-cache { localhost; };
allow-transfer { 192.168.0.11; };             //允许将 DNS 数据传输到 192.168.0.11
};
//以下用于指定 BIND 服务的日志参数
logging {
channel default_debug {
file "data/named.run";
severity dynamic;
};
};
view localhost_resolver {                      //用于指定主配置文件存放路径及名称
        match-clients { localhost; };          //指定提交 DNS 客户端的源 IP 地址范围
        match-destinations { localhost; };     //指定提交 DNS 客户端的目标 IP 地址范围
        recursion yes;                         //指定是否允许递归查询
        include "/etc/named.rfc1912.zones";    //指定主配置文件
};
```

options 配置段属于全局性的设置，常用配置项命令及功能如下：

- directory：用于指定 named 守护进程的工作目录，各区域正反向搜索解析文件和 DNS 根服务器地址列表文件（named.ca）应放在该配置项指定的目录中。

- allow-query{}与此功能相同。另外，还可使用地址匹配符来表达允许的主机。比如，any 可匹配所有的 IP 地址，none 不匹配任何 IP 地址，localhost 匹配本地主机使用的所有 IP 地址，localnets 匹配同本地主机相连的网络中的所有主机。若仅允许 127.0.0.1 和 192.168.1.0/24 网段的主机查询该 DNS 服务器，则命令为：allow-query{127.0.0.1; 192.168.1.0/24;}。

- listen-on：设置 named 守护进程监听的 IP 地址和端口。若未指定，默认监听 DNS 服务器的所有 IP 地址的 53 号端口。当服务器安装有多块网卡，有多个 IP 地址时，可通过该配置命令指定所要监听的 IP 地址。对于只有一个地址的服务器，不必设置。例如若要设置 DNS 服务器监听 192.168.1.2 这个 IP 地址，端口使用标准的 5353 号，则配置命令为 "listen-on   5353{192.168.1.2;};"。

- forwarders{}：用于定义 DNS 转发器。当设置了转发器后，所有非本域的和在缓存中无法找到的域名查询，可由指定的 DNS 转发器来完成解析工作并做缓存。forward 用于指定转发方式，仅在 forwarders 转发器列表不为空时有效，其用法为："forward first | only ;"。forward first 为默认方式，DNS 服务器会将用户的域名查询请求，先转发给 forwarders 设置的转发器，由转发器来完成域名的解析工作，若指定的转发器无法完成解析或无响应，则再由 DNS 服务器自身来完成域名的解析。若设置为 "forward only ;"，则 DNS 服务器仅将用户的域名查询请求转发给转发器，若指定的转发器无法完成域名解析或无响应，DNS 服务器自身也不会试着对其进行域名解析。例如，某地区的 DNS 服务器为 61.128.192.68 和 61.128.128.68，若要将其设置为 DNS 服务器的转发器，则配置命令为：

```
options{
    forwarders {61.128.192.68;61.128.128.68;};
    forward first;
};
```

子任务 2　认识主配置文件

主配置文件位于/var/named/chroot/etc 目录下。可将 named.rfc1912.zones 复制为全局配置文件中指定的主配置文件。

```
[root@server etc]# cat named.rfc1912.zones
// named.rfc1912.zones:
//
// Provided by Red Hat caching-nameserver package
//
// ISC BIND named zone configuration for zones recommended by
// RFC 1912 section 4.1 : localhost TLDs and address zones
//
// See /usr/share/doc/bind*/sample/ for example named configuration files.
//以下用于定义根域的区域声明
zone "." IN {
    type hint;
    file "named.ca";
};
//以下用于定义区域名称，正向查询区域
zone "localdomain" IN {
    type master;                        //主要区域
```

```
        file "localdomain.zone";              //指定正向查询区域配置文件
        allow-update { none; };
    };
    zone "localhost" IN {
        type master;
        file "localhost.zone";
        allow-update { none; };
    };
    zone "0.0.127.in-addr.arpa" IN {          //反向解析区域
        type master;
        file "named.local";                   //指定反向解析区域配置文件
        allow-update { none; };
    };
    zone "0.0.0.0.0.0.0.0.0.0.0.0.0.0.0.0.0.0.0.0.0.0.0.0.0.0.0.0.0.0.0.0.ip6.arpa" IN {
    type master;
    file "named.ip6.local";
    allow-update { none; };
    };
    zone "255.in-addr.arpa" IN {
    type master;
    file "named.broadcast";
    allow-update { none; };
    };
    zone "0.in-addr.arpa" IN {
    type master;
    file "named.zero";
    allow-update { none; };
    };
```

1. Zone 区域声明说明

（1）主域名服务器的正向解析区域声明格式为：

```
zone   "区域名称" IN {
    type master ;
    file   "实现正向解析的区域文件名";
    allow-update {none;};
};
```

（2）从域名服务器的正向解析区域声明格式为：

```
zone   "区域名称" IN {
    type slave ;
    file   "实现正向解析的区域文件名";
    masters {主域名服务器的 IP 地址;};
};
```

反向解析区域的声明格式与正向相同，只是 file 所指定要读的文件不同，另外就是区域的名称不同。若要反向解析 x.y.z 网段的主机，则反向解析的区域名称应设置为：z.y.x.in-addr.arpa。

2. 根区域文件/var/named/chroot/var/named/named.ca

/var/named/named.ca 是一个非常重要的文件，该文件包含了 Internet 的顶级域名服务器的名字和地址。利用该文件可以让 DNS 服务器找到根 DNS 服务器，并初始化 DNS 的缓冲区。当 DNS 服务器接到客户端主机的查询请求时，如果在 Cache 中找不到相应的数据，就会通过根服务器进行逐级查询。/var/named/chroot/var/named/named.ca 文件的主要内容如图 6-3 所示。

```
root@localhost:~
文件(F) 编辑(E) 查看(V) 终端(T) 标签(B) 帮助(H)

;; ANSWER SECTION:
.                       518400  IN      NS      D.ROOT-SERVERS.NET.
.                       518400  IN      NS      E.ROOT-SERVERS.NET.
.                       518400  IN      NS      F.ROOT-SERVERS.NET.
.                       518400  IN      NS      G.ROOT-SERVERS.NET.
.                       518400  IN      NS      H.ROOT-SERVERS.NET.
.                       518400  IN      NS      I.ROOT-SERVERS.NET.
.                       518400  IN      NS      J.ROOT-SERVERS.NET.
.                       518400  IN      NS      K.ROOT-SERVERS.NET.
.                       518400  IN      NS      L.ROOT-SERVERS.NET.
.                       518400  IN      NS      M.ROOT-SERVERS.NET.
.                       518400  IN      NS      A.ROOT-SERVERS.NET.
.                       518400  IN      NS      B.ROOT-SERVERS.NET.
.                       518400  IN      NS      C.ROOT-SERVERS.NET.

;; ADDITIONAL SECTION:
A.ROOT-SERVERS.NET.     3600000 IN      A       198.41.0.4
A.ROOT-SERVERS.NET.     3600000 IN      AAAA    2001:503:ba3e::2:30
B.ROOT-SERVERS.NET.     3600000 IN      A       192.228.79.201
C.ROOT-SERVERS.NET.     3600000 IN      A       192.33.4.12
D.ROOT-SERVERS.NET.     3600000 IN      A       128.8.10.90
E.ROOT-SERVERS.NET.     3600000 IN      A       192.203.230.10
```

图 6-3 named.ca 文件

- 以“;”开始的行都是注释行。
- 其他每两行都和某个域名服务器有关，分别是 NS 和 A 资源记录。
- 行“. 518400 IN NS A.ROOT-SERVERS. NET.”的含义是：“.”表示根域；518400 是存活期；IN 是资源记录的网络类型，表示 Internet 类型；NS 是资源记录类型；“A.ROOT-SERVERS.NET.”是主机域名。
- 行“A.ROOT-SERVERS.NET. 3600000 IN A 198.41.0.4” 的含义是：A 资源记录用于指定根域服务器的 IP 地址。“A.ROOT-SERVERS.NET.”是主机名；3600000 是存活期；A 是资源记录类型；最后对应的是 IP 地址。
- 其他各行的含义与上面两项基本相同。

由于 named.ca 文件经常会随着根服务器的变化而发生变化，所以建议最好从国际互联网络信息中心（InterNIC）的 FTP 服务器下载最新的版本，下载地址为：ftp://ftp.internic.net/domain/。文件名为 named.root。

子任务 3 认识区域配置文件

位于/var/named/chroot/var/named 目录下。

（1）正向、反向解析区域配置模板

localdomain.zone、named.local 为正向、反向解析区域配置模板，可复制为主配置文件中指定的文件名。

```
[root@server etc]# cat localdomain.zone
$TTL 86400
@ IN SOA localhost. root.localhost. (
                                        42 ; serial (d. adams)
                                        3H ; refresh
                                        15M ; retry
```

```
                                      1W ; expiry
                                      1D ) ; minimum
                  IN            NS            localhost.
localhost    IN            A            127.0.0.1

[root@server etc]# cat named.local
$TTL 86400
@ IN SOA localhost. root.localhost. (
                                      42 ; serial (d. adams)
                                      3H ; refresh
                                      15M ; retry
                                      1W ; expiry
                                      1D ) ; minimum
                  IN            NS            localhost.
1            IN            PTR            localhost.
```

（2）/var/named/chroot/var/named/localhost.zone

该文件是主机名 localhost 到本地回环地址 127.0.0.1 的正向解析文件。该文件不需要修改，可以直接使用。文件内容如下：

```
[root@Server ~]# cat /var/named/chroot/var/named/localhost.zone
$TTL        86400
@                  IN SOA     @            root   (
                                      42                       ; serial (d. adams)
                                      3H                       ; refresh
                                      15M                      ; retry
                                      1W                       ; expiry
                                      1D )                     ; minimum

            IN     NS            @
            IN     A            127.0.0.1
            IN     AAAA         :: 1
```

（3）/var/named/chroot/var/named/named.local

该文件是本地回环地址 127.0.0.1 到主机名 localhost 的反向解析。文件内容如下：

```
[root@Server ~]# cat /var/named/chroot/var/named/named.local
$TTL        86400
@            IN          SOA          localhost. root.localhost.   (
                                      1997022700 ; Serial
                                      28800          ; Refresh
                                      14400          ; Retry
                                      3600000        ; Expire
                                      86400 )        ; Minimum
            IN     NS          localhost.
1            IN     PTR          localhost.
```

任务 3   配置 DNS 服务器

本节将结合具体实例介绍缓存 DNS、主 DNS、辅助 DNS 等各种 DNS 服务器的配置。

1. 缓存 DNS 服务器的配置

缓存 DNS 服务器配置很简单，不需要区域文件，配置好/var/named/chroot/etc/named.conf 就可以了。一般电信的 DNS 都是缓存域名服务器。重要的是配置好如下两项内容：

- forward only：指明这个服务器是缓存域名服务器。
- forwarders { 转发 DNS 请求到哪个服务器 IP；}：转发 DNS 请求到哪个服务器。

这样一个简单的缓存域名服务器就架设成功了，一般缓存域名服务器都是 ISP 或者大公司才会使用。

2. 主 DNS 服务器的配置

下面以建立一个主区域 jnrp.cn 为例，讲解主 DNS 服务器的配置。

【例 6-2】某校园网要架设一台 DNS 服务器负责 jnrp.cn 域的域名解析工作。DNS 服务器的 FQDN 为 dns.jnrp.cn，IP 地址为 192.168.1.2。要求为以下域名实现正反向域名解析服务：

dns.jnrp.cn		192.168.1.2
mail.jnrp.cn	MX 记录	192.168.0.3
slave.jnrp.cn		192.168.1.4
forward.jnrp.cn		192.168.0.6
www.jnrp.cn		192.168.0.5
computer.jnrp.cn		192.168.22.98
ftp.jnrp.cn		192.168.0.11
stu.jnrp.cn		192.168.21.22

另外为 www.jnrp.cn 设置别名为 web.jnrp.cn。

（1）编辑 named.conf 文件

named.conf 文件在/var/named/chroot/etc 目录下。把 options 选项中的侦听 IP "127.0.0.1" 改成 "any"，把允许查询网段 "allow-query" 后面的 "localhost" 改成 "any"。在 view 选项中修改 "指定提交 DNS 客户端的源 IP 地址范围" 和 "指定提交 DNS 客户端的目标 IP 地址范围" 为 "any"，同时指定主配置文件为 named.zones。修改后相关内容如下：

```
options {
        listen-on port 53 { any; };
        listen-on-v6 port 53 { ::1; };                      //限于 IPv6
        directory "/var/named";                             //指定区域配置文件所在的路径
        dump-file "/var/named/data/cache_dump.db";
        statistics-file "/var/named/data/named_stats.txt";
        memstatistics-file "/var/named/data/named_mem_stats.txt";
        // Those options should be used carefully because they disable port
        // randomization
        // query-source port 53;              //指定客户端在提交 DNS 查询时必须使用的源端口
        // query-source-v6 port 53;
        allow-query { any; };                  //指定接收 DNS 查询请求的客户端
        allow-query-cache { localhost; };
        allow-transfer { 192.168.0.11; };      //允许将 DNS 数据传输到 192.168.0.11
};
view localhost_resolver {
        match-clients { any; };
        match-destinations { any; }; recursion yes;
```

```
                include "/etc/named.zones";
    };
```

（2）复制主配置文件的例子文件

主配置文件的例子文件在/var/named/chroot/etc 目录下。利用"cp -p named.rfc1912.zones named.zones"复制主配置文件的例子文件。使用"vim named.zones"编辑增加以下内容：

```
[root@Server ~]#vi /var/named/chroot/etc/named.zones
zone "jnrp.cn" IN {
        type master;
        file "jnrp.cn.zone";
};
zone "168.192.in-addr.arpa" IN {
        type master;
        file "192.168.zone";
};
```

（3）修改 bind 的区域配置文件

1）在/var/named/chroot/var/named 目录下，创建 jnrp.cn.zone 正向区域文件。

bind 的区域配置文件位于/var/named/chroot/var/named 目录下。利用"cp -p named.zero jnrp.cn.zone"复制正向区域配置文件，并编辑修改。

```
[root@Server ~]# vi /var/named/chroot/var/named/jnrp.cn.zone
$TTL    86400
@               IN SOA  dns.jnrp.cn. mail.jnrp.cn.(
                                    42          ; serial
                                    3H          ; refresh
                                    15M         ; retry
                                    1W          ; expiry
                                    1D          ; minimum
)

@           IN   NS         dns.jnrp.cn.
@           IN   MX    10   mail.jnrp.cn.

dns         IN   A          192.168.1.2
mail        IN   A          192.168.0.3
slave       IN   A          192.168.1.4
www         IN   A          192.168.0.5
forward     IN   A          192.168.0.6
computer    IN   A          192.168.22.98
ftp         IN   A          192.168.0.11
stu         IN   A          192.168.21.22
web         IN   CNAME      www.jnrp.cn.
```

2）在/var/named/chroot/var/named 目录下，创建 192.168.zone 反向区域文件。

bind 的区域配置文件位于/var/named/chroot/var/named 目录下。利用"cp -p named.local 192.168.zone"复制反向区域配置文件，并编辑修改。

```
[root@Server ~]# vi   /var/named/chroot/var/named/192.168.zone
```

```
$TTL      86400
@         IN SOA   dns.jnrp.cn. mail.jnrp.cn. (
                                   1997022700              ; serial
                                   28800                   ; refresh
                                   14400                   ; retry
                                   3600000                 ; expiry
                                   86400                   ; minimum
)

@         IN NS             dns.jnrp.cn.
@         IN MX      10     mail.jnrp.cn.

2.1       IN PTR            dns.jnrp.cn.
3.0       IN PTR            mail.jnrp.cn.
4.1       IN PTR            slave.jnrp.cn.
5.0       IN PTR            www.jnrp.cn.
6.0       IN PTR            forward.jnrp.cn.
98.22     IN PTR            computer.jnrp.cn.
11.0      IN PTR            ftp.jnrp.cn.
22.21     IN PTR            stu.jnrp.cn.
```

（4）重新启动 DNS 服务

```
[root@Server ~]# service named restart
或者
[root@Server ~]# service named reload
```

（5）几个重要说明

① 正反向区域文件的名称一定要与/var/named/chroot/etc/named.conf 文件中 zone 区域声明中指定的文件名一致。

② 正反向区域文件的所有记录行都要顶头写，前面不要留有空格，否则可导致 DNS 服务不能正常工作。

③ 第一个有效行为 SOA 资源记录。该记录的格式如下：

```
@                 IN SOA   origin. Contact.(
                                   1997022700              ; serial
                                   28800                   ; refresh
                                   14400                   ; retry
                                   3600000                 ; expiry
                                   86400                   ; minimum
)
```

- @是该域的替代符，例如 jnrp.cn.zone 文件中的@代表 jnrp.cn。
- IN 表示网络类型。
- SOA 表示资源记录类型。
- origin 表示该域的主域名服务器的 FQDN，用 "." 结尾表示这是个绝对名称。例如 jnrp.cn.zone 文件中的 origin 为 dns.jnrp.cn.。
- Contact 表示该域的管理员的电子邮件地址。它是正常 Email 地址的变通，将@变为 "."。例如 jnrp.cn.zone 文件中的 contact 为 mail.jnrp.cn.。

- serial 为该文件的版本号，是辅助 DNS 服务器和主 DNS 服务器进行时间同步用的，每次修改数据库文件后，都应更新该序列号。习惯上用"yyyymmddnn"，即年月日后加两位数字，表示一日之中第几次修改。

- refresh 为更新时间间隔。辅助 DNS 服务器根据此时间间隔周期性地检查主 DNS 服务器的序列号是否改变，如果改变则更新自己的数据库文件。

- retry 为重试时间间隔。当辅助 DNS 服务器没有能从主 DNS 服务器更新数据库文件时，在定义的重试时间间隔后重新尝试。

- expiry 为过期时间。如果辅助 DNS 服务器在所定义的时间间隔内没有能够与主 DNS 服务器或另一台 DNS 服务器取得联系，则该辅助 DNS 服务器上的数据库文件被认为无效，不再响应查询请求。

- minimum 为最小时间间隔，单位是秒。对于没有特别指定存活周期的资源记录，默认取 minimum 的值为 1 天，即 86400 秒。

④ 行"@　　IN　NS　　dns.jnrp.cn."说明该域的域名服务器，至少应该定义一个。

⑤ 行"@　　IN　MX　10　　mail.jnrp.cn."用于定义邮件交换器，其中 10 表示优先级别，数字越小，优先级别越高。

⑥ 类似于行"www　IN　A　192.168.0.5"是一系列的主机资源记录，表示主机名和 IP 地址的对应关系。

⑦ 行"web　IN　CNAME　　www.jnrp.cn."定义的是别名资源记录，表示 web.jnrp.cn. 是 www.jnrp.cn.的别名。

⑧ 类似于行"98.22　　IN PTR　computer.jnrp.cn."是指针资源记录，表示 IP 地址与主机名称的对应关系。其中 PTR 使用相对域名，如"98.22"，表示"98.22.168.192. in-addr.arpa"，它表示 IP 地址为 192.168.22.98。

任务 4　配置 DNS 客户端

DNS 客户端的配置非常简单，假设本地首选 DNS 服务器的 IP 地址为 192.168.1.2，备用 DNS 服务器的 IP 地址为 192.168.0.9，DNS 客户端的设置如下所示。

1. 配置 Windows 客户端

打开"Internet 协议（TCP/IP）属性"对话框，在如图 6-4 所示的对话框中输入首选和备用 DNS 服务器的 IP 地址即可。

2. 配置 Linux 客户端

在 Linux 系统中可以通过修改/etc/resolv.conf 文件来设置 DNS 客户端，如下所示：

```
[root@Server ~]# vi /etc/resolv.conf
    nameserver 192.168.1.2
    nameserver 192.168.0.9
    search   jnrp.cn
```

其中 nameserver 指明域名服务器的 IP 地址，可以设置多个 DNS 服务器，查询时按照文件中指定的顺序进行域名解析，只有当第一个 DNS 服务器没有响应时才向下面的 DNS 服务器发出域名解析请求。search 用于指明域名搜索顺序，当查询没有域名后缀的主机名时，将会自动附加由 search 指定的域名。

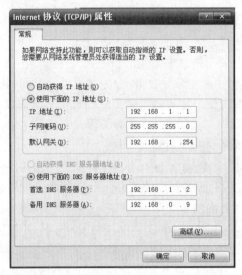

图 6-4　Windows 系统中 DNS 客户端配置

在 Linux 系统的图形界面下也可以利用网络配置工具（可以利用 system-config-network 命令打开）进行设置。

任务 5　使用 nslookup 测试 DNS

BIND 软件包提供了 3 个 DNS 测试工具：nslookup、dig 和 host。其中 dig 和 host 是命令行工具，而 nslookup 命令既可以使用命令行模式也可以使用交互模式。

下面举例说明 nslookup 命令的使用方法。

```
//运行 nslookup 命令
[root@Server ~]# nslookup
//正向查询，查询域名 www.jnrp.cn 所对应的 IP 地址
> www.jnrp.cn
Server:          192.168.1.2
Address:         192.168.1.2#53

Name:     www.jnrp.cn
Address: 192.168.0.5
//反向查询，查询 IP 地址 192.168.1.2 所对应的域名
> 192.168.1.2
Server:          192.168.1.2
Address:         192.168.1.2#53

2.1.168.192.in-addr.arpa          name = dns.jnrp.cn.
//显示当前设置的所有值
> set all
Default server: 192.168.1.2
Address: 192.168.1.2#53
Default server: 192.168.0.1
Address: 192.168.0.1#53
```

```
Default server: 192.168.0.5
Address: 192.168.0.5#53

Set options:
    novc              nodebug          nod2
    search            recurse
    timeout = 0       retry = 2        port = 53
    querytype = A     class = IN
    srchlist =
//查询jnrp.cn域的NS资源记录配置
> set type=NS      //此行中type的取值还可以为SOA、MX、CNAME、A、PTR以及any等
> jnrp.cn
Server:         192.168.1.2
Address:        192.168.1.2#53
jnrp.cn nameserver = dns.jnrp.cn.
```

练习题六

一、填空题

1. 在 Linux 环境下，能实现域名解析的功能软件模块是（　　）。

    A．apache   B．dhcpd   C．BIND   D．SQUID

2. www.jnrp.edu.cn 是 Internet 中主机的（　　）。

    A．用户名   B．密码   C．别名

    D．IP 地址   E．FQDN

3. 在 DNS 服务器配置文件中 A 类资源记录是什么意思?（　　）。

    A．官方信息   B．IP 地址到名字的映射

    C．名字到 IP 地址的映射   D．一个 name server 的规范

4. 在 Linux DNS 系统中，根服务器提示文件是（　　）。

    A．/etc/named.ca   B．/var/named/named.ca

    C．/var/named/named.local   D．/etc/named.local

5. DNS 指针记录的标志是（　　）。

    A．A   B．PTR   C．CNAME   D．NS

6. DNS 服务使用的端口是（　　）。

    A．TCP 53   B．UDP 53   C．TCP 54   D．UDP 54

7. 以下哪个命令可以测试 DNS 服务器的工作情况?（　　）

    A．ig   B．host   C．nslookup   D．named-checkzone

8. 下列哪个命令可以启动 DNS 服务?（　　）

    A．service named start   B．/etc/init.d/named start

    C．service dns start   D．/etc/init.d/dns start

9. 指定域名服务器位置的文件是（　　）。

A．/etc/hosts   B．/etc/networks   C．/etc/resolv.conf   D．/.profile

10．主域名服务器在 DNS 配置文件/etc/named.conf 中由 zone 语句中的"type master;"来定义。这种说法（　　）。

A．正确   B．错误

二、填空题

1．在 Internet 中计算机之间直接利用 IP 地址进行寻址，因而需要将用户提供的主机名转换成 IP 地址，我们把这个过程称为_____。

2．DNS 提供了一个_____的命名方案。

3．DNS 顶级域名中表示商业组织的是_____。

4．_____表示主机的资源记录，_____表示别名的资源记录。

5．写出可以用来检测 DNS 资源创建是否正确的两个工具：_____、_____。

6．DNS 服务器的查询模式有_____、_____。

7．DNS 服务器分为四类：_____、_____、_____、_____。

8．一般在 DNS 服务器之间的查询请求属于_____查询。

实训　配置与管理 DNS 服务器

一、实训目的

掌握 Linux 下主 DNS、辅助 DNS 和转发器 DNS 服务器的配置与调试方法。

二、实训内容

练习主 DNS、辅助 DNS 和转发器 DNS 服务器的配置与管理方法。

三、实训环境

在 VMware 虚拟机中启动三台 Linux 服务器，IP 地址分别为 192.168.203.1、192.168.203.2 和 192.168.203.3。并且要求此 3 台服务器已安装了 DNS 服务所对应的软件包。

四、实训练习

（1）配置主域名服务器：

在 IP 地址为 192.168.203.1 的服务器上，配置主域名服务器来负责区域"long.com"的解析工作。同时负责对应的反向查找区域。

①在/var/named/chroot/etc/named.conf 主配置文件中添加如下内容：

```
zone "long.com" {
type master;
file "long.com.zone";
};
zone "203.168.192.in-addr.arpa" {
type master;
```

```
file "192.168.203.zone";
};
```

②在/var/named/chroot/var/named 目录下创建区域文件 long.com.zone，内容如下：

```
$TTL 1D
    @   IN  SOA www.long.com.  mail.long.com.  （
        2007101100
        3H
        15M
        1W
        1D
)
@   IN    NS  www.long.com.
@   IN    MX  10  www.long.com.

www     IN    A    192.168.203.1
mail    IN    A    192.168.203.1
forward IN    A    192.168.203.2
slave   IN    A    192.168.203.3
ftp     IN  A   192.168.203.101
www1    IN  CNAME  www.long.com.
www2    IN  CNAME  www.long.com.
www3    IN  CNAME  www.long.com.
```

③在/var/named/chroot/var/named 目录下创建区域文件 192.168.203.zone，内容如下：

```
$TTL 1D
@   IN  SOA www.long.com.  mail.long.com.  （
2007101100
        3H
        15M
        1W
        1D
)
@   IN    NS  www.long.com.
@   IN    MX  10  www.long.com.
1   IN    PTR  www.long.com.
1   IN    PTR  mail.long.com.
2   IN    PTR  forward.long.com.
3   IN    PTR  slave.long.com.
101 IN    PTR  ftp.long.com.
```

④重新启动域名服务器。

⑤测试域名服务器，并记录观测到的数据。

（2）配置缓存域名服务器：

在 IP 地址为 192.168.203.2 的 Linux 系统上配置缓存域名服务器。

①在/var/named/chroot//etc/named.conf 中的 "option" 区域添加类似下面的内容：

```
forwarders {192.168.0.9; };
forward only
```

②启动 named 服务。

③测试配置。

（3）配置辅助域名服务器：

在 IP 地址为 192.168.203.3 的 Linux 系统上配置 long.com 区域和 203.168.192.in-addr.arpa 区域的辅助域名服务器。

①在/var/named/chroot/etc/named.conf 文件中添加如下行：

```
zone "long.com" IN {
type slave;
masters { 192.168.203.1; };
file "slave-long.com.zone";
  };

zone "203.168.192.in-addr.arpa" IN {
type slave;
masters { 192.168.203.1; };
file "slave-192.168.203.zone";
  };
```

②重新启动 named 服务。

③检查在/var/named/chroot/var/named 目录下是否自动生成了 slave-long.com.zone 和 slave-192.168.203.zone 文件。

五、实训报告

按要求完成实训报告。

项目 7 配置与管理 NFS 网络文件系统

项目描述:

资源共享是计算机网络的主要应用之一,在不同类 UNIX 系统之间有时需要进行资源共享,而实现资源共享的方法要靠 NFS(网络文件系统)服务。

项目目标:

- NFS 服务的基本原理
- NFS 服务器的配置与调试
- NFS 客户端的配置
- NFS 故障排除

7.1 相关知识

NFS 即网络文件系统(Network File System),是使不同的计算机之间能通过网络进行文件共享的一种网络协议,多用于类 UNIX 系统的网络中。

7.1.1 NFS 服务概述

在 Windows 主机之间可以通过共享文件夹来实现存储远程主机上的文件,而在 Linux 系统中通过 NFS 实现类似的功能。NFS 最早是由 Sun 公司于 1984 年开发出来的,其目的就是让不同计算机、不同操作系统之间可以彼此共享文件。由于 NFS 使用起来非常方便,因此很快得到了大多数的 Linux 和 UNIX 系统的广泛支持,而且还被 IETE(国际互联网工程组)制定为 RFC1904、RFC1813 和 RFC3010 标准。

NFS 网络文件系统具有以下优点:

(1)被所有用户访问的数据可以存放在一台中央主机(NFS 服务器)上并共享出去,而其他不同主机上的用户可以通过 NFS 服务访问中央主机上的共享资源。这样既可以提高资源的利用率,节省客户端本地硬盘的空间,也便于对资源进行集中管理。

(2)客户访问远程主机上的文件和访问本地主机上的资源一样,是透明的。

(3)远程主机上的文件的物理位置发生变化不会影响客户访问方式的变化。

(4)可以为不同客户设置不同的访问权限。

7.1.2 NFS 工作原理

NFS 服务是基于客户/服务器模式的。NFS 服务器是提供输出文件(共享目录文件)的计算机，而 NFS 客户端是访问输出文件的计算机，它可以将输出文件挂载到自己系统中的某个目录文件中，然后像访问本地文件一样去访问 NFS 服务器中的输出文件。

例如，在 Linux 主机 A 中有一个目录文件/source，该文件中有网络中 Linux 主机 B 中用户所需的资源。我们可以把它输出（共享）出来，这样主机 B 上的用户可以把 A:/source 挂载到本机的某个挂载目录（例如/mnt/nfs/source）中，之后 B 上的用户就可以访问/mnt/nfs/source 中的文件了。而实际上主机 B 上的用户访问的是主机 A 上的资源。

NFS 客户和 NFS 服务器通过远程过程调用（Remote Procedure Call，RPC）协议实现数据传输。服务器自开启服务之后一直处于等待状态，当客户主机上的应用程序访问远程文件时，客户主机内核向远程服务器发送一个请求，同时客户进程被阻塞并等待服务器应答。服务器接收到客户请求之后，处理请求并将结果返回给客户端。NFS 服务器上的目录如果可以被远程用户访问，就称为"导出"（export）；客户主机访问服务器导出目录的过程称为挂载（mount）或导入。

使用 NFS 服务，至少需要启动 3 个系统守护进程：

（1）rpc.nfsd：NFS 基本守护进程，主要功能是管理客户端是否能够登入服务器。

（2）rpc.mountd：RPC 安装守护进程，主要功能是管理 NFS 的文件系统。当客户端顺利地通过 rpc.nfsd 登录 NFS 服务器后，在使用 NFS 服务器所提供的文件前，还必须通过文件使用权限的验证，rpc.mountd 会读取 NFS 的配置文件/etc/exports 来对比客户端的权限。

（3）portmap：portmap 的主要功能是进行端口映射工作。当客户端尝试连接并使用 RPC 服务器提供的服务（如 NFS 服务）时，portmap 会将所管理的与服务对应的端口号提供给客户端，从而使客户端可以通过该端口向服务器请求服务。

注意　虽然 portmap 只用于 RPC，但它对 NFS 服务来说是必不可少的。如果 portmap 没有运行，NFS 客户端就无法查找从 NFS 服务器中共享的目录。

7.2　项目设计与准备

在 VMware 虚拟机中启动两台 Linux 系统，一台作为 NFS 服务器，主机名为 server，规划好 IP 地址，比如 192.168.8.188；一台作为 NFS 客户端，主机名为 Client，同样规划好 IP 地址，比如 192.168.8.186。配置一个 NFS 服务器，使得客户机可以浏览 NFS 服务器中特定目录下的内容。

7.3　项目实施

任务 1　安装 NFS 服务

要使用 NFS 服务，首先需要安装 NFS 服务组件，在 Red Hat Enterprise Linux 5 中，在默认情况下，NFS 服务会被自动安装到计算机中。

如果不确定是否安装了 NFS 服务，那就先检查计算机中是否已经安装了 NFS 支持套件。如果没有安装，再安装相应的组件。

1. 所需要的套件

对于 Red Hat Enterprise Linux 5 来说，要启用 NFS 服务器，至少需要两个套件，它们是：

（1）portmap

我们知道，NFS 服务要正常运行，就必须借助 RPC 服务的帮助，做好端口映射工作，而这个工作就是由 portmap 负责的。

（2）nfs-utils

就是提供 rpc.nfsd 和 rpc.mounted 这两个守护进程与其他相关文档、执行文件的套件。这是 NFS 服务的主要套件。

2. 查询

知道了需要这两个套件之后，就要去实际查询一下系统中是否已经安装了这两个套件。用什么程序呢？在 Red Hat Enterprise Linux 5 中，当然是大家都熟悉的 rpm 了。如果组件已经正确安装，会提示相应的版本信息，可以使用下面的命令查询：

```
[root@server ~]# rpm  -qa|grep  nfs-utils
nfs-utils-1.0.9-40.el5
nfs-utils-lib-1.0.8-7.2.z2
[root@server ~]# rpm  -qa|grep  portmap
portmap-4.0-65.2.2.1
```

nfs-utils 和 portmap 组件已经正确安装。

另外，最好再查询一下 NFS 的各个程序是否在正常运行，命令如下。

```
[root@server ~]# rpcinfo  -p
```

如果没有看到 nfs 和 mounted 选项，则说明 NFS 没有运行，需要启动它。使用以下命令可以启动。

```
[root@server ~]# service  portmap  start
[root@server ~]# /etc/rc.d/init.d/nfs  start
```

如果系统没有安装 NFS 和 portmap 服务，这时需插入第 1 张安装光盘，挂载。然后输入下面的命令完成安装。

（1）安装 portmap 服务

```
[root@server server]# rpm  -ivh  portmap-4.0-65.2.2.1
```

（2）安装 NFS 服务

```
[root@ server server]# rpm  -ivh  nfs-utils-1.0.9-40.el5.i386.rpm
```

任务 2   配置 NFS 服务

NFS 服务的配置，主要就是创建并维护/etc/exports 文件。这个文件定义了服务器上的哪几个部分与网络上的其他计算机共享，以及共享的规则都有哪些等。

1. exports 文件的格式

我们现在来看看应该如何设定/etc/exports 这个文件。某些 Linux 发行套件并不会主动提供/etc/exports 文件（比如 Red Hat Enterprise Linux 5 就没有），此时就需要我们自己手动创建了。

```
[root@server ~]# vim  /etc/exports
/tmp1     192.168.0.4/24(ro)        localhost(rw)          *(ro,sync)
#共享目录     [第一台主机（权限）]     [可用主机名]     [其他主机（可用通配符）]
```

- /tmp 分别共享给 3 个不同的主机或域。
- 主机后面以小括号"( )"设置权限参数，若权限参数不止一个时，则以逗号","分开，且主机名与小括号是连在一起的。
- #开始的一行表示注释

在设置/etc/exports 文件时需要特别注意"空格"的使用，因为在此配置文件中，除了分开共享目录和共享主机以及分隔多台共享主机外，其余的情形下都不可使用空格。例如，以下的两个范例就分别表示不同的意义：

/home　Client(rw)
/home　Client　(rw)

在以上的第 1 行中，客户端 Client 对/home 目录具有读取和写入权限，而第 2 行中 Client 对/home 目录只具有读取权限（这是系统对所有客户端的默认值）。而除 Client 之外的其他客户端对/home 目录具有读取和写入权限。

2. 主机名规则

这个文件设置很简单，每一行最前面是要共享出来的目录，然后这个目录可以依照不同的权限共享给不同的主机。

至于主机名称的设定，主要有以下两种方式。

（1）可以使用完整的 IP 地址或者网段，例如 192.168.0.3、192.168.0.0/24 或 192.168.0.0/255.255.255.0 都可以接受。

（2）可以使用主机名称，这个主机名称要在/etc/hosts 内或者使用 DNS，只要能被找到就行（重点是可以找到 IP 地址）。如果是主机名称，那么它可以支持通配符，例如*或？均可以接受。

3. 权限规则

至于权限方面（就是小括号内的参数），常见的参数则有以下几种。

- rw：read-write，可读/写的权限。
- ro：read-only，只读权限。
- sync：数据同步写入到内存与硬盘当中。
- async：数据会先暂存于内存当中，而非直接写入硬盘。
- no_root_squash：登录 NFS 主机使用共享目录的用户，如果是 root，那么对于这个共享的目录来说，它就具有 root 的权限。这个设置"极不安全"，不建议使用。
- root_squash：登录 NFS 主机使用共享目录的用户，如果是 root，那么这个用户的权限将被压缩成匿名用户，通常它的 UID 与 GID 都会变成 nobody（nfsnobody）这个系统账号的身份。
- all_squash：不论登录 NFS 的用户身份如何，它的身份都会被压缩成匿名用户，即 nobody（nfsnobody）。
- anonuid：anon 是指 anonymous（匿名者），前面关于术语 squash 提到的匿名用户的 UID 设定值，通常为 nobody（nfsnobody），但是你可以自行设定这个 UID 值。当然，这个 UID 必须要存在于你的/etc/passwd 当中。
- anongid：同 anonuid，但是变成 Group ID 就可以了。

任务 3　启动与停止 NFS 服务器

Red Hat Enterprise Linux 5 内置的 NFS 程序是被安装为服务方式运行的，所以遵循一般的服务启动、停止规范。不过，由于 NFS 服务依赖于 portmap 服务，所以请先启动 portmap 服务。

1．启动 NFS 服务

如果已经成功安装 NFS 服务，要启动它是很简单的。NFS 服务要正常运行，必须先启动 portmap 服务。使用以下命令就可以启动 NFS 服务。

```
[root@server ~]# service  portmap  start
[root@server ~]# service  nfs  start
```

2．停止 NFS 服务

停止 NFS 服务时不一定要关闭 portmap 服务。

```
[root@server ~]# service  nfs  stop
```

3．重启 NFS 服务

```
[root@server ~]# service  nfs  restart
```

4．让 NFS 服务自动运行

需要注意的是，像上面那样启动的 NFS 服务只能运行到计算机关机之前，下一次系统重新启动后就又需要重新启动它了。能不能让它随系统启动而自动运行呢？答案是肯定的，而且操作起来还很简单。

在桌面上单击鼠标右键，选择"打开终端"，在打开的"终端"窗口输入"ntsysv"命令就打开了 Red Hat Enteprise Linux 5 下的"服务"配置小程序，找到"nfs"，并在它前面加个"*"号，如图 7-1 所示。这样，NFS 服务就会随系统启动而自动运行了。

图 7-1　设置 NFS 服务自动运行

任务 4　了解 NFS 服务的文件存取权限

由于 NFS 服务本身并不具备用户身份验证功能，那么当客户端访问时，服务器该如何识别用户呢？主要有以下标准。

1．root 账户

如果客户端是以 root 账户去访问 NFS 服务器资源，基于安全方面的考虑，服务器会主动将客户端改成匿名用户。所以，root 账户只能访问服务器上的匿名资源。

2．NFS 服务器上有客户端账号

客户端是根据用户和组（UID、GID）来访问 NFS 服务器资源时，如果 NFS 服务器上有对应的用户名和组，就访问与客户端同名的资源。

3．NFS 服务器上没有客户端账号

此时，客户端只能访问匿名资源。

任务 5　在客户端挂接 NFS 文件系统

Linux 下有多个好用的命令行工具，用于查看、连接、卸载、使用 NFS 服务器上的共享资源。

1. 查看 NFS 服务器信息

在 Red Hat Enterprise Linux 5 下查看 NFS 服务器上的共享资源使用的命令为 showmount，它的语法格式如下：

[root@server ～]# **showmount** **[-adehv]** **[ServerName]**

参数说明：

-a：查看服务器上的输出目录和所有连接客户端信息。显示格式为"host:dir"。

-d：只显示被客户端使用的输出目录信息。

-e：显示服务器上所有的输出目录（共享资源）。

比如，服务器的 IP 地址为 192.168.0.3，如果想查看该服务器上的 NFS 共享资源，则可以执行以下命令：

[root@server ～]# **showmount -e 192.168.0.3**

在默认情况下，因为 SELinux 的存在，客户端访问服务器很成问题，此时需要我们在服务器端进行适当的配置，执行以下命令：

[root@server ～]# **setsebool -P portmap_disable_trans=1**

[root@server ～]# **setsebool -P nfs_export_all_pro=1**

2. 加载 NFS 服务器共享目录

在 Red Hat Enterprise Linux 5 中加载 NFS 服务器上的共享目录的命令为 mount（就是那个可以加载其他文件系统的 mount）。

[root@Client ～]# **mount -t NFS 服务器名称或地址:输出目录 挂载目录**

比如，要加载 192.168.0.3 这台服务器上的/exports/rhel 目录，则需要依次执行以下操作：

（1）创建本地目录

首先在客户端创建一个本地目录，用来加载 NFS 服务器上的输出目录。

[root@ Client ～]# **mkdir /mnt/nfs**

（2）加载服务器目录

再使用相应的 mount 命令加载。

[root@Client ～]# **mount -t NFS 192.168.0.3:/exports/rhel /mnt/nfs**

3. 卸载 NFS 服务器共享目录

要卸载刚才加载的 NFS 共享目录，则执行以下命令：

[root@Client ～]# **umount /mnt/nfs**

4. 启动时自动挂接 NFS

我们知道，Red Hat Enterprise Linux 5 下的自动加载文件系统都是在/etc/fstab 中定义的，NFS 文件系统也支持自动加载。

（1）编辑 fstab

用文本编辑器打开/etc/fstab，在其中添加如下一行：

192.168.0.3:/exports/rhel /mnt/nfs nfs default 0 0

（2）使设置生效

执行以下命令重新加载 fstab 文件中定义的文件系统。

[root@Client ～]# **mount -a**

5. 使用时自动挂接

在传统的 NFS 文件系统中，当客户端需要使用 NFS 服务器上的共享资源时，要么在 /etc/fstab 中预先设置，在 Linux 启动时自动挂接；要么就是使用 mount 命令手动挂接。那么，有没有第三种方法让用户用到共享资源时自动挂接，过一段时间不用再自动卸载呢？答案是肯定的。Red Hat Enterprise Linux 5 内置的 autofs 提供了这种可能。

autofs 可以预先定义一些挂接资源，当客户端访问这些资源时才自动挂接；当客户端不使用相应资源 5 分钟（默认设置）后，就自动卸载。autofs 可以自动挂接的文件系统类型也是很多的，比如 smbfs、c 等。

自动挂接的主配置文件是/etc/auto.master。可以用 vim 查看其示例文件。

可以看出，在这个文件中配置自动加载的语法格式为：

MountPoint   map-name

参数说明。

- MountPoint：指定 autofs 的挂接点，比如/home。
- map-name：设置挂接点文件，里面包含所有自动挂接到 MountPoint 下的资源列表。

任务 6　排除 NFS 故障

NFS 故障的诊断与排除，是 NFS 服务器维护中的重要内容。本节将主要介绍 NFS 服务常见故障的诊断与排除。

1. IP 地址问题

在 NFS 服务器上的/etc/exports 文件中配置输出目录时，主机指定如果采用主机名的方法要保证 NFS 客户机的 IP 地址和主机名符合，否则会遭到拒绝。NFS 服务器获得连接自己的客户机 IP 地址后，试图解析为 FQDN，但是如果在/etc/exports 文件中列出的机器名称不完整，NFS 服务器将拒绝服务。例如，服务器默认为 nfs.long.com，可在/etc/exports 文件中列出的是 nfs，这时就要检查/etc/hosts 文件和 DNS 的设置。

在 NFS 客户端挂载 NFS 输出目录时，如果使用主机名而不是 IP 地址来指定 NFS 客户机，同样要确保客户机能够正确解析主机名的 IP 地址。如果不能正确解析，就要检查/etc/hosts 文件和 DNS 的配置。

2. 故障排除的常用命令

（1）rpcinfo

NFS 服务是基于 RPC 调用的，因此 rpcinfo 命令常用于确定 RPC 服务的信息。我们可以在 NFS 服务器或 NFS 客户端上利用 rpcinfo 命令确定 NFS 服务器上的 RPC 服务信息。

【例 7-1】在 NFS 客户端执行 rpcinfo 命令确定 IP 地址为 192.168.1.102 的 NFS 服务器上的 RPC 服务信息。

```
[root@RHEL5 ~]# rpcinfo -u 192.168.1.102  portmap
[root@RHEL5 ~]# rpcinfo -u 192.168.1.102  nfs
[root@RHEL5 ~]# rpcinfo -u 192.168.1.102  mountd
```

（2）nfsstat

nfsstat 命令可以显示 nfs 统计信息。命令格式如下：

```
nfsstat [参数选项]
```

参数选项：

- -c：显示客户机上的 NFS 操作，此选项应该在 NFS 客户机上操作。
- -s：显示服务器上的状态，此选项应该在 NFS 服务器上操作。

【例 7-2】在 NFS 服务器上显示 NFS 服务统计信息。

```
[root@RHEL5 ~]# nfsstat    -s
Server rpc stats:
calls        badcalls      badauth       badclnt       xdrcall
8            1             1             0             0
Server nfs v2:
null         getattr       setattr       root          lookup        readlink
1            100% 0        0% 0          0% 0          0% 0          0% 0          0%
read         wrcache       write         create        remove        rename
0            0% 0          0% 0          0% 0          0% 0          0% 0          0%
link         symlink       mkdir         rmdir         readdir       fsstat
0            0% 0          0% 0          0% 0          0% 0          0% 0          0%

Server nfs v3:
null         getattr       setattr       lookup        access        readlink
3            50% 1         16% 0         0% 0          0% 0          0% 0          0%
read         write         create        mkdir         symlink       mknod
0            0% 0          0% 0          0% 0          0% 0          0% 0          0%
remove       rmdir         rename        link          readdir       readdirplus
0            0% 0          0% 0          0% 0          0% 0          0% 0          0%
fsstat       fsinfo        pathconf      commit
0            0% 2          33% 0         0% 0          0%
```

3. 故障诊断的一般步骤

诊断 NFS 故障的一般步骤如下：

（1）检查 NFS 客户端和 NFS 服务器之间的通信是否正常。

（2）检查 NFS 服务器上的 NFS 服务是否正常运行。

（3）验证 NFS 服务器的/etc/exports 文件的语法是否正确。

（4）检查客户端的 NFS 文件系统服务是否正常。

（5）验证/etc/fstab 文件中的配置是否正确。

练习题七

一、选择题

1. NFS 工作站要 mount 远程 NFS 服务器上的一个目录的时候，以下哪一项是服务器端必需的?（   ）

    A. portmap 必须启动

    B. NFS 服务必须启动

    C. 共享目录必须加在/etc/exports 文件里

　　　　D．以上全部都需要

　　2．请选择正确的命令，完成加载 NFS 服务器 svr.jnrp.edu.cn 的/home/nfs 共享目录到本机/home2。（　　）

　　　　A．mount　-t　nfs　svr.jnrp.edu.cn:/home/nfs　/home2

　　　　B．mount　-t　-s　nfs　svr.jnrp.edu.cn./home/nfs　/home2

　　　　C．nfsmount　svr.jnrp.edu.cn:/home/nfs　　/home2

　　　　D．nfsmount　-s　svr.jnrp.edu.cn /home/nfs　　/home2

　　3．以下哪个命令用来通过 NFS 使磁盘资源被其他系统使用？（　　　）

　　　　A．share　　　　　　B．mount　　　　　　C．export　　　　　　D．exportfs

　　4．以下 NFS 系统中关于用户 ID 映射描述正确的是？（　　）

　　　　A．服务器上的 root 用户默认值和客户端的一样

　　　　B．root 被映射到 nfsnobody 用户

　　　　C．root 不被映射到 nfsnobody 用户

　　　　D．默认情况下，anonuid 不需要密码

　　5．你公司有 10 台 Linux Servers。你想用 NFS 在 Linux servers 之间共享文件。应该修改的文件是（　　）。

　　　　A．/etc/exports　　　　　　　　　　B．/etc/crontab

　　　　C．/etc/named.conf　　　　　　　　D．/etc/smb.conf

　　6．查看 NFS 服务器 192.168.12.1 中的共享目录的命令是（　　）。

　　　　A．show -e 192.168.12.1　　　　　　B．show //192.168.12.1

　　　　C．showmount -e 192.168.12.1　　　　D．showmount -1 192.168.12.1

　　7．装载 NFS 服务器 192.168.12.1 的共享目录/tmp 到本地目录/mnt/share 的命令是（　　）。

　　　　A．mount 192.168.12.1/tmp /mnt/share

　　　　B．mount -t nfs 192.168.12.1/tmp /mnt/share

　　　　C．mount -t nfs 192.168.12.1:/tmp /mnt/share

　　　　D．mount -t nfs //192.168.12.1/tmp /mnt/share

二、填空题

　　1．Linux 和 Windows 之间可以通过_____进行文件共享，UNIX/Linux 操作系统之间通过_____进行文件共享。

　　2．NFS 的英文全称是_____，中文名称是_____。

　　3．RPC 的英文全称是_____，中文名称是_____。RPC 最主要的功能就是记录每个 NFS 功能所对应的端口，它工作在固定端口_____。

　　4．Linux 下的 NFS 服务主要由 6 部分组成，其中_____、_____、_____是 NFS 必需的。

　　5．_____守护进程的主要作用就是判断、检查客户端是否具备登录主机的权限，负责处理 NFS 请求。

　　6．_____是提供 rpc.nfsd 和 rpc.mounted 这两个守护进程与其他相关文档、执行文件的套件。

实训　配置 NFS 服务器

一、实训目的

（1）掌握 Linux 系统之间资源共享和互访方法。

（2）掌握 NFS 服务器和客户端的安装与配置。

二、实训内容

练习 NFS 服务器的安装、配置、启动与测试。

三、实训练习

任务一：在 VMware 虚拟机中启动两台 Linux 系统，一台作为 NFS 服务器，本例中给出的 IP 地址为 192.168.203.1；一台作为 NFS 客户端，本例中给出的 IP 地址为 192.168.203.2。配置一个 NFS 服务器，使得客户机可以浏览 NFS 服务器中/home/ftp 目录下的内容，但不可以修改。

（1）NFS 服务器的配置：

- 检测 NFS 所需的软件包是否安装，如果没有安装利用 rpm -ivh 命令进行安装。
- 修改配置文件/etc/exports，添加一行：/home/ftp　192.168.203.2（ro）。
- 修改后，存盘退出。
- 启动 NFS 服务。
- 检查 NFS 服务器的状态，看是否正常启动。

（2）NFS 客户端的配置：

- 将 NFS 服务器（192.168.203.1）上的/home/ftp 目录安装到本地机 192.168.203.2 的 /home/test 目录下。
- 利用 showmount 命令显示 NFS 服务器上输出到客户端的共享目录。
- 挂载成功后可以利用 ls 等命令操作/home/test 目录，实际操作的为 192.168.203.1 服务器上/home/ftp 目录下的内容。
- 卸载共享目录。

（3）设置 NFS 服务在运行级别 3 和 5 下自动启动：

- 检测 NFS 服务的自启动状态。
- 设置 portmap 和 nfs 服务在系统运行级别 3 和 5 下自动启动。

任务二：有一个局域网，域名为 computer.jnrp.cn，网内两台主机 client1 和 server1。现要在 server1 上配置 NFS 服务器，使本域内的所有主机访问 NFS 服务器的/home 目录。同时，让主机 client1 在每次系统启动时挂装 server1 的/home 目录到 client1 的/home1 目录下。

配置 server1 NFS 服务器：

- 编辑/etc/exports 文件，添加一行：/home　　　　*.computer.jnrp.cn　（ro）
- 保存退出。
- 启动 nfs 服务。

- 配置 client1 NFS 客户端。
- 建立安装点/home1。
- 将服务器 server1 中的/home 目录安装到 client1 的/home1 目录下。
- 修改/etc/fstab 文件使得系统自动完成文件系统挂载的任务。

四、实训报告

按要求完成实训报告。

项目 8　配置与管理 Apache 服务器

项目描述：

某学院组建了校园网，建设了学院网站。现需要架设 Web 服务器来为学院网站安家，同时在网站上传和更新时，需要用到文件上传和下载功能，因此还要架设 FTP 服务器，为学院内部和互联网用户提供 WWW、FTP 等服务。本项目先实践配置与管理 Apache 服务器。

项目目标：

- 认识 Apache
- 掌握 Apache 服务的安装与启动
- 掌握 Apache 服务的主配置文件
- 掌握各种 Apache 服务器的配置
- 学会创建 Web 网站和虚拟主机

8.1　相关知识

Apache HTTP Server（简称 Apache）是 Apache 软件基金会维护开发的一个开放源代码的网页服务器，可以在大多数计算机操作系统中运行，由于其多平台性和安全性被广泛使用，是目前最流行的 Web 服务器端软件之一。Apache 快速、可靠并且可通过简单的 API 扩展，将 Perl/Python 等解释器编译到服务器中。

Apache 起初是由伊利诺伊大学香槟分校的国家超级计算机应用中心（NCSA）开发的，此后，Apache 又被开放源代码团体的成员不断地发展和加强。Apache 服务器拥有牢靠、可信的美誉，已用在超过半数的 Internet 网站中，几乎包含了所有的最热门和访问量最大的网站。

开始，Apache 只是 Netscape 网页服务器（现在是 Sun ONE）之外的开放源代码选择，渐渐的，它开始在功能和速度上超越其他的基于 UNIX 的 HTTP 服务器。1996 年 4 月以来，Apache 一直是 Internet 上最流行的 HTTP 服务器。

当 Apache 在 1995 年初开发的时候，它是由当时最流行的 HTTP 服务器 NCSA HTTPd 1.3 的代码修改而成的，因此是"一个修补的（a patchy）"服务器。然而在服务器官方网站的 FAQ 中是这么解释的："'Apache'这个名字是为了纪念名为 Apache（印地安语）的美洲印第安土著的一支，众所周知他们拥有高超的作战策略和无穷的耐性"。

读者如果有兴趣的话，可以到 http://www.netcraft.com 去查看 Apache 最新的市场份额占有率，你还可以在这个网站查询某个站点使用的服务器情况。

Apache 主要具有如下特性：

- Apache 具有跨平台性，可以运行在 UNIX、Linux 和 Windows 等多种操作系统上。
- Apache 凭借其开放源代码的优势发展迅速，可以支持很多功能模块。借助这些功能模块，Apache 具有无限扩展功能的优点。
- Apache 的工作性能和稳定性远远领先于其他同类产品。

8.2　项目设计与准备

8.2.1　项目设计

利用 Apache 服务建立普通 Web 站点、基于主机和用户认证的访问控制。

8.2.2　项目准备

安装有企业服务器版 Linux 的 PC 计算机一台、测试用计算机一台（Windows XP），并且两台计算机都要连入局域网。该环境也可以用虚拟机实现。规划好各台主机的 IP 地址。

8.3　项目实施

任务 1　安装、启动与停止 Apache 服务

1. Apache 相关软件

httpd-2.2.3-29.el5.i386.rpm：Apache 服务的主程序包，服务器端必须安装该软件包（该软件包位于第 2 张 RHEL 5 安装光盘）。

httpd-devel-2.2.3-29.el5.i386.rpm：Apache 开发程序包（该软件包位于第 3 张 RHEL 5 安装光盘）。

httpd-manual-2.2.3-29.el5.i386.rpm：Apache 手册文档，包含 HTML 格式的 Apache 计划的 Apache User's Guide 说明指南（该软件包位于第 2 张 RHEL 5 安装光盘）。

system-config-httpd-1.3.3.3-1.el5.noarch.rpm：Apache 配置工具（该软件包位于第 2 张 RHEL 5 安装光盘）。

2. 安装 Apache 服务

默认情况下，Red Hat Enterprise Linux 安装程序不会将 Apache 服务装上，可以使用下面的命令检查系统是否已经安装了 Apache 服务：

```
[root@server ～]# rpm -q httpd
```

如果系统没有安装 Apache 服务，放入第 2 张安装盘，挂载。然后输入下面的命令完成安装。

（1）挂载光盘。

```
[root@server ～]# mount /dev/cdrom   /mnt
```

（2）进入安装文件所在目录。

```
[root@server ～]# cd /mnt/Server
```

（3）安装相应的软件包。

```
[root@server  Server]# rpm  -ivh  httpd-2.2.3-29.el5.i386.rpm
```
会出现软件依赖性错误的提示信息：
```
error: Failed  dependencies:
        libapr-1.so.0 is needed by httpd-2.2.3-29.el5.i386
        libaprutil-1.so.0 is needed by httpd-2.2.3-29.el5.i386
```
说明安装 httpd 主程序需要先安装以上两个模块，但必须知道这两个模块属于哪个软件包。libapr-1.so.0 和 libaprutil-1.so.0 属于 postgresql-libs-8.1.11-1.el5_1.1.i386.rpm 和 apr-util-1.2.7-7.el5_3.1.i386.rpm。

在下面的安装过程中因为依赖关系，可能要多安装几个软件。
```
[root@server  Server]#rpm -ivh  postgresql-libs-8.1.11-1.el5_1.1.i386.rpm
[root@server  Server]# rpm  -ivh  apr-1.2.7-11.i386.rpm
[root@server  Server]# rpm  -ivh  apr-util-1.2.7-7.el5_3.1.i386.rpm
[root@server  Server]# rpm  -ivh  httpd-2.2.3-29.el5.i386.rpm
[root@server  Server]# rpm  -ivh  httpd-manual-2.2.3-29.el5.i386.rpm
```
另外需要注意几点：

（1）httpd-devel-2.2.3-29.el5.i386.rpm 包要解决以下两个依赖关系：

① apr-devel-1.2.7-11.i386.rpm。

② apr-util-devel-1.2.7-6.i386.rpm。

（2）system-config-httpd-1.3.3.3-1.el5.noarch.rpm 包要解决以下两个依赖关系：

① alchemist-1.0.36-2.el5.i386.rpm。

② libxslt-python-1.1.17-2.i386.rpm。

（3）在使用的安装命令后加上 --force（强制）和--nodeps（不查找依赖关系）可以强制安装。如下所示：
```
[root@server  Server]# rpm -ivh httpd-2.2.3-6.el5.i386.rpm --force --nodeps
```
3. 测试 httpd 服务是否安装成功

安装完 Apache 服务器后，执行以下命令启动它。
```
[root@server  Server]# /etc/init.d/httpd  start
Starting  httpd:                        [确定]
```
然后在客户端的浏览器中输入 Apache 服务器的 IP 地址，即可进行访问。如果看到如图 8-1 所示的提示信息，则表示 Apache 服务器已安装成功。

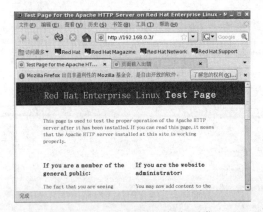

图 8-1 Apache 服务器运行正常

启动或重新启动 Apache 服务命令如下：

[root@server ～]# **service httpd start**
[root@server ～]# **service httpd restart**

4．让防火墙放行

需要注意的是，Red Hat Enterprise Linux 5 采用了 SELinux 这种增强的安全模式，在默认的配置下，只有 SSH 服务可以通过。像 Apache 这种服务，在安装、配置、启动完毕后，还需要为它放行才行。

（1）在命令行控制台窗口，输入 setup 命令打开 Linux 配置工具选择窗口，如图 8-2 所示。

（2）选择其中的"防火墙配置"选项，单击"运行工具"按钮来打开"防火墙配置"界面，如图 8-3 所示。

一般情况下，"安全级别"会被设置为"启用"，"SELinux"设置为"强制"。

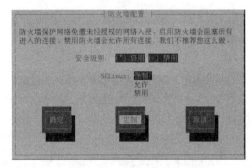

图 8-2　Red Hat Enterprise Linux 5 配置工具　　　　图 8-3　在这里配置 SELinux

单击"定制"按钮打开 SELinux 配置窗口，记得把需要运行的服务前面都打上"*"号标记（选中该条目后，按下空格键），如图 8-4 所示。

图 8-4　为 httpd 服务放行

5．Apache 服务停止

停止 Apache 服务的命令如下所示：

[root@server ～]# **service httpd stop**

6．自动加载 Apache 服务

（1）使用 ntsysv 命令，在文本图形界面对 Apache 自动加载（在 httpd 选项前按空格，加上"*"）。

（2）使用 chkconfig 命令自动加载。

```
[root@server ~]# chkconfig --level 3 httpd on      #运行级别 3 自动加载
[root@server ~]# chkconfig --level 3 httpd off     #运行级别 3 不自动加载
```

任务 2　认识 Apache 服务器的主配置文件

Apache 服务器的主配置文件是 httpd.conf，该文件通常存放在/etc/httpd/conf 目录下。文件看起来很复杂，其实很多是注释内容。本节先作大略介绍，后面的章节将给出实例，非常容易理解。

httpd.conf 文件不区分大小写，在该文件中以"#"开头的行为注释行。除了注释和空行外，服务器把其他的行认为是完整的或部分的指令。指令又分为类似于 shell 的命令和伪 HTML 标记。指令的语法为"配置参数名称　参数值"。伪 HTML 标记的语法格式如下：

```
<Directory />
    Options FollowSymLinks
    AllowOverride None
</Directory>
```

httpd.conf 文件主要由全局环境配置、主服务器配置和虚拟主机配置 3 部分组成。

1. 全局环境配置（Global Environment）

这一部分的指令将影响整个 Apache 服务器，例如它所能处理的并发请求数或者它在哪里能够找到其配置文件等。

（1）ServerRoot "/etc/httpd"

此为 Apache 的根目录。配置文件、记录文件、模块文件都在该目录下。

（2）PidFile run/httpd.pid

此文件保存着 Apache 父进程 ID。

（3）Timeout 120

设定超时时间。如果客户端超过 120s 还没有连接上服务器，或者服务器超过 120s 还没有传送信息给客户端，则强制断线。

（4）KeepAlive Off

不允许客户端同时提出多个请求，设为 on 表示允许。

（5）MaxKeepAliveRequests 100

每次联系允许的最大请求数目，数字越大，效率越高。0 表示不限制。

（6）KeepAliveTimeout 15

客户端的请求如果 15s 还没有发出，则断线。

（7）MinSpareServers 5 和 MaxSpareServers 20

- MinSpareServers 5 表示最少会有 5 个闲置 httpd 进程来监听用户的请求。如果实际的闲置数目小于 5，则会增加 httpd 进程。
- MaxSpareServers 20 表示最大的闲置 httpd 进程为 20。如果网站访问量很大，可以将这个数目设置大一些。

（8）StartServers 8

启动时打开的 httpd 进程数目。

（9）MaxClients 256

限制客户端的同时最大连接数目。一旦达到此数目，客户端就会收到"用户太多，拒绝访问"的错误提示。该数目不应该设置得太小。

（10）MaxRequestsPerChild 4000

限制每个 httpd 进程可以完成的最大任务数目。

（11）#Listen 12.34.56.78：80

设置 Apache 服务的监听端口。一般在使用非 80 端口时设置。

（12）LoadModule auth_basic_module modules/mod_auth_basic.so

加载 DSO 模块。DSO（Dynamic Shared Object）很像 Windows 的 DLL（Dynamic Link Library，动态链接库）。

（13）#ExtendedStatus On

用于检测 Apache 的状态信息，预设为 Off。

（14）User apache

　　　Group apache

设置 Apache 工作时使用的用户和组。

2．**主服务器配置**（Main Server Configuration）

本部分主要用于配置 Apache 的主服务器。

（1）ServerAdmin root@localhost

管理员的电子邮件地址。如果 Apache 有问题，则会寄信给管理员。

（2）#ServerName www.example.com:80

此处为主机名称，如果没有申请域名，使用 IP 地址也可以。

（3）DocumentRoot　"/var/www/html"

设置 Apache 主服务器网页存放地址。

（4）<Directory/>

　　　　　Options FollowSymLinks

　　　　　AllowOverride None

　　</Directory>

设置 Apache 根目录的访问权限和访问方式。

（5）<Directory　"/var/www/html">

　　　　　Options Indexes FollowSymLinks

　　　　　AllowOverride None

　　　　　Order allow, deny

　　　　　Allow from all

　　</Directory>

设置 Apache 主服务器网页文件存放目录的访问权限。

（6）<IfModule mod_userdir.c>

　　　　　UserDir disable

　　　　　#UserDir Public_html

　　</IModule>

设置用户是否可以在自己的目录下建立 public_html 目录来放置网页。如果设置为"UserDir Public_html"，则用户就可以通过：

http://服务器 IP 地址：端口/～用户名称

来访问其中的内容。

（7）DirectoryIndex index.htrnl index.html.var

设置预设首页，默认是 index.html。设置以后，用户通过"http://服务器 IP 地址：端口/"访问的其实就是"http://服务器 IP 地址：端口/index.html"。

（8）Access FileName.htaccess

设置 Apache 目录访问权限的控制文件，预设为.htaccess，也可以是其他名字。

（9）<Files ～"^\.ht">

        Order allow,deny

        Denyfrom all

    </ Files>

防止用户看到以".ht"开头的文件，保护.htaccess、.htpasswd 的内容。主要是为了防止其他人看到预设可以访问相关内容的用户名和密码。

（10）TypesConfig　/etc/mime/types。

指定存放 MIME 文件类型的文件。可以自行编辑 mime.types 文件。

（11）DefaultType　text/plain。

当 Apache 不能识别某种文件类型时，将自动将它当成文本文件处理。

（12）<IfModule rood_mime_magic.c>

     #　MIMEMagicFile /usr/share/magic.mime

     MIMEMagicFile conf/magic

   </ IfMOdule>

rood_mime_magic.c 块可以使 Apache 由文件内容决定其 MIME 类型。只有载入了 rood_mime_magic.c 模块时，才会处理 MIMEMagicFile 文件声明。

（13）HostnameLookups Off

如果设置为 On，则每次都会向 DNS 服务器要求解析该 IP，这样会花费额外的服务器资源，并且降低服务器端响应速度，所以一般设置为 Off。

（14）ErrorLog logs/error_log

指定错误发生时记录文件的位置。对于在<VirtualHost>段特别指定的虚拟主机来说，本处声明会被忽略。

（15）LogLevel warn

指定警告及其以上等级的信息会被记录在案。各等级及其说明如表 8-1 所示。

表 8-1　各等级及其说明

等级	说明	等级	说明
debug	Debug 信息	error	错误信息
info	一般信息	crit	致命错误
notice	通知信息	alert	马上需要处理的信息
Warn	警告信息	emerg	系统马上要死机了

（16）LogFormat "%h%l%u%t\"%r\"%>s%b\"%{Referer}i\"%{User-Agent}i\""combined

LogFormat "%h%l%u%t\"%r\"%>s%b\" common

LogFormat "%{Referer}i->%U\" referer

LogFormat "%{User-agent}i " agent

设置记录文件存放信息的模式。自定义 4 种：combined、common、referer 和 agent。

（17）CustomLog logs/access_log combined

设置存取文件记录采用 combined 模式。

（18）ServerSignature On

设置为 On 时，由于服务器出错所产生的网页会显示 Apache 的版本号、主机、连接端口等信息；如果设置为 E-mail，则会有"mailto："的超链接。

（19）Alias /icons/ "/var/www/icons/"：

<Directory "/var/www/icons/">

Options Indexes MultiViews

AllowOverride None

Order allow,deny

Allow from all

< / Directory>

定义一个图标虚拟目录，并设置访问权限。

（20）ScriptAlias /cgi-bin/ "/var/www/cgi-bin/"：

<Directory "/var/www/cgi-bin/">

AllowOverride None

Options None

Order allow,deny

Allow from all

< / Directory>

同 Alias，只不过设置的是脚本文件目录。

（21）IndexOptions FancyIndexing VersionSort NameWidth=*HTMLTable。

采用更好看的带有格式的文件列表方式。

（22）AddIconByEncoding(CMP,/icons/compressed.gif)x-compress x-gzip

AddlconByType(TXT,/icons/text.gif)text/*

……

DefaultIcon /icons/unknown.gif

设置显示文件列表时，各种文件类型对应的图标显示。

（23）#AddDescription "GZIP compressed document".gz

#AddDescription "tar archive".tar

#AddDescription "GZIP compressed tar archive".tgz

在显示文件列表时，各种文件后面显示的注释文件。其格式为：

AddDescription	"说明文字"	文件类型

（24）ReadmeName README.html

HeaderName HEADER.html

显示文件清单时，分别在页面的最下端和最上端显示的内容。

（25）IndexIgnore.??** ～*#HEADER* README* RCS CVS,V*,t

忽略这些类型的文件，在文件列表清单中不显示出来。

（26）DefaultLanguage nl

设置页面的默认语言。

（27）AddLanguage ca.ca

　　　AddLanguage zh-CN.zh-cn

设置页面语言。

（28）LanguagePriority en ca cs da de el eo es et fr he hr itja ko ltz nl nn rio pl pt pt-BR ru sv zh-CN zh-TW

设置页面语言的优先级。

（29）AddType application/x-compress.Z

　　　AddType application/x-gzip.gz.tgz

增加 MIME 类型。

（30）AddType text/html.shtml

　　　AddOutputFilter INCLUDES.shtml

使用动态页面。

（31）#ErrorDocument 500 "The server made a boo boo. "

　　　#ErrorDocument 404 /missing.html

　　　#ErrorDocument 404 "/cgi-bin/missing_handler.pl"

　　　#ErrorDocument 402 http://www.example.com/subscription_info.html

Apache 支持 3 种格式的错误信息显示方式：纯文本、内部链接和外部链接。其中，内部链接又包括 html 和 script 两种格式。

（32）BrowserMatch "Mozilla/2" nokeepalive

　　　BrowserMatch "MSIE 4\.0b2; " nokeepalive downgrade-1.0 force-response-1.0

如果浏览器符合这两种类型，则不提供 keepalive 支持。

（33）BrowserMatch "RealPlayer 4\.0" force-response-1.0

　　　BrowserMatch "Java/1\.0" force-response-1.0

　　　BrowserMatch "JDK/1\.0" force-response-1.0

如果浏览器是这 3 种类型，则使用"HTTP/1.0"回应。

3. 虚拟主机配置（Virtual Hosts）

通过配置虚拟主机，可以在单个服务器上运行多个 Web 站点。对于访问量不大的站点来说，这样做可以降低单个站点的运营成本。虚拟主机可以是基于 IP 地址、主机名或端口号的。基于 IP 地址的虚拟主机需要计算机上配有多个 IP 地址，并为每个 Web 站点分配一个唯一的 IP 地址。基于主机名的虚拟主机要求拥有多个主机名，并且为每个 Web 站点分配一个主机名。基于端口号的虚拟主机，要求不同的 Web 站点通过不同的端口号监听，这些端口号只要系统不用就可以。

下面是虚拟主机部分的默认配置示例，具体配置见后。

```
NameVirtualHost *:80
<VirtualHost *:80>
     ServerAdmin webmaster@dummy-host.example.com
     DocumentRoot /www/docs/dummy-host.example.com
     ServerName dummy-host.example.com
     ErrorLog logs/dummy-host.example.com-error_log
     CustomLog logs/dummy-host.example.com-access_log common
</VirtualHost>
```

任务 3　常规设置 Apache 服务器

1. 根目录设置（ServerRoot）

配置文件中的 ServerRoot 字段用来设置 Apache 的配置文件、错误文件和日志文件的存放目录。并且该目录是整个目录树的根节点，如果下面的字段设置中出现相对路径，那么就是相对于这个路径的。默认情况下根路径为/etc/httpd，可以根据需要进行修改。

【例 8-1】设置根目录为/usr/local/httpd。

```
ServerRoot     "/usr/local/httpd"
```

2. 超时设置

Timeout 字段用于设置接受和发送数据时的超时设置。默认时间单位是秒。如果超过限定的时间客户端仍然无法连接上服务器，则予以断线处理。默认时间为 120 秒，可以根据环境需要予以更改。

【例 8-2】设置超时时间为 300 秒。

```
Timeout     300
```

3. 客户端连接数限制

客户端连接数限制就是指在某一时刻内，www 服务器允许多少客户端同时进行访问。允许同时访问的最大数值就是客户端连接数限制。

（1）为什么要设置连接数限制？

讲到这里不难提出这样的疑问，网站本来就是提供给别人访问的，何必要限制访问数量，将人拒之门外呢？如果搭建的网站为一个小型的网站，访问量较小，则对服务器响应速度没有影响，不过如果网站突然访问用户过多，一时间单击率猛增，一旦超过某一数值很可能导致服务器瘫痪。而且，就算是门户级网站，例如百度、新浪、搜狐等大型网站，它们所使用的服务器硬件实力相当雄厚，可以承受同一时刻成千甚至上万的单击量，但是，硬件资源还是有限的，如果遇到大规模的 DDOS（分布式拒绝服务攻击），仍然可导致服务器过载而瘫痪。作为企业内部的网络管理者应该尽量避免类似的情况发生，所以限制客户端连接数是非常有必要的。

（2）实现客户端连接数限制。

在配置文件中，MaxClients 字段用于设置同一时刻内最大的客户端访问数量。默认数值是256。对于小型的网站来说已经够用了。如果是大型网站，可以根据实际情况进行修改。

【例 8-3】设置客户端连接数为 500。

```
<IfModule   prefork.c>
    StartServers              8
    MinSpareServers           5
    MaxSpareServers          20
```

```
ServerLimit            500
MaxClients             500
MaxRequestSPerChild    4000
</IfModule>
```

 MaxClients 字段出现的频率可能不止一次，请注意这里的 MaxClients 是包含在<IfModule   prefork.c> </IfModule>这个容器当中的。

4. 设置管理员邮件地址

当客户端访问服务器发生错误时，服务器通常会将带有错误提示信息的网页反馈给客户端，并且上面包含管理员的 E-mail 地址，以便解决出现的错误。

如果需要设置管理员的 E-mail 地址，可以使用 ServerAdmin 字段来完成。

【例 8-4】设置管理员 E-mail 地址为 root@smile.com。

```
ServerAdmin        root@smile.com
```

5. 设置主机名称

ServerName 字段定义了服务器名称和端口号，用以标明自己的身份。如果没有注册 DNS 名称，可以输入 IP 地址。当然，可以在任何情况下输入 IP 地址，这也可以完成重定向工作。

【例 8-5】设置服务器主机名称及端口号。

```
ServerName        www.example.com:80
```

 正确使用 ServerName 字段设置服务器的主机名称或 IP 地址后，在启动服务时则不会出现 "Could not reliably determine the server's fully qualified domain name，using 127.0.0.1 for ServerName" 的错误提示了。

6. 设置文档目录

文档目录是一个较为重要的设置，一般来说，网站上的内容都保存在文档目录中。在默认情形下，所有的请求都从这里开始，除了记号和别名将改指它处以外。

【例 8-6】设置文档目录为/usr/local/html。

```
DocumentRoot      "/usr/local/html"
```

7. 设置首页

相信很多人对首页一词并不陌生，打开网站时所显示的页面即该网站的首页或者叫主页。首页的文件名是由 DirectoryIndex 字段来定义的。在默认情况下，Apache 的默认首页名称为 index.html。当然也可以根据实际情况进行更改。

【例 8-7】设置首页名称为 index.html。

```
DirectoryIndex      index.html
```

也可以同时设置多个首页名称，但需要将各个文件名之间用空格分开。例如：

```
DirectoryIndex      index.html    smile.php
```

如果按照以上设置，Apache 会根据文件名的先后顺序查找在文档目录中是否有 index.html 文件。如果有，则调用 index.html 文件内容作为首页内容。如果没有该文件，则继续查找并调用 smile.php 文件作为首页内容。

8. 网页编码设置

由于地域的不同，中国和外国，或者说亚洲地区和欧美地区所采用的网页编码也不同，如果出现服务器端的网页编码和客户端的网页编码不一致，就会导致我们看到的是乱码，这和各国人民所使用的母语不同道理一样，这样会带来交流的障碍。如果想正常显示网页的内容，则必须使用正确的编码。

httpd.conf 中使用 AddDefaultCharset 字段来设置服务器的默认编码。在默认情况下服务器编码采用 UTF-8。而汉字的编码一般是 GB2312，国家强制标准是 GB18030。具体使用哪种编码要根据网页文件里的编码来决定，保持和这些文件所采用的编码是一致的就可以正常显示。

【例 8-8】设置服务器默认编码为 GB2312。

```
AddDefaultCharset   GB2312
```

若清楚该使用哪种编码，则可以把 AddDefaultCharset 字段注释掉，表示不使用任何编码，这样让浏览器自动去检测当前网页所采用的编码是什么，然后自动进行调整。对于多语言的网站搭建，最好采用注释掉 AddDefaultCharset 字段的这种方法。

9. 用户个人主页

现在许多网站（例如 www.163.com）都允许用户拥有自己的主页空间，而用户可以很容易地管理自己的主页空间。Apache 就可以实现用户的个人主页。客户端在浏览器中浏览个人主页的 URL 地址格式一般为：

```
http://域名/~username
```

其中，"~username"在利用 Linux 系统中的 Apache 服务器来实现时，是 Linux 系统的合法用户名（该用户必须在 Linux 系统中存在）。

用户的主页存放的目录由 Apache 服务器的主配置文件 httpd.conf 中的主要设置参数 UserDir 设定。下面是 httpd.conf 文件中关于用户主页的存放目录及目录访问权限的设置。

（1）设置 Linux 系统用户个人主页的目录。

Linux 系统用户个人主页的目录由<IfModule mod_userdir.c>容器实现，默认情况下，UserDir 的取值为 disable，表示不为 Linux 系统用户设置个人主页。如果想为 Linux 系统用户设置个人主页可以修改 UserDir 的取值，一般为 public_html，该目录在用户的家目录下。下面是<IfModule mod_userdir.c>容器的默认配置。

```
<IfModule mod_userdir.c>
       UserDir disable
       #UserDir public_html
</IfModule>
```

（2）设置用户个人主页所在目录的访问权限。

在允许 Linux 系统用户拥有个人主页时，可以利用 Directory 容器为该目录设置访问控制权限。下面是 httpd.conf 文件中对"/home/*/public_html"目录的访问控制权限的默认配置，该 Directory 容器默认是被注释掉的。

```
<Directory /home/*/public_html>
       AllowOverride FileInfo AuthConfig Limit
       Options MultiViews Indexes SymLinksIfOwnerMatch IncludesNoExec
       <Limit GET POST OPTIONS>
```

```
        Order allow,deny
        Allow from all
    </Limit>
    <LimitExcept GET POST OPTIONS>
        Order deny,allow
        Deny from all
    </LimitExcept>
</Directory>
```

【例 8-9】在 IP 地址为 192.168.0.3 的 Apache 服务器中，为系统中的 long 用户设置个人主页空间。该用户的家目录为/home/long，个人主页空间所在的目录为 public_html。

（1）修改用户的家目录权限，使其他用户具有读和执行的权限。

```
[root@server ~]# chmod   705   /home/long
```

（2）创建存放用户个人主页空间的目录。

```
[root@server ~]# mkdir   /home/long/public_html
```

（3）创建个人主页空间的默认首页文件。

```
[root@server ~]# cd   /home/long/public_html
[root@server public_html]# echo "this is long's web. ">>index.html
```

使用 vim 修改/etc/httpd/conf/httpd.conf 文件中<IfModule mod_userdir.c>模块的内容，将 UserDir 的值设置为 public_html，如下所示，并将<Directory /home/*/public_html>容器的注释符去掉。

```
<IfModule mod_userdir.c>
        #UserDir disable
        UserDir public_html
</IfModule>
```

在客户端的浏览器中输入"http://192.168.0.3/~long"看到的个人空间的访问效果如图 8-5 所示。

图 8-5　用户个人空间的访问效果图

 一般不为系统的 root 超级用户设置个人空间，但可以添加"UserDir Disable root"语句可以实现"禁止 root 用户使用自己的个人站点"的功能。

10. 虚拟目录

要从 Web 站点主目录以外的其他目录发布站点，可以使用虚拟目录实现。虚拟目录是一个位于 Apache 服务器主目录之外的目录，它不包含在 Apache 服务器的主目录中，但在访问 Web 站点的用户看来，它与位于主目录中的子目录是一样的。每一个虚拟目录都有一个别名，客户端可以通过此别名来访问虚拟目录。

由于每个虚拟目录都可以分别设置不同的访问权限,因此,非常适合于不同用户对不同目录拥有不同权限的情况。另外,只有知道虚拟目录名的用户才可以访问此虚拟目录,除此之外的其他用户将无法访问此虚拟目录。

在 Apache 服务器的主配置文件 httpd.conf 中,通过 Alias 指令设置虚拟目录。默认情况下,该文件中已经建立了"/icons/"和"/manual/"两个虚拟目录,分别对应的物理路径是"/var/www/icons/"和"/var/www/manual/"。

【例 8-10】在 IP 地址为 192.168.0.3 的 Apache 服务器中,创建名为/test/的虚拟目录,它对应的物理路径是"/virdir/",并在客户端测试。

(1)创建物理目录/virdir/。

```
[root@server ~]# mkdir  -p  /virdir/
```

(2)创建虚拟目录中的默认首页文件。

```
[root@server ~]# cd   /virdir/
[root@server virdir]# echo "This is Virtual Directory sample。">>index.html
```

(3)修改默认文件的权限,使其他用户具有读和执行权限。

```
[root@ server virdir]# chmod 705 index.html
```

(4)修改 httpd.conf 文件,添加下面的语句:

```
Alias   /test   "/virdir"
```

利用"**service httpd restart**"命令重新启动服务。在客户端的浏览器中看到的虚拟目录的访问效果如图 8-6 所示。

图 8-6　/test 虚拟目录的访问效果图

11.　目录设置

目录设置就是为服务器上的某个目录设置权限。通常在访问某个网站的时候,真正所访问的仅仅是那台 Web 服务器里某个目录下的某个网页文件而已。而整个网站也是由这些零零总总的目录和文件组成。作为网站的管理人员,可能经常需要只对某个目录做出设置,而不是对整个网站做设置。例如,拒绝 192.168.0.100 的客户端访问某个目录内的文件,可以使用 <Directory> </Directory>容器来设置。这是一对容器语句,需要成对出现。在每个容器中有 Options、AllowOverride、Limit 等指令,它们都是和访问控制相关的。各参数如表 8-2 所示。

表 8-2　Apache 目录访问控制选项

访问控制选项	描述
Options	设置特定目录中的服务器特性,具体参数选项的取值见表 8-3
AllowOverride	设置如何使用访问控制文件.htaccess

续表

访问控制选项	描述
Order	设置 Apache 缺省的访问权限及 Allow 和 Deny 语句的处理顺序
Allow	设置允许访问 Apache 服务器的主机，可以是主机名也可以是 IP 地址
Deny	设置拒绝访问 Apache 服务器的主机，可以是主机名也可以是 IP 地址

（1）根目录默认设置。

```
<Directory/>
    Options FollowSymLinks                              ①
    AllowOverride None                                  ②
< / Directory>
```

以上代码中带有序号的两行说明如下。

① Options 字段用来定义目录使用哪些特性，后面的 FollowSymLinks 指令表示可以在该目录中使用符号链接。Options 还可以设置很多功能，常见功能参考表 8-3 所示。

② AllowOverride 用于设置.htaccess 文件中的指令类型。None 表示禁止使用.htaccess。

表 8-3　Options 选项的取值

可用选项取值	描述
Indexes	允许目录浏览。当访问的目录中没有 DirectoryIndex 参数指定的网页文件时，会列出目录中的目录清单
Multiviews	允许内容协商的多重视图
All	支持除 Multiviews 以外的所有选项，如果没有 Options 语句，默认为 All
ExecCGI	允许在该目录下执行 CGI 脚本
FollowSysmLinks	可以在该目录中使用符号链接，以访问其他目录
Includes	允许服务器端使用 SSI（服务器包含）技术
IncludesNoExec	允许服务器端使用 SSI（服务器包含）技术，但禁止执行 CGI 脚本
SymLinksIfOwnerMatch	目录文件与目录属于同一用户时支持符号链接

 注意：可以使用 "+" 或 "–" 号在 Options 选项中添加或取消某个选项的值。如果不使用这两个符号，那么在容器中的 Options 选项的取值将完全覆盖以前的 Options 指令的取值。

（2）文档目录默认设置。

```
<Directory   "/var/www/html">
        Options Indexes FollowSymLinks
        AllowOverride None                              ①
        Order allow, deny                               ②
        Allow from all                                  ③
</Directory>
```

以上代码中带有序号的三行说明如下。

① AllowOverride 所使用的指令组此处不使用认证。

② 设置默认的访问权限与 Allow 和 Deny 字段的处理顺序。

③ Allow 字段用来设置哪些客户端可以访问服务器。与之对应的 Deny 字段则用来限制哪些客户端不能访问服务器。

Allow 和 Deny 字段的处理顺序非常重要，需要详细了解它们的意思和使用技巧。

情况一：Order allow,deny

表示默认情况下禁止所有客户端访问，且 Allow 字段在 Deny 字段之前被匹配。如果既匹配 Allow 字段又匹配 Deny 字段，则 Deny 字段最终生效。也就是说 Deny 会覆盖 Allow。

情况二：Order deny,allow

表示默认情况下允许所有客户端访问，且 Deny 字段在 Allow 语句之前被匹配。如果既匹配 Allow 字段又匹配 Deny 字段，则 Allow 字段最终生效。也就是说 Allow 会覆盖 Deny。

下面举例说明 Allow 和 Deny 字段的用法。

【例 8-11】允许所有客户端访问。

```
Order allow, deny
Allow from all
```

【例 8-12】拒绝 IP 地址为 192.168.100.100 和来自.bad.com 域的客户端访问。其他客户端都可以正常访问。

```
Order deny,allow
Deny from    192.168.100.100
Deny from    .bad.com
```

【例 8-13】仅允许 192.168.0.0/24 网段的客户端访问，但其中 192.168.0.100 不能访问。

```
Order allow,deny
Allow from    192.168.0.0/24
Deny from    192.168.0.100
```

为了说明允许和拒绝条目的使用，对照看一下下面的两个例子。

【例 8-14】除了www.test.com的主机，其他所有人允许访问 Apache 服务器。

```
Order allow,deny
Allow from    all
Deny from    www.test.com
```

【例 8-15】只允许 10.0.0.0/8 网段的主机访问服务器。

```
Order deny,allow
Deny from all
Allow from 10.0.0.0/255.255.0.0
```

 Over、Allow from 和 Deny from 关键词，它们大小写不敏感，但 allow 和 deny 之间以 "," 分隔，二者之间不能有空格。

 如果仅仅想对某个文件做权限设置，可以使用<Files　文件名></Files>容器语句实现，方法和使用<Directory　"目录"></Directory>几乎一样。例如：

```
<Files    "/var/www/html/f1.txt">
            Order allow, deny
```

```
            Allow from all
</Files>
```

任务 4　Web 应用案例

1. 案例描述

部门内部搭建一台 Web 服务器，采用的 IP 地址和端口为 192.168.0.3:80，首页采用 index.html 文件。管理员 E-mail 地址为root@sales.com，网页的编码类型采用 GB2312，所有网站资源都存放在/var/www/html 目录下，并将 Apache 的根目录设置为/etc/httpd 目录。

2. 解决方案

（1）修改主配置文件 httpd.conf。

设置 Apache 的根目录为/etc/httpd，设置客户端访问超时时间为 120 秒，这两个设置为系统默认。

```
[root@server ~]# vim /etc/httpd/conf/httpd.conf
//修改内容如下:
ServerRoot    "/etc/httpd"
Timeout           120
```

（2）设置 httpd 监听端口 80。

```
Listen    80
```

（3）设置管理员 E-mail 地址为root@sales.com，设置 Web 服务器的主机名和监听端口为 192.168.0.3:80。

```
ServerAdmin        root@sales.com
ServerName         192.168.0.3:80
```

（4）设置 Apache 文档目录为/var/www/html。

```
DocumentRoot      "/var/www/html"
```

（5）设置主页文件为 index.html。

```
DirectoryIndex        index.html
```

（6）设置服务器的默认编码为 GB2312。

```
AddDefaultCharset   GB2312
```

（7）注释掉 Apache 默认欢迎页面。

```
[root@server ~]# vim /etc/httpd/conf.d/welcome.conf
```

将 welcome.conf 中的 4 行代码注释掉，如图 8-7 所示。

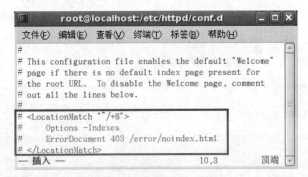

图 8-7　注释掉欢迎信息

注意 如果不注释掉，那么在测试自己的网站时则会打开 Red Hat Enterprise Linux Test Page 页面，而不是我们自己的网页。

（8）在主页文件里写入测试内容，并将文件权限开放。

```
[root@server ~]# cd   /var/www/html
[root@server html]# echo "This is Web test sample。">>index.html
//修改默认文件的权限，使其他用户具有读和执行权限
[root@ server html]# chmod 705 index.html
```

本例只写了一个测试主页，实际情况下应该是将制作好的网页存放在文档目录 /var/www/html 中，并将其文件名改为 index.html。

（9）重新启动 httpd 服务。

```
[root@server ~]# service   httpd   restart
```

（10）测试。

在 IE 地址栏中输入 192.168.0.3 就可以打开我们制作好的首页了。

任务 5 虚拟主机的配置

Apache 服务器 httpd.conf 主配置文件中的第 3 部分是关于实现虚拟主机的。前面已经讲过虚拟主机是在一台 Web 服务器上，可以为多个独立的 IP 地址、域名或端口号提供不同的 Web 站点。对于访问量不大的站点来说，这样做可以降低单个站点的运营成本。

1. 基于 IP 地址的虚拟主机的配置

基于 IP 地址的虚拟主机的配置需要在服务器上绑定多个 IP 地址，然后配置 Apache，把多个网站绑定在不同的 IP 地址上，访问服务器上不同的 IP 地址，就可以看到不同的网站。

【例 8-16】假设 Apache 服务器具有 192.168.0.2 和 192.168.0.3 两个 IP 地址。现需要利用这两个 IP 地址分别创建 2 个基于 IP 地址的虚拟主机，要求不同的虚拟主机对应的主目录不同，默认文档的内容也不同。配置步骤如下：

（1）分别创建"/var/www/ip1"和"/var/www/ip2"两个主目录和默认文件。

```
[root@server ~]# mkdir   /var/www/ip1   /var/www/ip2
[root@Server ~]# echo "this is 192.168.0.2's web.">>/var/www/ip1/index.html
[root@Server ~]# echo "this is 192.168.0.3's web.">>/var/www/ip2/index.html
```

（2）修改 httpd.conf 文件。该文件的修改内容如下：

```
//设置基于 IP 地址为 192.168.0.2 的虚拟主机
<Virtualhost 192.168.0.2>
    DocumentRoot   /var/www/ip1            //设置该虚拟主机的主目录
    DirectoryIndex   index.html            //设置默认文件的文件名
    ServerAdmin   root@sales.com           //设置管理员的邮件地址
    ErrorLog    logs/ip1-error_log         //设置错误日志的存放位置
    CustomLog   logs/ip1-access_log common //设置访问日志的存放位置
</Virtualhost>

//设置基于 IP 地址为 192.168.0.3 的虚拟主机
<Virtualhost 192.168.0.3>
    DocumentRoot /var/www/ip2              //设置该虚拟主机的主目录
```

```
        DirectoryIndex index.html                          //设置默认文件的文件名
        ServerAdmin    root@sales.com                      //设置管理员的邮件地址
        ErrorLog        logs/ip2-error_log                 //设置错误日志的存放位置
        CustomLog       logs/ip2-access_log common         //设置访问日志的存放位置
    </Virtualhost>
```

（3）重新启动 httpd 服务。

（4）在客户端浏览器中可以看到http://192.168.0.2和http://192.168.0.3两个网站的浏览效果。

2．基于域名的虚拟主机的配置

基于域名的虚拟主机的配置只需服务器有一个 IP 地址即可，所有的虚拟主机共享同一个 IP，各虚拟主机之间通过域名进行区分。

要建立基于域名的虚拟主机，DNS 服务器中应建立多个主机资源记录，使它们解析到同一个 IP 地址。例如：

```
    www.smile.com.    IN    A    192.168.0.3
    www.long.com.     IN    A    192.168.0.3
```

【例 8-17】假设 Apache 服务器 IP 地址为 192.168.0.3。在本地 DNS 服务器中该 IP 地址对应的域名分别为 www.smile.com 和 www.long.com。现需要创建基于域名的虚拟主机，要求不同的虚拟主机对应的主目录不同，默认文档的内容也不同。配置步骤如下：

（1）分别创建"/var/www/smile"和"/var/www/long"两个主目录和默认文件。

```
[root@Server ~]# mkdir    /var/www/smile    /var/www/long
[root@Server ~]# echo "this is www.smile.com's web.">>/var/www/smile/index.html
[root@Server ~]# echo "this is www.long.com's web.">>/var/www/long/index.html
```

（2）修改 httpd.conf 文件。该文件的修改内容如下：

```
NameVirtualhost 192.168.0.3      //指定虚拟主机所使用的 IP 地址，该 IP 地址将对应多个域名
<VirtualHost 192.168.0.3>        //VirtualHost 后面可以跟 IP 地址或域名
        DocumentRoot  /var/www/smile
        DirectoryIndex  index.html
        ServerName    www.smile.com              //指定该虚拟主机的 FQDN
        ServerAdmin    root@smile.com
        ErrorLog      logs/www.smile.com-error_log
        CustomLog     logs/www.smile.com-access_log common
</VirtualHost>

<VirtualHost 192.168.0.3>
        DocumentRoot /var/www/long
        DirectoryIndex index.html
        ServerName    www.long.com               //指定该虚拟主机的 FQDN
        ServerAdmin    root@long.com
        ErrorLog      logs/www.long.com-error_log
        CustomLog     logs/www. long .com-access_log common
</VirtualHost>
```

（3）重新启动 httpd 服务。

注意　在本例的配置中，DNS 的正确配置至关重要，一定确保 smile.com 和 long. com 域名及主机的正确解析，否则无法成功。

3．基于端口号的虚拟主机的配置

基于端口号的虚拟主机的配置只需服务器有一个 IP 地址即可，所有的虚拟主机共享同一个 IP，各虚拟主机之间通过不同的端口号进行区分。在设置基于端口号的虚拟主机的配置时，需要利用 Listen 语句设置所监听的端口。

【例 8-18】假设 Apache 服务器 IP 地址为 192.168.0.3。现需要创建基于 8080 和 8090 两个不同端口号的虚拟主机，要求不同的虚拟主机对应的主目录不同，默认文档的内容也不同。配置步骤如下：

（1）分别创建"/var/www/port8080"和"/var/www/port8090"两个主目录和默认文件。

```
[root@Server ~]# mkdir    /var/www/port8080    /var/www/port8090
[root@Server ~]# echo "this is 8000 ports  web.">>/var/www/port8080/index.html
[root@Server ~]# echo "this is 8800 ports  web.">>/var/www/port8090/index.html
```

（2）修改 httpd.conf 文件。该文件的修改内容如下：

```
Listen 8080                          //设置监听端口
Listen 8090
<VirtualHost 192.168.0.3:8080>       // VirtualHost 后面跟上 IP 地址和端口号，二者之间用冒号分隔
    DocumentRoot /var/www/port8080
    DirectoryIndex   index.html
    ErrorLog      logs/port8080-error_log
    CustomLog     logs/port8090-access_log common
</VirtualHost>

<VirtualHost 192.168.0.3:8090>
    DocumentRoot /var/www/port8090
    DirectoryIndex   index.html
    ErrorLog      logs/port8090-error_log
    CustomLog   logs/port8090-access_log   common
</VirtualHost>
```

（3）重新启动 httpd 服务。

8.4　企业实战与应用

8.4.1　企业环境及需求

公司要为自己的网站搭建一个论坛来实现与广大用户的在线交流。内网所采用的 IP 地址为 192.168.1.80，要求服务器可以满足 500 人同时访问，并且服务器上有一个非常重要的目录 /security，里面的内容仅允许来自.team0.com 这个域的成员访问，其他全部拒绝。管理员邮箱设置为 root@team0.com，首页设置为 index.php。Apache 根目录和文档目录保持默认设置，如图 8-8 所示。

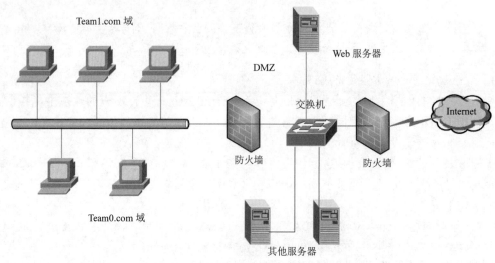

图 8-8 动网论坛网络拓扑

8.4.2 需求分析

对于要搭建动态网站的设计施工人员而言，首先要把相关的软件安装好，LAMP 就是一种非常好的选择。对于特殊的要求可以在主配置文件中采用相应的字段进行设置，比如 ServerAdmin 字段可以设置管理员邮箱地址，DirectoryIndex 字段可以设置首页文件，MaxClients 字段可以设置客户端连接数等。

8.4.3 解决方案

以下步骤的前提是已安装好 Apache 服务器。

1. 安装 LAMP 所需软件

Step1：MySQL 的安装。

（1）MySQL 所需软件。

安装 MySQL 数据库需要的软件包较多，如下所示：

- perl-DBI-1.52-1.fc6.i386.rpm。该软件包位于第 2 张系统光盘内。
- perl-DBD-MySQL-3.0007-1.fc6.i386.rpm。该软件包位于第 2 张系统光盘内。
- MySQL-5.0.22-2.1.i386.rpm。该软件包位于第 2 张系统光盘内。
- MySQL-server-5.0.22-2.1.i386.rpm。该软件包位于第 2 张系统光盘内。
- MySQL-devel-5.0.22-2.1.i386.rpm。该软件包位于第 2 张系统光盘内。

（2）安装顺序。

在安装 MySQL 的时候，请注意安装顺序，否则无法正常安装。参考以下安装顺序即可顺利完成安装。

首先安装 perl-DBI-1.52-1.fc6.i386.rpm。

```
[root@www Server]# rpm  -ivh   perl-DBI-1.52-1.fc6.i386.rpm
warning：perl-DBI-l.52-1.fc6.i386.rpm：Header  V3  DSA  Signature：NOKEY  key ID 37017186
Preparing...      ###########################################  [100%]
   1: perl-DBI    ###########################################[100%]
```

其次安装 MySQL-5.0.22-2.1.i386.rpm。

```
[root@www Server]# rpm  -ivh   MySQL-5.0.22-2.1.i386.rpm
warning: MySQL-5.0.22-2.1.i386.rpm: Header V3  DSA  Signature: NOKEY  key ID 37017186
Preparing...  #################################################  [100%]
  1: MySQL    #################################################  [100%]
```

接下来安装 perl-DBD-MySQL-3.0007-1.fc6.i386.rpm。

```
[root@www Server] # rpm  -ivh   perl-DBD-MySQL-3.0007-1.fc6.i386.rpm
warning: perl-DBD-MySQL-3.0007-1.fc6.i386.rpm: Header  V3   DSA   Signature: NOKEY   key ID
37017186
Preparing...        #########################################  [100%]
  1: perl-DBD-MySQL  ######################################### [100%]
```

最后安装 MySQL-server-5.0.22.2.1.i386.rpm。

```
[root@www Server] # rpm  -ivh   MySQL-server-5.0.22.2.1.i386.rpm
warning: MySQL-server-5.0.22.2.1.i386.rpm: Header V3 DSA Signature: NOKEY  key ID 37017186
Preparing...      ###########################################  [100%]
  1: MySQL-server ###########################################  [100%]
```

（3）启动服务。

安装完毕后，重启 MySQLd 服务，检查服务器的状态，如下所示：

```
[root@www Server] # service  MySQLd   restart
Stopping  MySQL:                                          [OK]
Starting  MySQL:                                          [OK]
```

（4）设置管理员账号密码并测试。

使用 MySQLadmin 命令建立管理员账号，如下所示：

```
[root@www Server] # MySQLadmin -u   root    password    123456
```

> **注意** 该账号是 MySQL 的管理员账号，不是 Linux 的系统账号 root。

使用 mysql -u root -p 进行登录，如下所示：

```
[root@www Server]# mysql  -u    root -P
Enter  password:                                      #输入正确密码
Welcome  to  the  MySQL  monitor. Commands  end  with; or  \g
Your  MySQL  connection  id is 8 to  server  version: 5.0.22
'Type 'help;' or '\h' for  help. Type  '\c' to clear  the  buffer.
MySQL>                                                #成功登录
```

Step2：PHP 的安装。

（1）PHP 所需软件包。

- Php-5.1.6-5.el5.i386.rpm。该软件包位于第 2 张系统光盘内。
- Php-common-5.1.6-5.el5.i386.rpm。该软件包位于第 2 张系统光盘内。
- Php-pdo-5.1.6-5.el5.i386.rpm。该软件包位于第 2 张系统光盘内。
- Php-cli-5.1.6-5.el5.i386.rpm。该软件包位于第 2 张系统光盘内。
- php-MySQL-5.1.6-5.el5.i386.rpm。该软件包位于第 3 张系统光盘内。

（2）安装 PHP 软件包。

当使用 rpm -qa |grep   php 命令后，会发现有一些软件包已经安装过，如下所示：

```
[root@www Server]# rpm    -qa  | grep    php
Php-common-5.1.6-5.el5
Php-cli-5.1.6-5.el5
Php-ldap-5.1.6-5.el5
Php -5.1.6-5.el5
```

所以，只需要将还未安装的软件安装上即可，如下所示：

```
[root@www Server]# rpm   -ivh    php-pdo-5.1.6-5.el5.i386.rpm
warning：php-pdo-5.1.6-5.el5.i386.rpm：Header V3 DSA Signature：NOKEY   key ID 37017186
Preparing...      ########################################        [100%]
  1：php-pdo    ########################################        [100%]
[root@www Server]# rpm    -ivh    php-MySQL-5.1.6-5.el5.i386.rpm
warning：php-MySQL-5.1.6-5.el5.i386.rpm：Header V3 DSA Signature：NOKEY   key ID 37017186
Preparing...      ########################################        [100%]
  1：php-MySQL   ########################################        [100%]
```

2. 编辑配置文件 httpd.conf

```
[root@www conf]# vi  /etc/httpd/conf/httpd.conf
ServerRoot      "/etc/httpd"                         ①
  <IfModule    prefork.c>
  StartServers         8
  MinSpareServers      5
  MaxSpareServers      20
  ServerLimit          500
  MaxClients           500                           ②
  MaxRequestSPerChild  4000
  </IfModule>

  ServerAdmin   root@team0.com                       ③
  ServerName    192.168.1.80：80                      ④
  DocumentRoot     "/var/www/html/bbs"               ⑤

<Directory      "/var/www/html/bbs"
Options   Indexes   FollowSymLinkS
AllowOverride    None
Order    allow,   deny
Allow   from    all                                  ⑥
</Directory>

Directory   Index   index.php                        ⑦
```

以上配置文件中其后带有序号的各行代码功能说明如下：

① 设置 Apache 的根目录为/etc/httpd。

② 设置客户端最大连接数为 500。

③ 设置管理员邮箱地址为 root@team0.com。

④ 设置服务器的主机名和端口。

⑤ 设置文档目录为/var/www/html/bbs。

⑥ 允许所有人访问/var/www/html/bbs 目录。

⑦ 设置首页文件为 index.php。

3. 修改/security 目录设置权限

仅允许 team0.com 域的客户端访问。

```
<Directory     "/security">
  Options    FollowSymLinks
  AllowOverride    None
  Order    allow, deny
  Allow    from   .team0.com
</Directory>
```

4. 重新启动 httpd 服务

```
[root@www conf]# service    httpd    restart
Stopping   httpd:                                    [ OK]
Starting   httpd:                                    [ OK ]
```

5. 创建 BBS 目录

建立/var/www/html/bbs 目录，并将动网论坛的所有文件复制到该目录下。论坛文件可以到互联网上下载，也可以到中国水利水电出版社和万水书苑网站上去下载（http://www.waterpub.com.cn/softdown/ 和 http://www.wsbookshow.com）。文件名是：DvbbsPHP10.rar，解压后将文件全部复制到/var/www/html/bbs 相应目录下。

6. 更改目录权限

```
[root@www conf]# chmod   -R   777     /var/www/html/bbs/
```

7. 安装动网论坛

（1）在客户端开启浏览器（这里以 Firefox 为例），在地址栏输入 http://192.168.1.80/install/index.php，然后选择语言种类。

（2）选择"简体中文 GBK"后，进入确认配置文件界面。

（3）注意数据库用户名必须为 MySQL 数据库管理员账号。另外，如果没有将/var/www/html/bbs 目录权限设置为 777 的话，则会无法安装。

（4）如果权限设置正确，在选择"保存配置信息"后，会出现"所有检查已通过，您现在可以开始安装和使用 Dvbbs 了！"的提示。

（5）单击"开始安装和使用 Dvbbs 了"链接。

（6）单击"下一步，安装论坛基本信息"按钮。

（7）单击"即将完成——设置管理员登录信息"后，设置管理员密码。

（8）建议更改管理员用户名和密码，尽可能用复杂的密码，而且建议前后台管理员账号分别使用不同的账号。

8. 相关测试

到此，所有的安装和配置工作都已完成，打开任意客户端的浏览器，在其地址栏中输入 http://192.168.1.80/即可打开自己搭建的动网论坛。一起测试一下吧！

练习题八

一、填空题

1. 哪个命令可以用于配置 Red Hat Linux 启动时自动启动 httpd 服务？（　　）
   A．service　　　　　B．ntsysv　　　　　C．useradd　　　　　D．startx

2. 在 Red Hat Linux 中手工安装 Apache 服务器时，默认的 Web 站点的目录为（　　）。
   A．/etc/httpd　　　　B．/var/www/html　　C．/etc/home　　　　D．/home/httpd

3. 对于 Apache 服务器，提供的子进程的缺省用户是（　　）。
   A．root　　　　　　　B．apached　　　　　C．httpd　　　　　　D．nobody

4. 目前世界上使用排名第一的 Web 服务器是（　　）。
   A．Apache　　　　　B．IIS　　　　　　　C．SunONE　　　　　D．NCSA

5. Apache 服务器默认的工作方式是（　　）。
   A．inetd　　　　　　B．xinetd　　　　　C．standby　　　　　D．standalone

6. 用户主页存放的目录由文件 httpd.conf 的参数（　　）设定。
   A．UserDir　　　　　B．Directory　　　　C．public_html　　　D．DocumentRoot

7. 设置 Apache 服务器时，一般将服务的端口绑定到系统的（　　）端口上。
   A．10000　　　　　　B．23　　　　　　　C．80　　　　　　　D．53

8. 下面（　　）不是 Apache 基于主机的访问控制指令。
   A．allow　　　　　　B．deny　　　　　　C．order　　　　　　D．all

9. 用来设定当服务器产生错误时，显示在浏览器上的管理员的 E-mail 地址的是（　　）。
   A．ServerName　　　B．ServerAdmin　　C．ServerRoot　　　D．DocumentRoot

10. 在 Apache 基于用户名的访问控制中，生成用户密码文件的命令是（　　）。
   A．smbpasswd　　　B．htpasswd　　　　C．passwd　　　　　D．password

二、填空题

1. Web 服务器使用的协议是_____，英文全称是_____，中文名称是_____。

2. HTTP 请求的默认端口是_____。

3. Red Hat Enterprise Linux 5 采用了 SELinux 这种增强的安全模式，在默认的配置下，只有_____服务可以通过。

4. 在命令行控制台窗口，输入_____命令打开 Linux 配置工具选择窗口。

实训　配置与管理 Apache 服务器

一、实训目的

掌握 Apache 服务器的配置与应用方法。

二、实训内容

练习利用 Apache 服务建立普通 Web 站点、基于主机和用户认证的访问控制。

三、实训练习

（1）配置 Apache 建立普通的 Web 站点
- 备份初始的/etc/httpd/conf/httpd.conf 文件。
- 停止 Apache 服务。编辑/etc/httpd/conf 目录下的 httpd.conf 文件，做如下最基本的设置：
  - ServerAdmin www.long.com（或是与 DNS 服务器结合，将 localhost 改为本机的域名）
  - ServerName 你所在计算机的域名或 IP 地址。
- 启动 Apache。
- 启动客户端浏览器，在地址栏中输入服务器的域名或 IP 地址，观察所看到的界面。

（2）设置用户主页

默认情况下，在用户主目录中创建目录 public_html，然后把所有网页文件放在该目录下即可，输入 http://servername/~username 访问，但是请注意以下几点：
- 利用 root 用户登录系统，修改用户主目录权限（#chmod 705 /home/~username），让其他人有权进入该目录浏览。
- 以自己的用户名登录，创建 public_html 目录，保证该目录也有正确的权限让其他人进入。
- 修改 httpd.conf 中 Apache 默认的主页文件为 index.htm。
- 用户自己在主目录下创建的目录最好把权限设为 0700，确保其他人不能进入访问。
- 在客户端浏览器中输入http://servername/~username，看所连接的页面是否为用户的 index.htm 页面。

（3）配置虚拟主机
- 配置基于 IP 地址的虚拟主机
- 配置基于端口的虚拟主机
- 配置基于域名的虚拟主机

具体配置过程请参见 8.3.5 节

（4）搭建动网论坛

请参见 8.4 节相关内容，或参考出版社网站上的相关内容。

四、实训报告

按要求完成实训报告。

项目 9 配置与管理 FTP 服务器

项目描述：

某学院组建了校园网，建设了学院网站，架设了 Web 服务器来为学院网站安家，但在网站上传和更新时，需要用到文件上传和下载，因此还要架设 FTP 服务器，为学院内部和互联网用户提供 FTP 等服务。本单元先实践配置与管理 FTP 服务器。

项目目标：

* 掌握 FTP 服务的工作原理
* 学会配置 vsftpd 服务器
* 实践典型的 FTP 服务器配置案例

9.1 相关知识

以 HTTP 为基础的 WWW 服务功能虽然强大，但对于文件传输来说却略显不足。一种专门用于文件传输的服务 FTP 应运而生。

FTP 服务就是文件传输服务，FTP 的全称是 File Transfer Protocol，顾名思义，就是文件传输协议，具备更强的文件传输可靠性和更高的效率。

9.1.1 FTP 工作原理

FTP 大大简化了文件传输的复杂性，它能够使文件通过网络从一台计算机传送到另一台计算机上却不受计算机和操作系统类型的限制。无论是 PC、服务器、大型机，还是 IOS、Linux、Windows 操作系统，只要双方都支持协议 FTP，就可以方便、可靠地进行文件的传送。

FTP 服务的具体工作过程如下，如图 9-1 所示。

（1）客户端向服务器发出连接请求，同时客户端系统动态地打开一个大于 1024 的端口等候服务器连接（比如 1031 端口）。

（2）若 FTP 服务器在端口 21 侦听到该请求，则会在客户端 1031 端口和服务器的 21 端口之间建立起一个 FTP 会话连接。

（3）当需要传输数据时，FTP 客户端再动态地打开一个大于 1024 的端口（比如 1032 端口）连接到服务器的 20 端口，并在这两个端口之间进行数据的传输。当数据传输完毕后，这两个端口会自动关闭。

（4）当 FTP 客户端断开与 FTP 服务器的连接时，客户端上动态分配的端口将自动释放。

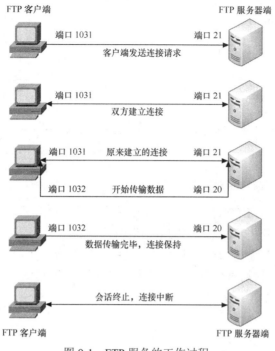

图 9-1　FTP 服务的工作过程

9.1.2　匿名用户

FTP 服务不同于 WWW，它首先要求登录到服务器上，然后再进行文件的传输，这对于很多公开提供软件下载的服务器来说十分不便，于是匿名用户访问就诞生了。通过使用一个共同的用户名 anonymous，密码不限的管理策略（一般使用用户的邮箱作为密码即可）让任何用户都可以很方便地从这些服务器上下载软件。

9.1.3　FTP 服务的传输模式

FTP 服务有两种工作模式：主动传输模式（Active FTP）和被动传输模式（Passive FTP）。

1. 主动传输模式

在主动传输模式下，FTP 客户端随机开启一个大于 1024 的端口 N（比如 1031）向服务器的 21 号端口发起连接，然后开放 $N+1$ 号端口（1032）进行监听，并向服务器发出 PORT 1032 命令。服务器接收到命令后，会用其本地的 FTP 数据端口（通常是 20）来连接客户端指定的端口 1032，进行数据传输，如图 9-2 所示。

2. 被动传输模式

在被动传输模式下，FTP 客户端随机开启一个大于 1024 的端口 N（比如 1031）向服务器的 21 号端口发起连接，同时会开启 $N+1$ 号端口（1032），然后向服务器发送 PASV 命令，通知服务器自己处于被动模式。服务器收到命令后，会开放一个大于 1024 的端口 P（1521）进行监听，然后用 PORT P 命令通知客户端，自己的数据端口是 1521。客户端收到命令后，会通过 1032 号端口连接服务器的端口 1521，然后在两个端口之间进行数据传输，如图 9-3 所示。

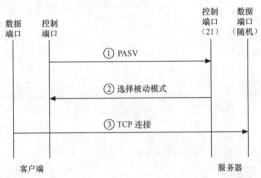

图 9-2　FTP 服务器主动传输模式　　　　　　图 9-3　FTP 服务器被动传输模式

总之，主动传输模式的 FTP 是指服务器主动连接客户端的数据端口，被动传输模式的 FTP 是指服务器被动地等待客户端连接自己的数据端口。

被动传输模式的 FTP 通常用在处于防火墙之后的 FTP 客户访问外界 FTP 服务器的情况，因为在这种情况下，防火墙通常配置为不允许外界访问防火墙之后的主机，而只允许由防火墙之后的主机发起的连接请求通过。因此，在这种情况下不能使用主动传输模式的 FTP 传输，而被动传输模式的 FTP 可以很好地工作。

9.1.4　FTP 命令

图 9-4 和图 9-5 是分别在 Windows 系统和 Linux 系统中利用 FTP 命令以匿名用户 ftp 登录 IP 地址为 192.168.0.3 的 FTP 服务器的登录界面。

```
C:\Users\Administrator>ftp
ftp> open 192.168.0.3
连接到 192.168.0.3。
220 (vsFTPd 2.0.5)
用户(192.168.0.3:(none)): ftp
331 Please specify the password.
密码：
230 Login successful.
ftp> ls
200 PORT command successful. Consider using PASV.
150 Here comes the directory listing.
data
pub
vuser
226 Directory send OK.
ftp: 收到 18 字节，用时 0.00秒 18000.00千字节/秒。
ftp>
```

图 9-4　Windows 系统中 FTP 命令的登录界面

```
[root@server ~]# ftp 192.168.0.3
Connected to 192.168.0.3.
220 (vsFTPd 2.0.5)
530 Please login with USER and PASS.
530 Please login with USER and PASS.
KERBEROS_V4 rejected as an authentication type
Name (192.168.0.3:root): ftp
331 Please specify the password.
Password:
230 Login successful.
Remote system type is UNIX.
Using binary mode to transfer files.
ftp> ls
227 Entering Passive Mode (192,168,0,3,32,81)
150 Here comes the directory listing.
drwxr-xr-x    2 14        0            4096 Feb 13 22:31 data
drwxr-xr-x    2 0         0            4096 May 13  2009 pub
drwx---r--    3 504       504          4096 Feb 14 00:10 vuser
226 Directory send OK.
ftp> _
```

图 9-5　Linux 系统中 FTP 命令的登录界面

在登录成功之后，用户就可以进行相应的文件传输操作了。在提示符下输入"？"，显示 ftp 命令说明。"？"与 help 相同。关于其中常用到的一些重要命令，读者可查阅相关资料下载。

9.2 项目设计与准备

9.2.1 项目设计

在 VMware 虚拟机中启动一台 Linux 服务器作为 vsftpd 服务器，在该系统中添加用户 user1 和 user2。在客户端对 vsftpd 服务器进行测试。

最后介绍一个典型 vsftpd 服务器配置案例，以达到融会贯通的教学目标。

9.2.2 项目准备

需要准备如下设备：

（1）PC 计算机 2 台，其中 PCA 安装企业版 Linux 网络操作系统，另一台作为测试客户端。

（2）推荐使用虚拟机进行网络环境搭建。

9.3 项目实施

任务 1 安装、启动与停止 vsftpd 服务

vsftpd 服务的安装其实很简单，只要安装一个 RPM 软件包就可以了。

1. 安装 vsftpd 服务

可以使用下面的命令检查系统是否已经安装了 vsftpd 服务：

```
[root@server ~]# rpm -q vsftpd
vsftpd-2.0.5-16.el5
```

这表明系统已经安装了 vsftpd 服务。如果系统没有安装 vsftpd 服务，也可以在系统安装过后单独安装。vsftpd 服务的软件包在 Red Hat Enterprise Linux 5 的第 2 张安装盘中，软件包名为 vsftpd-2.0.5-16.el5i386.rpm。

插入第 2 张安装盘，挂载。然后输入下面的命令完成安装。

（1）建立挂载目录，挂载光盘。

```
[root@server ~]# mkdir    /mnt/ftp
[root@server ~]# mount   /media/cdrom    /mnt/ftp
```

（2）进入安装文件所在目录。

```
[root@server ~]# cd    /mnt/ftp/Server
```

（3）安装相应的软件包。

```
[root@server Server]# rpm -ivh vsftpd-2.0.5-16.el5i386.rpm
```

2. vsftpd 服务启动

安装完 vsftpd 服务后，下一步就是启动了。vsftpd 服务可以以独立或被动方式启动。在 Red Hat Enterprise Linux 5 中，默认以独立方式启动。所以输入下面的命令即可启动 vsftpd 服务。

[root@server ～]# **service vsftpd start**

要想重新启动 vsftpd 服务，可以输入下面的命令：

[root@server ～]# **service vsftpd restart**

3．vsftpd 服务停止

停止 vsftpd 服务的命令如下所示：

[root@server ～]# **service vsftpd stop**

若希望在每次开机时自动启动 vsftpd 服务，可以使用 ntsysv 或 chkconfig 命令设置。这两个命令在前面的章节中已经讲过，在此不再赘述。

4．测试 vsftpd 服务

vsftpd 服务安装并启动后，用其默认配置就可以正常工作了。下面使用 FTP 命令登录 FTP 服务器 192.168.0.3，以检测该服务器能否正常工作。

FTP 命令是 FTP 客户端程序，在 Linux 或 Windows 系统的字符界面下可以利用 FTP 命令登录 FTP 服务器，进行文件的上传、下载等操作。FTP 命令的格式如下：

ftp 主机名或 IP 地址

若连接成功，系统提示用户输入用户名和口令。在登录 FTP 服务器时，如果允许匿名用户登录，常见的匿名用户名为 anonymous 和 ftp，密码为空或者是某个电子邮件的地址。vsftpd 默认的匿名用户账号为 ftp，密码也为 ftp。默认允许匿名用户登录，登录后所在的 FTP 站点的根目录为/var/ftp 目录。测试结果如图 9-6 所示。

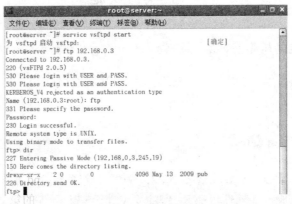

图 9-6　测试 FTP 服务器 192.168.0.3

FTP 登录成功后，将出现 FTP 的命令行提示符 ftp>。在命令行中输入 FTP 命令即可实现相关的操作。有关 ftp 命令的具体使用方法请参见相关资料。

任务 2　认识 vsftpd 的配置文件

vsftpd 的配置主要通过以下几个文件来完成。

1．/etc/pam.d/vsftpd

vsftpd 的 Pluggable Authentication Modules（PAM）配置文件，主要用来加强 vsftpd 服务器的用户认证。

2．/etc/vsftpd/vsftpd.conf

vsftpd 的主配置文件。配置 FTP 服务器的主要工作要通过修改此文件来完成。

3. /etc/vsftpd/ftpusers

所有位于此文件内的用户都不能访问 vsftpd 服务。当然，为了安全起见，这个文件中默认已经包括了 root、bin 和 daemon 等系统账号。

4. /etc/vsftpd/user_list

这个文件中包括的用户有可能是被拒绝访问 vsftpd 服务的，也可能是允许访问的，这主要取决于 vsftpd 的主配置文件/etc/vsftpd/vsftpd.conf 中的 "userlist_deny" 参数是设置为 "YES"（默认值）还是 "NO"。

5. /var/ftp

vsftpd 提供服务的文件集散地，它包括一个 pub 子目录。在默认配置下，所有的目录都是只读的，不过只有 root 用户有写权限。

任务 3　配置 vsftpd 常规服务

1. 配置监听地址与控制端口

有时候，也许你不想采用 FTP 的默认 21 端口来提供服务。

【例 9-1】设置客户端访问通过 2121 端口，而不是默认的 21 端口来进行。

（1）用文本编辑器打开/etc/vsftpd/vsftpd.conf

[root@server ~]# **vim　/etc/vsftpd/vsftpd.conf**

（2）在其中添加如下两行

listen_address=192.168.0.3
listen_port=2121

2. 配置 FTP 模式与数据端口

vsftpd 的主配置文件中还可以决定 FTP 采用的模式和数据传输端口。

（1）connect_from_port_20

设置以 port 模式进行数据传输时使用 20 端口。"YES"：表示使用。"NO"：表示不使用。

（2）pasv_address

定义 vsftpd 服务使用 PASV 模式时使用的 IP 地址。默认值未设置。

（3）pasv_enable

默认值为 "YES"，也就是允许使用 PASV 模式。

（4）pasv_min_port

指定 PASV 模式可以使用的最小（大）端口，默认值为 0，就是未限制，请将它设置为不小于 1024 的数值（最大端口不能大于 65535）。

（5）pasv_promiscuous

设置为 "YES" 时，可以允许使用 FxP 功能。就是支持你的台式机作为客户控制端，让数据在两台服务器之间传输。

（6）port_enable

允许使用主动传输模式，默认值为 "YES"。

3. 配置 ASCII 模式

（1）ascii_download_enable

设置是否可用 ASCII 模式下载。默认值为 "NO"。

（2）ascii_upload_enable

设置是否可用 ASCII 模式上传。默认值为 "NO"。

4．配置超时选项

vsftpd 中还有超时定义选项，以防客户端无限制地连接在 FTP 服务器上，占据宝贵的系统资源。

（1）data_connection_timeout

定义数据传输过程中被阻塞的最长时间（以秒为单位），一旦超出这个时间，客户端的连接将被关闭。默认值是 "300"。

（2）idle_session_timeout

定义客户端闲置的最长时间（以秒为单位，默认值是 300）。超过 300 秒后，客户端的连接将被强制关闭。

（3）connect_timeout

设置客户端尝试连接 vsftpd 命令通道的超时时间。

【例 9-2】设置客户端连接超时时间为 60 秒。

```
connect_timeout=60
```

5．配置负载控制

当然，所有的服务器管理员都不希望 FTP 客户端占用过多的带宽，从而影响了服务器的正常运行，通过以下参数就可以设置。

（1）anon_max_rate=5000

匿名用户的最大传输速率，单位是 B/s。

（2）local_max_rate=20000

本地用户的最大传输速率，单位是 B/s。

【例 9-3】限制所有用户的下载速度为 60KB/s。

```
anon_max_rate=60000
local_max_rate=60000
```

vsftpd 对于文件夹传输速度限制并不是绝对锁定在一个数值，而是在 80%～120%之间变化。如果限制下载速度为 100KB/s，则实际下载速度在 80KB/s～120KB/s 之间变化。

6．配置匿名用户

以下选项控制 anonymous（匿名用户）访问 vsftpd 服务。

（1）anonymous_enable

当设置为 "anonymous_enable=YES" 时，表示启用匿名用户。当然，以下所有的控制匿名用户的选项，也只有在这项设置为 "YES" 时才生效。

【例 9-4】拒绝匿名用户登录 FTP 服务器。

```
anonymous_enable=NO
```

（2）anon_mkdir_write_enable

本选项设置为 "YES" 时，匿名用户可以在一个具备写权限的目录中创建新目录。默认值为 "NO"。

（3）anon_root

当匿名用户登录vsftpd后，将它的目录切换到指定目录。默认值为未设置。

【例9-5】设置匿名用户的根目录为/var/ftp/temp。

```
anon_root=/var/ftp/temp
```

（4）anon_upoad_enable

当本选项设置为"YES"时，匿名用户可以向具备写权限的目录中上传文件。默认值为"NO"。

（5）anon_world_readable_only

默认值为"YES"，这代表匿名用户只具备下载权限。

（6）ftp_username

指定匿名用户与本地的哪个账号相对应，该用户的/home目录即为匿名用户访问FTP服务器时的根目录。默认值是"ftp"。

（7）no_anon_password

设置为"YES"时，匿名用户不用输入密码。默认值为"NO"。

（8）secure_email_list_enable。

当设置为"YES"时（默认值为"NO"），匿名用户只有采用特定的E-mail作为密码才能访问vsftpd服务。

【例9-6】搭建一台FTP服务器，允许匿名用户上传和下载文件，匿名用户的根目录设置为/var/ftp。

① 用文本编辑器打开/etc/vsftpd/vsftpd.conf。

```
[root@server ~]# vim   /etc/vsftpd/vsftpd.conf
```

② 在其中添加如下3行：

```
anonymous_enable=YES                        #允许匿名用户登录
anon_root=/var/ftp                          #设置匿名用户的根目录为/var/ftp
anon_upload_enable=YES                      #允许匿名用户上传文件
```

 如果要实现匿名用户删除文件等功能，仅仅在配置文件中开启这些功能是不够的，还需要注意开放本地文件系统权限，使匿名用户拥有写权限才行。在项目实录中有针对此问题的解决方案。

7. 配置本地用户及目录

vsftpd允许用户以本地用户或者匿名用户登录（其中本地用户就是服务器上有实际账号的那些用户），并且提供了丰富的控制选项。

（1）local_enable

是否允许本地用户登录，默认值为"YES"，也就是允许本地用户访问vsftpd服务器。以下选项只有在"local enable=YES"的前提下才有效。

【例9-7】允许本地用户登录FTP服务器。

```
local_enable=YES
```

（2）local_root

指定本地用户登录vsftpd服务器时切换到的目录。没有设置默认值。

（3）local_umask

设置文件创建的掩码（操作方法与 Linux 下文件属性设置相同），默认值是"022"，也就是其他用户具有只读属性。

【例 9-8】搭建一台只允许本地账户登录的 FTP 服务器。

① 用文本编辑器打开/etc/vsftpd/vsftpd.conf 主配置文件。

```
[root@server ～]# vim   /etc/vsftpd/vsftpd.conf
```

② 在其中添加如下 3 行：

```
anonymous_enable=NO                    #不允许匿名用户登录
local_enable=YES                       #允许本地用户登录 FTP 服务器
local_root=/home                       #指定本地用户登录 FTP 服务器时切换到的目录
```

③ 测试。

测试结果表明，在使用匿名用户（anonymous）登录时出现错误，而使用本地用户登录成功。

（4）chmod_enable

当设置为"YES"时，以本地用户登录的客户端可以通过"SITE CHMOD"命令来修改文件的权限。

（5）chroot_local_user

设置为"YES"时，本地用户只能访问到它的/home 目录，不能切换到/home 目录之外。

（6）chroot_list_enable

当设置为"YES"时，表示本地用户也有些例外，可以切换到它的/home 目录之外，例外的用户在"chroot_list_file"指定的文件中（默认文件是"/etc/vsftpd/chroot_list"）。

限制用户目录的意思就是把使用者的活动范围限制在某一个目录里，他可以在这个目录范围内自由活动，但是不可以进入这个目录以外的任何目录。如果我们不限制 FTP 服务器使用者的活动范围的话，那么所有的使用者就可以随意地浏览整个文件系统，稍有设置不当就会给一些心怀不轨的用户制造机会，所以 vsftpd 提供防止出现这类问题的功能，它就是限制用户目录。

【例 9-9】限制用户目录只能在本人/home 目录内。

① 建立用户 user1 和 user2。

```
[root@server ～]# useradd   -s  /sbin/nologin    user1
[root@server ～]# useradd   -s  /sbin/nologin    user2
```

② 修改主配置文件/etc/vsftpd/vsftpd.conf。

把 chroot_list_enable 和 chroot_list_file 前面的注释符号去掉即可。

```
chroot_list_enable=YES
# (default    follows)
chroot_list_file=/etc/vsftpd/chroot_list
```

③ 编辑 chroot_list 文件。

编辑/etc/vsftpd/chroot_list，并添加需要锁定用户目录的账号（注意每个用户占一行）。

```
[root@server ～]# vim /etc/vsftpd/chroot_list
user1
user2
```

④ 重启服务及测试。

当使用 user1 账号登录的时候，发现可以成功登录，但是当使用 pwd 命令查看当前路径时，发现目前所处的位置是在"/"下，而使用 ls 命令后发现，实际现在所处的位置是在/home 目录下。这样一来，user1 这个用户就被完全锁定在/home 目录中了，即使 user1 账号被黑客或图谋不轨者盗取，也无法对服务器造成过大的危害，从而大大提高系统安全性。

8. 配置虚拟用户

基于安全方面的考虑，vsftpd 除了支持本地用户和匿名用户之外，还支持虚拟用户，就是将所有非 Anonymous（匿名用户）都映射为一个虚拟用户，从而统一限制其他用户的访问权限。

（1）guest_enable

当设置为"YES"时（默认值为"NO"），所有非匿名用户都被映射为一个特定的本地用户。该用户通过"guest_username"命令指定。

（2）guest_username

设置虚拟用户映射到的本地用户，默认值为"ftp"。

9. 配置用户登录控制

vsftpd 还提供了丰富的登录控制选项，包括登录后客户端可以显示的信息、允许执行的命令等，以及登录中的一些控制选项。

（1）banner_file

设置客户端登录之后，服务器显示在客户端的信息，该信息保存在"banner_file"指定的文本文件中。

（2）cmds_allowed

设置客户端登录 vsftpd 服务器后，客户端可以执行的命令集合。需要注意的是，如果设置了该命令，则其他没有列在其中的命令都拒绝执行。没有设置默认值。

（3）ftpd-banner

设置客户端登录 vsftpd 服务器后，客户端显示的欢迎信息或者其他相关信息。需要注意的是，如果设置了"banner_file"，则本命令会被忽略。没有设置默认值。

（4）userlist_enable

userlist_deny 设置使用/etc/vsftpd/user_list 文件来控制用户的访问权限，当 userlist_deny 设置为"YES"时，user_list 中的用户都不能登录 vsftpd 服务器；设置为"NO"时，只有该文件中的用户才能访问 vsftpd 服务器。当然，这些都是在"userlist_enable"被设置为"YES"时才生效。

【例 9-10】设置一个禁止登录的用户列表文件/etc/vsftpd/user_list，并让该文件可以正常工作。

```
[root@server ~]# vim /etc/vsftpd/vsftpd.conf
userlist_enable=YES
userlist_file=/etc/vsftpd/user_list
```

10. 配置目录访问控制

vsftpd 还针对目录的访问设置了丰富的控制选项。

（1）dirlist_enable

设置是否允许用户列目录。默认值为"YES"，即允许列目录。

（2）dirmessage_enable

设置当用户切换到一个目录时，是否显示目录切换信息。如果设置为"YES"，则显示"message_file"指定文件中的信息（默认是显示.message 文件信息）。在附书光盘中的"FTP

服务器配置与管理"对此有详细讲解。

（3）message_file

用于指定目录切换时显示的信息所在的文件，默认值为".message"。

【例 9-11】设置用户进入/home/user1/目录后，提示"Welcome to user1's space！"。

① 用 vim 编辑/etc/vsftpd/vsftpd.conf 主配置文件。

```
[root@server ～]# vim    /etc/vsftpd/vsftpd.conf
dirmessage_enable=YES
message_file=.message                          #指定信息文件为.message
```

② 创建提示性文件。

```
[root@server ～]# cd      /home/user1
root@server user1]# vim    .message
Welcome to user1's space！
```

③ 测试。测试结果表明，使用 user1 登录成功，当进入 user1 目录时，显示提示信息"Welcome to user1's space！"。

（4）force_dot_file

设置是否显示以"."开头的文件，默认值是不显示。

（5）hide_ids

隐藏文件的所有者和组信息，匿名用户看到的文件所有者和组全部变成 ftp。

11．配置文件操作控制

vsftpd 还提供了几个选项用于控制文件的上传和下载。

（1）download_enable

设置是否允许下载。默认值是"YES"，即允许下载。

（2）chown_uploads

当设置为"YES"时，所有匿名用户上传的文件，其拥有者都会被设置为"chown_username"命令指定的用户。默认值是"NO"。

（3）chown_username

设置匿名用户上传的文件的拥有者。默认值是"root"。

（4）write_enable

当设置为"YES"时，FTP 客户端登录后允许使用 DELE（删除文件）、RNFR（重命名）和 STOR（断点续传）命令。

12．配置新增文件权限设置

vsftpd 服务器可以让我们设置上传过来的文件权限，以进行安全方面的设置。

（1）anon_umask

匿名用户新增文件的 umask 数值。默认值为 077。

（2）file_open_mode

上传文件的权限，与 chmod 所使用的数值相同。如果希望上传的文件可以执行，则设置此值为 0777。默认值为 0666。

（3）local_umask

本地用户新增文件时的 umask 数值（默认值为 077）。不过，其他大多数的 FTP 服务器使用的都是 022。如果用户希望的话，则可以修改为 022。

13. 日志设置

vsftpd 还可以让我们记录服务器的工作状态，以及客户端的上传、下载操作。

（1）dual_log_enable

如果启用，将生成两个相似的日志文件，分别为/var/log/xferlog 和/var/logrolate.d/vsftpd.log。前者是 Wu-ftpd 类型的传输日志，可以用于标准工具分析；后者是 vsftpd 自己类型的日志。默认值为"NO"。

（2）log_ftp_protocol

是否记录所有的 FTP 命令信息。默认值为"NO"。

（3）syslog_enable

设置为"YES"时会将本来应记录在/var/logrolate.d/vsftpd.log 中的信息，转而传给 syslogd daemon，由 syslogd 的配置文件决定存于什么位置。默认值为"NO"。

（4）xferlog_enable

如果启用，将会维护一个日志文件，用于详细记录上传和下载操作。在默认情况下，这个日志文件是/var/logrolate.d/vsftpd.log，但是也可以通过配置文件中的 vsftpd_log_file 选项来指定。默认值为"NO"。

（5）xferlog_std_format

如果启用，传输日志文件将以标准 xferlog 的格式书写，如同 Wu-ftpd 一样。此格式的日志文件默认为/var/log/xferlog，但是也可以通过 xferlog_file 选项来设定。

14. 配置限制服务器连接数

限制在同一时刻内允许连接服务器的数量是非常有效的保护服务器并减少负载的方式之一。主配置文件中常用的字段有以下两种。

（1）max_clients

设置 FTP 同一时刻的最大连接数。默认值为 0，表示不限制最大连接数。

（2）max_per_ip

设置每个 IP 的最大连接数。默认值为 0，表示不限制最大连接数。

任务4 常规匿名 FTP 服务器配置案例

某学院信息工程系准备搭建一台功能简单的 FTP 服务器，允许信息工程系员工上传和下载文件，并允许创建用户自己的目录。

1. 案例分析

本案例是一个较为简单的基本案例，允许所有员工上传和下载文件需要设置为允许匿名用户登录，而且，还需要把允许匿名用户上传功能打开。anon_mkdir_write_enable 字段可以控制是否允许匿名用户创建目录。

2. 解决方案

（1）用文本编辑器编辑/etc/vsftpd/vsftpd.conf，并允许匿名用户访问。

```
[root@server ~]# vim    /etc/vsftpd/vsftpd.conf
anonymous_enable=YES            #允许匿名用户登录
```

（2）允许匿名用户上传文件，并可以创建目录。

```
anon_upload_enable=YES          #允许匿名用户上传文件
```

anon_mkdir_write_enable　　　　　　#允许匿名用户创建目录

把 anon_upload_enable 和 anon_mkdir_write_enable 前面的注释符号去掉即可。

（3）重启 vsftpd 服务。

```
[root@server ~]# service    vsftpd    restart
```

（4）修改/var/ftp 权限。

为了保证匿名用户能够上传和下载文件，使用 chmod 命令开放所有的系统权限。

```
[root@server ~]# chmod    777    -R    /var/ftp
```

其中 777 表示给所有用户读、写和执行权限，-R 为递归修改/var/ftp 下所有目录的权限。

（5）测试。

任务 5　常规非匿名 FTP 服务器配置案例

公司内部现在有一台 FTP 和一台 Web 服务器，FTP 的功能主要用于维护公司的网站内容，包括上传文件、创建目录、更新网页等。现有两个部门负责维护任务，分别使用 team1 和 team2 账号进行管理。现要求仅允许 team1 和 team2 账号登录 FTP 服务器，但不能登录本地系统，并将这两个账号的根目录限制为/var/www/html，不能进入该目录以外的任何目录。

1. 案例分析

将 FTP 和 Web 服务器做在一起是企业经常采用的方法，这样方便实现对网站的维护。为了增强安全性，首先需要使用仅允许本地用户访问，并禁止匿名用户登录。其次使用 chroot 功能将 team1 和 team2 锁定在/var/www/html 目录下。如果需要删除文件则还需要注意本地权限。

2. 解决方案

（1）建立维护网站内容的 FTP 账号 team1 和 team2 并禁止本地登录，为其设置密码。

```
[root@server ~]# useradd    -s    /sbin/nologin    team1
[root@server ~]# useradd    -s    /sbin/nologin    team2
[root@server ~]# passwd    team1
[root@server ~]# passwd    team2
```

（2）配置 vsftpd.conf 主配置文件并做相应修改。

```
[root@server ~]# vim    /etc/vsftpd/vsftpd.conf
anonymous_enable=NO                 #禁止匿名用户登录
local_enable=YES                    #允许本地用户登录
local_root=/var/www/html            #设置本地用户的根目录为/var/www/html
chroot_list_enable=YES              #激活 chroot 功能
chroot_list_file=/etc/vsftpd/chroot_list    #设置锁定用户在根目录中的列表文件
```

保存主配置文件并退出。

（3）建立/etc/vsftpd/chroot_list 文件，添加 team1 和 team2 账号。

```
[root@server ~]# touch    /etc/vsftpd/chroot_list
team1
team2
```

（4）开启禁用 SELinux 的 FTP 传输审核功能。

利用"setsebool -P ftpd_disable_transon"命令，将 allow_ftpd_anon_write 改为 off，将 ftpd_ disable_trans 改为 on，如图 9-7 所示。

> **注意** 如果不禁用 SELinux 的 FTP 传输审核功能，则会出现如下错误信息："500 OOPS: cannot change directory: /home/team1 login failed."。

（5）重启 vsftpd 服务使配置生效。

`[root@server ～]# service vsftpd restart`

（6）修改本地权限。

`[root@server ～]# ll -d /var/www/html`
`[root@server ～]# chmod -R o+w /var/www/html`
`[root@server ～]# ll -d /var/www/html`

（7）测试结果如图 9-8 所示。

图 9-7 禁用 SELinux 的 FTP 传输审核功能

图 9-8 测试结果

任务 6 设置 vsftp 虚拟账号

FTP 服务器的搭建工作并不复杂，但需要按照服务器的用途，合理规划相关配置。如果 FTP 服务器并不对互联网上的所有用户开放，则可以关闭匿名访问，而开启实体账户或者虚拟账户的验证机制。但实际操作中，如果使用实体账户访问，FTP 用户在拥有服务器真实用户名和密码的情况下，会对服务器产生潜在的危害，FTP 服务器如果设置不当，则用户有可能使用实体账号进行非法操作。所以，为了 FTP 服务器的安全，可以使用虚拟用户验证方式，也就是将虚拟的账号映射为服务器的实体账号，客户端使用虚拟账号访问 FTP 服务器。对于 vsftp 虚拟账号的配置主要有以下几个步骤。

1. 创建用户数据库

（1）创建用户文本文件。

首先，建立保存虚拟账号和密码的文本文件，格式如下。

虚拟账号 1
密码
虚拟账号 2
密码

使用 vi 编辑器建立用户文件 vuser.txt，添加虚拟账号 user10 和 user20。如下所示。

```
[root@server ~]# mkdir     /vftp
[root@server ~]# vim    /vftp/vuser.txt
user10
123456
user20
123456
```

（2）生成数据库。

保存虚拟账号及密码的文本文件无法被系统账号直接调用，需要使用 db_load 命令生成 db 数据库文件。

```
[root@server ~]# db_load  -T  -t  hash  -f  /vftp/vuser.txt  /vftp/vuser.db
[root@server ~]# ls    /vftp
vuser.db    vuser.txt
```

> **注意**　RHEL5 默认只安装 db4-4.3.29-9.fc6.i386.rpm 和 db4-devel-4.3.29-9.fc6.i386.rpm，要使用 db_load 还需要将 db4-utils-4.3.29-9.fc6.i386.rpm 包（第2张光盘上）安装上。否则会出现错误信息：找不到 db_load 命令。

（3）修改数据库文件访问权限。

数据库文件中保存着虚拟账号和密码信息，为了防止非法用户盗取，可以修改该文件的访问权限。

```
[root@server ~]# chmod    700  /vftp/vuser.db
[root@server ~]# ll    /vftp
```

2. 配置 PAM 文件

为了使服务器能够使用数据库文件，对客户端进行身份验证，需要调用系统的 PAM 模块。PAM（Plugable Authentication Module）为可插拔认证模块，不必重新安装应用程序，可通过修改指定的配置文件，调整对该程序的认证方式。PAM 模块配置文件路径为/etc/pam.d，该目录下保存着大量与认证有关的配置文件，并以服务名称命名。

下面修改 vsftp 对应的 PAM 配置文件/etc/pam.d/vsftpd，将默认配置使用"#"全部注释，添加相应字段，如下所示：

```
[root@server ~]# vim    /etc/pam.d/vsftpd
#PAM-1.0
#session    optional    pam_keyinit.so    force    revoke
#auth       required    pam_listfile.so    item=user sense=deny
file=/etc/vsftpd/ftpusers    onerr=succeed
auth        required    pam_shells.so
#auth       include     system-auth
#account    include     system-auth
#session    include     system-auth
#session    required    pam_loginuid.so
auth        required    /lib/security/pam_userdb.so    db=/vftp/vuser
session     required    /lib/security/pam_userdb.so    db=/vftp/vuser
```

3. 创建虚拟账户对应系统用户

```
[root@server ~]# useradd  -d  /var/ftp/vuser  vuser              ①
[root@server ~]# mkdir   /var/ftp/vuser                          ②
```

```
[root@server ～]# chown  vuser.vuser  /var/ftp/vuser              ③
[root@server ～]# chmod  o+w  /var/ftp/vuser                      ④
[root@server ～]# ls  -ld  /var/ftp/vuser                         ⑤
drwx----w-  3  vuser  vuser  4096  02-14  08:10  /var/ftp/vuser
```

以上代码中其后带序号的各行功能说明如下：

① 用 useradd 命令添加系统账户 vuser，并将其/home 目录指定为/var/ftp 下的 vuser。

② 建立/var/ftp/vuser 目录。

③ 变更 vuser 目录的所属用户和组，设定为 vuser 用户、vuser 组。

④ 当匿名账户登录时会映射为系统账户，并登录/var/ftp/vuser 目录，但其并没有访问该目录的权限，需要为 vuser 目录的其他用户和组添加读和执行权限。

⑤ 使用 ls 命令，查看 vuser 目录的详细信息，系统账号主目录设置完毕。

4. 修改 vsftpd.conf

```
anonymous_enable=NO                                              ①
anon_upload_enable= NO
anon_mkdir_write_enable=NO
anon_other_write_enable=NO
local_enable=YES                                                ②
chroot_local_user=YES                                           ③
write_enable=NO                                                 ④
guest_enable=YES                                                ⑤
guest_username=vuser                                            ⑥
listen=YES                                                      ⑦
pam_service_name=vsftpd                                         ⑧
```

以上代码中其后带序号的各行功能说明如下：

① 为了保证服务器的安全，关闭匿名访问，以及其他匿名相关设置。

② 虚拟账号会映射为服务器的系统账号，所以需要开启本地账号的支持。

③ 锁定账户的根目录。

④ 关闭用户的写权限。

⑤ 开启虚拟账号访问功能。

⑥ 设置虚拟账号对应的系统账号为 vuser。

⑦ 设置 FTP 服务器为独立运行。

⑧ 配置 vsftp 使用的 PAM 模块为 vsftpd。

5. 重启 vsftpd 服务

6. 测试

使用虚拟账号 user1 登录 FTP 服务器，进行测试，会发现虚拟账号登录成功，并显示 FTP 服务器目录信息。

9.4　企业实战与应用

9.4.1　企业环境及需求

公司为了宣传最新的产品信息，计划搭建 FTP 服务器，为客户提供相关文档的下载。对所有互联网用户开放共享目录，允许下载产品信息，禁止上传。公司的合作单位能够使用 FTP 服务器进行上传和下载，但不可删除数据。并且要保证服务器的稳定性，进行适当优化设置。

9.4.2 需求分析

根据企业的需求，对于不同用户进行不同的权限限制，FTP 服务器需要实现用户的审核。而考虑服务器的安全性，所以关闭实体用户登录，使用虚拟账户验证机制，并对不同虚拟账号设置不同的权限。为了保证服务器的性能，还需要根据用户的等级，限制客户端的连接数，以及下载速度。

9.4.3 解决方案

1. 创建用户数据库

Step1：创建用户文本文件。

首先建立用户文本文件 ftpuser.txt，添加 2 个虚拟账户，公共账户 ftp，客户账户 vip，如下所示：

```
[root@RHEL5  ~] #  mkdir  /ftpuser
[root@RHEL5  ~] #  vi    /ftpuser/ftpuser.txt
ftp
123
vip
nihao123
```

Step2：生成数据库。

使用 db_load 命令生成 db 数据库文件，如下所示：

```
[root@RHEL5 ～] # db_load  -T  -t    hash  -f /ftpuser/ftpuser.txt   /ftpuser/ftpuser.db
```

Step3：修改数据库文件访问权限。

为了保证数据库文件的安全，需要修改该文件的访问权限，如下所示：

```
[root@RHEL5 ~] #  chmod     700      /ftpuser/ftpuser.db
[root@Red Hat1 vftp] # ll  /ftpuser
total  16
-rwx------1     root  root     12288    Oct  12    14:47     ftpuser.db
-rw-r-r---1     root  root     20       Oct  12    13:46     ftpuser.txt
```

2. 配置 PAM 文件

修改 vsftpd 对应的 PAM 配置文件/etc/pam.d/vsftpd，如下所示：

```
#%PAM -1.0
# session    optional     pam_keyinit.so      force     revoke
# auth       required     pam_listfile.so     item=user  sense=deny
file = /etc/vsftpd/ftpusers      onerr = succeed
auth       required     pam_shells.so
# auth       include      system-auth
# account    include      system-auth
# session    include      svstem-auth
# session    required     pam_loginuid.so
auth       required     /lib/security/pam_userdb.so        db = /vsftpd/ftpuser
```

| account | required | /lib/security/pam_userdb.so | db= /vsftpd/ftpuser |

3. 创建虚拟账户对应系统用户

对于公共账户和客户账户，因为需要配置不同的权限，所以可以将两个账户的目录进行隔离，控制用户的文件访问。公共账户 ftp 对应系统账户 ftpuser，并指定其主目录为 /var/ftp/share，而客户账户 vip 对应系统账户 ftpvip，指定主目录为/var/ftp/vip。

[root@RHEL5 ~]# useradd -d	/var/ftp/share	ftpuser	
[root@RHEL5 ~]# mkdir	/var/ftp/share		
[root@RHEL5 ~]# chown	ftpuser.ftpuser	/var/ftp/share	
[root@RHEL5 ~]# chmod	**o=r**	**/var/ftp/share**	①
[root@RHEL5 ~]# useradd -d	/var/ftp/vip	ftpvip	
[root@RHEL5 ~]# mkdir	/var/ftp/vip		
[root@RHEL5 ~]# chown	ftpvip.ftpvip	/var/ftp/vip	②
[root@RHEL5 ~】# chmod	o=rw	/var/ftp/vip	③

其后有序号的三行命令功能说明如下：

① 公共账户 ftp 只允许下载，修改 share 目录其他用户权限为 read，只读。

② 变更 vip 目录的所属用户和组，设定为 ftpvip 用户、ftpvip 组。

③ 客户账户 vip 允许上传和下载，所以对 vip 目录权限设置为 read 和 write，可读写。

4. 建立配置文件

设置多个虚拟账户的不同权限，若使用一个配置文件无法实现该功能，需要为每个虚拟账户建立独立的配置文件，并根据需要进行相应的设置。

Step1：修改 vsftpd.conf。

配置主配置文件 vsftpd.conf，添加虚拟账号的共同设置，并添加 user_config_dir 字段，定义虚拟账号的配置文件目录，如下所示：

Anonymous_enable=N0	
Anon_upload_enable= NO	
Anon_mkdir_write_enable=NO	
Anon_other_write_enable=N0	
Local_enable=YES	
Chroot_local_user=YES	
listen=YES	
pam_service_name=vsftpd	①
user_config_dir=/ftpconfig	②
max_clients=300	③
max_per_ip=10	④

以上文件中其后带序号的几行代码的功能说明如下：

① 配置 vsftpd 使用的 PAM 模块为 vsftpd。

② 设置虚拟账号的主目录为/ftpconfig。

③ 设置 FTP 服务器最大接入客户端数量为 300。

④ 每个 IP 地址最大连接数为 10。

Step2：建立虚拟账号配置文件。

在 user_config_dir 指定路径下，建立与虚拟账号同名的配置文件，并添加相应的配置字段。首先创建公共账号 ftp 的配置文件，如下所示：

```
[root@RHEL5 ~]# vim              /ftpconfig/ftp
guest_enable=yes                                            ①
guest_username=ftpuser                                      ②
anon_world_readable_only=yes                                ③
anon_max_rate=30000                                         ④
```

以上文件中其后带序号的几行代码的功能说明如下：

① 开启虚拟账号登录。

② 设置 ftp 对应的系统账号为 ftpuser。

③ 配置虚拟账号全局可读，允许其下载数据。

④ 限定传输速率为 30KB/s。

```
[root@RHEL5 ~]# vim              /ftpconfig/vip
guest_enable=yes
guest_username=ftpvip                                      ①
anon_world_readable_only=no                                ②
write_enable=yes                                           ③
anon_upload_enable=yes                                     ④
anon_max_rate=60000                                        ⑤
```

以上文件中其后带序号的几行代码的功能说明如下：

① 设置 vip 账户对应的系统账户为 ftpvip。

② 关闭匿名账户只读。

③ 允许在文件系统使用 ftp 命令进行操作。

④ 开启匿名账户的上传功能。

⑤ 限定传输速度为 60KB/s。

5. 启动 vsftpd

```
[root@RHEL5 ~ ]# service  vsftpd      restart
Shutting   down    vsftpd:                          [OK]
Starting   vsftpd  for   vsftpd:                     [OK]
```

6. 测试

（1）首先使用公共账户 ftp 登录服务器，可以浏览下载文件，但是当尝试上传文件时，会提示错误信息。

（2）接着使用客户账号 vip 登录测试，对于 vip 账号具备上传权限，上传 "XXX 文件"，测试成功。

（3）但是该账户删除文件时，会返回 550 错误提示，表明无法删除文件。

9.5　FTP 排错

相比其他的服务而言，vsftpd 配置操作并不复杂，但因为管理员的疏忽，也会造成客户端无法正常访问 FTP 服务器。本节将通过几个常见错误，讲解 vsftpd 的排错方法。

1. 拒绝账户登录（错误提示：OOPS 无法改变目录）

当客户端使用 ftp 账号登录服务器时，提示 "500 OOPS" 错误。

接收到该错误信息，并不是 vsftpd.conf 配置文件设置有问题，重点是 "cannot change directory"，无法更改目录。造成这个错误，主要有以下两个原因。

（1）目录权限设置错误

该错误一般在本地账户登录时发生，如果管理员在设置该账户主目录权限时，忘记添加执行权限（X），那么，就会收到该错误信息。FTP 中的本地账号，需要拥有目录的执行权限，请使用 chmod 命令添加 "X" 权限，保证用户能够浏览目录信息，否则拒绝登录。对于 FTP 的虚拟账号，即使不具备目录的执行权限，也可以登录 FTP 服务器，但会有其他错误提示。为了保证 FTP 用户的正常访问，请开启目录的执行权限。

（2）SELinux

FTP 服务器开启了 SELinux 针对 FTP 数据传输的策略，也会造成 "无法切换目录" 的错误提示，如果目录权限设置正确，那么，需要检查 SELinux 的配置。用户可以通过 setsebool 命令，禁用 SELinux 的 FTP 传输审核功能。

```
[root@RHEL5 ~]# setsebool  -P  ftpd_disable_trans        1
```

重新启动 vsftpd 服务，用户能够成功登录 FTP 服务器。

2. 客户端连接 FTP 服务器超时

造成客户端访问服务器超时的原因，主要有以下几种情况。

（1）线路不通

使用 ping 命令测试网络连通性，如果出现 "Request Timed Out"，说明客户端与服务器的网络连接存在问题，检查线路的故障。

（2）防火墙设置

如果防火墙屏蔽了 FTP 服务器控制端口 21，以及其他的数据端口，则会造成客户端无法连接服务器，形成 "超时" 的错误提示。需要设置防火墙开放 21 端口，并且，还应该开启主动模式的 20 端口，以及被动模式使用的端口范围，防止数据的连接错误。

3. 账户登录失败

客户端登录 FTP 服务器时，还有可能会收到 "登录失败" 的错误提示。

登录失败，实际上牵扯到身份验证，以及其他一些登录的设置。

（1）密码错误

请保证登录密码的正确性，如果 FTP 服务器更新了密码设置，则使用新密码重新登录。

（2）PAM 验证模块

当输入密码无误，但仍然无法登录 FTP 服务器时，很有可能是 PAM 模块中 vsftpd 的配置文件设置错误造成的。PAM 的配置比较复杂，其中 auth 字段主要是接受用户名和密码，进而对该用户的密码进行认证，account 字段主要是检查账户是否被允许登录系统，账号是否已经过期，账号的登录是否有时间段的限制等，保证这两个字段配置的正确性，否则 FTP 账号将无法登录服务器。事实上，大部分账号登录失败都是由这个错误造成的。

（3）用户目录权限

FTP 账号对于主目录没有任何权限时，也会收到 "登录失败" 的错误提示，根据该账号的用户身份，重新设置其主目录权限，重启 vsftpd 服务，使配置生效。

练习题九

一、选择题

1．ftp 命令的哪个参数可以与指定的机器建立连接？（　　）
　　A．connect　　　　　B．close　　　　　C．cdup　　　　　D．open
2．FTP 服务使用的端口是（　　）。
　　A．21　　　　　B．23　　　　　C．25　　　　　D．53
3．我们从 Internet 上获得软件最常采用的方式是（　　）
　　A．WWW　　　　　B．telnet　　　　　C．FTP　　　　　D．DNS
4．一次可以下载多个文件用（　　）命令。
　　A．mget　　　　　B．get　　　　　C．put　　　　　D．mput
5．下面（　　）不是 FTP 用户的类别。
　　A．real　　　　　B．anonymous　　　　　C．guest　　　　　D．users
6．修改文件 vsftpd.conf 的（　　）可以实现 vsftpd 服务独立启动。
　　A．listen=YES　　　　　　　　　　B．listen=NO
　　C．boot=standalone　　　　　　　　D．#listen=YES
7．将用户加入以下（　　）文件中可能会阻止用户访问 FTP 服务器。
　　A．vsftpd.ftpusers　　　　　　　　B．vsftpd.user_list
　　C．ftpd.ftpusers　　　　　　　　　D．ftpd.userlist

二、填空题

1．FTP 服务就是_____服务，FTP 的英文全称是_____。
2．FTP 服务通过使用一个共同的用户名_____，密码不限的管理策略，让任何用户都可以很方便地从这些服务器上下载软件。
3．FTP 服务有两种工作模式：_____和_____。
4．FTP 命令的格式如下：_____。

实训　FTP 服务器的配置

一、实训目的

掌握 Linux 下 vsftpd 服务器的架设方法。

二、实训内容

练习 vsftpd 服务器的各种配置。

三、实训环境

在 VMware 虚拟机中启动一台 Linux 服务器作为 vsftpd 服务器,在该系统中添加用户 user1 和 user2。

四、实训练习

(1)确保系统安装了 vsftpd 软件包。

(2)设置匿名账号具有上传、创建目录权限。

(3)利用/etc/vsftpd.ftpusers 文件,设置禁止本地 user1 用户登录 ftp 服务器。

(4)设置本地用户 user2 在登录 FTP 服务器之后,在进入 dir 目录时显示提示信息 "welcome"。

(5)设置将所有本地用户都锁定在家目录中。

(6)设置只有在/etc/vsftpd.user_list 文件中指定本地用户 user1 和 user2 可以访问 FTP 服务器,其他用户都不可以。

(7)配置基于主机的访问控制,实现如下功能:

● 拒绝 192.168.6.0/24 访问。

● 对域 jnrp.net 和 192.168.2.0/24 内的主机不做连接数和最大传输速率限制。

● 对其他主机的访问限制每 IP 的连接数为 1,最大传输速率为 20KB/s。

(8)使用 PAM 实现基于虚拟用户的 FTP 服务器的配置(参见 9.4 节)。

● 创建虚拟用户口令库文件。

● 生成虚拟用户所需的 PAM 配置文件/etc/pam.d/vsftpd。

● 修改 vsftpd.conf 文件。

● 重新启动 vsftpd 服务。

● 测试。

五、实训报告

按要求完成实训报告。

项目 **10** 配置与管理电子邮件服务器

项目描述：

某高校组建了学校的校园网，现需要在校园网中部署一台电子邮件服务器，用于进行公文发送和工作交流。利用基于 Linux 平台的 Sendmail 邮件服务器及基于 Web 界面的 Open WebMail 邮件服务器既能满足需要，又节省了资金。

在完成该项目之前，首先应当规划好电子邮件服务器的存放位置、所属网段、IP 地址、域名等信息；其次，要确定每个用户的用户名，以便为其创建账号等。

项目目标：

● 了解电子邮件服务的工作原理
● 掌握 Sendmail 和 POP3 邮件服务器的配置
● 掌握电子邮件服务器的测试
● 掌握 Open WebMail

10.1 相关知识

10.1.1 电子邮件服务概述

电子邮件（Electronic Mail1，简称 E-mail）服务是 Internet 最基本也是最重要的服务之一。

与传统邮件相比，电子邮件服务的诱人之处在于传递迅速。如果采用传统的方式发送信件，发一封特快专递也需要至少一天的时间，而发一封电子邮件给远在他方的用户，通常来说，对方几秒钟之内就能收到。跟最常用的日常通信手段——电话系统相比，电子邮件在速度上虽然不占优势，但它不要求通信双方同时在场。由于电子邮件采用存储转发的方式发送邮件，发送邮件时并不需要收件人处于在线状态，收件人可以根据实际需要随时上网从邮件服务器上收取邮件，方便了信息的交流。

与现实生活中的邮件传递类似，每个人必须有一个唯一的电子邮件地址。电子邮件地址的格式是"USER@SERVER.COM"，由三部分组成。第一部分"USER"代表用户邮箱账号，对于同一个邮件接收服务器来说，这个账号必须是唯一的；第二部分"@"是分隔符；第三部分"SERVER.COM"是用户信箱的邮件接收服务器域名，用以标志其所在的位置。这样的一个电子邮件地址表明该用户在指定的计算机（邮件服务器）上有一块存储空间。Linux 邮件服务器上的邮件存储空间通常是位于/var/spool/mail 目录下的文件。

与常用的网络通信方式不同，电子邮件系统采用缓冲池（spooling）技术处理传递的延迟。

用户发送邮件时，邮件服务器将完整的邮件信息存放到缓冲区队列中，系统后台进程会在适当的时候将队列中的邮件发送出去。RFC822 定义了电子邮件的标准格式，它将一封电子邮件分成头部（head）和正文（body）两部分。邮件的头部包含了邮件的发送方、接收方、发送日期、邮件主题等内容，而正文通常是要发送的信息。

10.1.2　电子邮件系统的组成

Linux 系统中的电子邮件系统包括三个组件：MUA（Mail User Agent，邮件用户代理）、MTA（Mail Transfer Agent，邮件传送代理）和 MDA（Mail Delivery Agent，邮件投递代理）。

1. MUA

MUA 是电子邮件系统的客户端程序。它是用户与电子邮件系统的接口，主要负责邮件的发送和接收以及邮件的撰写、阅读等工作。目前主流的邮件用户代理软件有基于 Windows 平台的 Outlook、Foxmail 和基于 Linux 平台的 mail、elm、pine、evolution 等。

2. MTA

MTA 是电子邮件系统的服务器端程序。它主要负责邮件的存储和转发。最常用的 MTA 软件有基于 Windows 平台的 Exchange 和基于 Linux 平台的 sendmail、qmail 和 postfix 等。

3. MDA

MDA 有时也称为 LDA（Local Delivery Agent，本地投递代理）。MTA 把邮件投递到邮件接收者所在的邮件服务器，MDA 则负责把邮件按照接收者的用户名投递到邮箱中。

4. MUA、MTA 和 MDA 协同工作

总的来说，当使用 MUA 程序写信（如 elm、pine 或 mail）时，应用程序把信件传给 Sendmail 或 postfix 这样的 MTA 程序。如果信件是寄给局域网或本地主机的，那么 MTA 程序应该从地址上就可以确定这个信息。如果信件是发给远程系统用户的，那么 MTA 程序必须能够选择路由，与远程邮件服务器建立连接并发送邮件。MTA 程序还必须能够处理发送邮件时产生的问题，并且能向发信人报告出错信息。例如，当邮件没有填写地址或收信人不存在时，MTA 程序要向发信人报错。MTA 程序还支持别名机制，使得用户能够方便地用不同的名字与其他用户、主机或网络通信。而 MDA 的作用主要是把接收者 MTA 收到的邮件信息投递到相应的邮箱中。

10.1.3　电子邮件传输过程

电子邮件与普通邮件有类似的地方，发信者注明收件人的姓名与地址（即邮件地址），发送方服务器把邮件传到收件方服务器，收件方服务器再把邮件发到收件人的邮箱中，如图 10-1 所示。

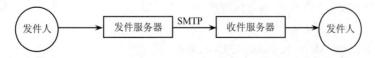

图 10-1　电子邮件发送示意图

以一封邮件的传递过程为例，下面是邮件发送的基本过程，如图 10-2 所示。

（1）邮件用户在客户机使用 MUA 撰写邮件，并将写好的邮件提交给本地 MTA 上的

缓冲区。

（2）MTA 每隔一定时间发送一次缓冲区中的邮件队列。MTA 根据邮件的接收者地址，使用 DNS 服务器的 MX（邮件交换器资源记录）解析邮件地址的域名部分，从而决定将邮件投递到哪一个目标主机。

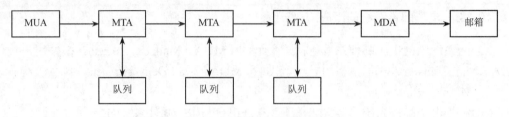

图 10-2　电子邮件传输过程

（3）目标主机上的 MTA 收到邮件以后，根据邮件地址中的用户名部分判断用户的邮箱，并使用 MDA 将邮件投递到该用户的邮箱中。

（4）该邮件的接收者可以使用常用的 MUA 软件登录邮箱，查阅新邮件，并根据自己的需要作相应的处理。

10.1.4　与电子邮件相关的协议

常用的与电子邮件相关的协议有 SMTP、POP3 和 IMAP4。

1. SMTP（Simple Mail Transfer Protocol）

SMTP 即简单邮件传输协议，该协议默认工作在 TCP 的 25 端口。SMTP 属于客户机/服务器模型，它是一组用于由源地址到目的地址传送邮件的规则，由它来控制信件的中转方式。SMTP 属于 TCP/IP 协议簇，它帮助每台计算机在发送或中转信件时找到下一个目的地。通过 SMTP 所指定的服务器，就可以把电子邮件寄到收件人的服务器上了。SMTP 服务器则是遵循 SMTP 的发送邮件服务器，用来发送或中转发出的电子邮件。SMTP 仅能用来传输基本的文本信息，但不支持字体、颜色、声音、图像等信息的传输。为了传输这些内容，目前在 Internet 中广为使用的是 MIME（Multipurpose Internet Mail Extension，多用途 Internet 邮件扩展）协议。MIME 协议弥补了 SMTP 的不足，解决了 SMTP 仅能传送 ASCII 码文本的限制。目前，SMTP 和 MIME 协议已经广泛应用于各种电子邮件系统中。

2. POP3（Post Office Protocol 3）

POP3 即邮局协议的第 3 个版本，该协议默认工作在 TCP 的 110 端口。POP3 同样也属于客户机/服务器模型，它是规定怎样将个人计算机连接到 Internet 的邮件服务器和下载电子邮件的协议。它是 Internet 电子邮件的第一个离线协议标准，POP3 允许从服务器上把邮件存储到本地主机即自己的计算机上，同时删除保存在邮件服务器上的邮件。遵循 POP3 协议来接收电子邮件的服务器是 POP3 服务器。

3. IMAP4（Internet Message Access Protocol 4）

IMAP4 即 Internet 信息访问协议的第 4 个版本，该协议默认工作在 TCP 的 143 端口。是用于从本地服务器上访问电子邮件的协议，它也是一个客户机/服务器模型协议，用户的电子邮件由服务器负责接收保存，用户可以通过浏览信件头来决定是否要下载此信件。用户也可以在服务器上创建或更改文件夹或邮箱，删除信件或检索信件的特定部分。

注意

虽然 POP3 和 IMAP4 都用于处理电子邮件的接收,但二者在机制上却有所不同。在用户访问电子邮件时,IMAP4 需要持续访问邮件服务器,而 POP3 则是将信件保存在服务器上。当用户阅读信件时,所有内容都会被立即下载到用户的机器上。

10.2　项目设计与准备

10.2.1　项目设计

本项目选择企业版 Linux 网络操作系统提供的电子邮件系统 Sendmail 来部署电子邮件服务,利用 Open WebMail 来收发邮件。

10.2.2　项目准备

部署电子邮件服务应满足下列需求:

（1）安装好的企业版 Linux 网络操作系统,并且必须保证 Apache 服务和 perl 语言解释器正常工作。客户端使用 Linux 或 Windows 网络操作系统。服务器和客户端能够通过网络进行通信。

（2）电子邮件服务器的 IP 地址、子网掩码等 TCP/IP 参数应手工配置。

（3）电子邮件服务器应拥有一个友好的 DNS 名称,并且应能够被正常解析,且具有电子邮件服务所需要的 MX 资源记录。

（4）创建任何电子邮件域之前,规划并设置好 POP3 服务器的身份验证方法。

10.3　项目实施

任务 1　安装、启动与停止 Sendmail 服务

前面讲过,在 E-mail 系统中 MTA 是指系统中负责处理邮件收发工作的程序,在 Linux 中比较广泛使用的是 Sendmail。如果想要自行架设邮件主机,则必须对 Sendmail 电子邮件服务器配置有进一步的了解。

1. 安装 Sendmail 服务

可以使用下面的命令检查系统是否已经安装了 Sendmail 服务。

```
[root@server ~]# rpm -qa|grep sendmail
sendmail-8.13.8-2.el5
```

这表明系统已经安装了 Sendmail 服务。如果系统没有安装 Sendmail 服务,也可以在系统安装过后单独安装。Sendmail 服务的软件包可以在 Red Hat Enterprise Linux 5 的第 1 张安装盘中找到。

安装前了解一下 Sendmail 软件包以及它们的用途。

● sendmail-8.13.8-2.el5.i386.rpm:Sendmail 服务的主程序包,服务器端必须安装该软件

包。该软件包位于第 1 张 RHEL 5 安装光盘。

- m4-1.4.5-3.el5.1.i386.rpm：宏处理过滤软件包。该软件包位于第 1 张 RHEL 5 安装光盘。
- sendmail-cf-8.13.8-2.el5.i386.rpm：Sendmail 宏文件包。该软件包位于第 2 张 RHEL 5 安装光盘。
- sendmail-doc-8.13.8-2.el5.i386.rpm：Sendmail 服务器的说明文档。该软件包位于第 2 张 RHEL 5 安装光盘。
- sendmail-devel-8.13.8-2.el5.i386.rpm：Sendmail 服务器开发工具软件包。该软件包位于第 2 张 RHEL 5 安装光盘。
- dovecot-1.0-1.2.rc15.el5.i386.rpm：接收邮件软件包，安装时需要注意安装顺序。该软件包位于第 2 张 RHEL 5 安装光盘。

如果没有安装，可以使用 rpm 命令进行安装。

```
//挂载光盘到/mnt/mail
[root@server ～]# mkdir     /mnt/mail
[root@server ～]# mount    /dev/cdrom    /mnt/mail
//进入安装文件所在目录
[root@server ～]# cd   /mnt/mail/Server
//安装相应的软件包
[root@server Server]#rpm –ivh    sendmail-8.13.8-2.el5.i386.rpm
[root@server Server]#rpm –ivh    m4-1.4.5-3.el5.1.i386.rpm
[root@server Server]#rpm –ivh    sendmail-cf-8.13.8-2.el5.i386.rpm
[root@server Server]#rpm –ivh    sendmail-doc-8.13.8-2.el5.i386.rpm
[root@server Server]#rpm –ivh    sendmail-devel-8.13.8-2.el5.i386.rpm
```

2. 启动 Sendmail 服务

启动和重新启动 Sendmail 服务的命令如下所示：

```
//启动 sendmail 服务
[root@server ～]# service sendmail start


//重新启动 sendmail 服务
[root@server ～]# service sendmail restart
//或者
[root@server ～]# /etc/rc.d/init.d/sendmail    restart
```

3. 停止 Sendmail 服务

停止 Sendmail 服务的命令如下所示：

```
[root@server ～]# service sendmail stop
```

可以利用 ntsysv 命令自动加载 Sendmail 服务，也可使用 chkconfig 命令级别 3 自动加载 Sendmail 服务。具体应用与前面所讲类似。

4. Sendmail 相关配置文档

- sendmail.cf：Sendmail 核心配置文件，位于/etc/mail/sendmail.cf。
- sendmail.mc：Sendmail 提供 Sendmail 文件模板，通过编辑此文件后再使用 m4 工具可将结果导入 sendmail.cf 完成 Sendmail 核心配置文件的配置工作，降低配置复杂度，位于/etc/mail/sendmail.mc。

- local-host-names：定义收发邮件服务器的域名和主机别名，位于/etc/mail/local-host-names。
- access.db：用来设置 Sendmail 服务器为哪些主机转发邮件，位于/etc/mail/access.db。
- aliases.db：用来定义邮箱别名，位于/etc/mail/aliases.db。
- virtusertable.db：用来设置虚拟账户，位于/etc/mail/virtusertable.db。

前面讲过，在 E-mail 系统中 MTA 是指系统中负责处理邮件收发工作的程序，在 Linux 中比较广泛使用的是 Sendmail。如果想要自行架设邮件主机，则必须对 Sendmail 电子邮件服务器配置有进一步的了解。

任务 2　配置 Sendmail 邮件服务器

1. Sendmail 服务器配置步骤

如果想要成功地架设 Sendmail 服务器，除了需要理解其工作原理外，还需要清楚整个设定流程，以及在整个流程中每一步的作用。一个简易 Sendmail 服务器设定流程主要包含以下几个步骤。

（1）配置好 DNS。

（2）检查是否安装 Sendmail。

（3）修改/etc/mail/sendmail.mc。

（4）使用 m4 工具编译产生 sendmail.cf 文件，启动 Sendmail 服务器。

（5）修改/etc/mail/access 文件。

（6）编译生成 access.db。

（7）修改/etc/mail/local-host-names。

（8）启动 Sendmail 服务器。

（9）创建用户。

（10）测试。

2. sendmail.cf 和 sendmail.mc

sendmail.cf 是 Sendmail 的核心配置文件,有关 Sendmail 参数的设定大都需要修改该文件。例如，sendmail.cf 文件可以定义邮件服务器为哪个域工作，以及是否开启验证机制来增强安全性等。但是，Sendmail 的配置文件和其他服务的主配置文件略有不同，其内容为特定宏语言所编写，这导致大多数人对它都抱有恐惧心理，甚至有人称之为天书。因为文件中的宏代码实在是太多。为了降低设置的复杂度，通常修改 sendmail.mc 文件来代替直接修改 sendmail.cf 文件。因为 sendmail.mc 文件的可读性远远大于 sendmail.cf 文件。并且，在默认情况下，Sendmail 提供 sendmail.mc 文件模板。所以，只需要通过编辑 sendmail.mc 文件，然后使用 m4 工具将结果导入 sendmail.cf 文件中即可。通过这种方法可以大大降低配置复杂度，并且可以满足环境需求。

本节将主要介绍 sendmail.mc 中的常用设置。m4 工具的使用将在下一小节中为您介绍。使用 vi 命令打开/etc/mail/sendmail.mc 文件。

sendmail.mc 内容非常庞大，但大部分已经被注释。以"dnl"开头的信息无效。我们先把注意力集中在第 116 行。

DAEMON_OPTIONS('Port=smtp,Addr=127.0.0.1,Name=MTA')dnl

如果只需要搭建简单的 Sendmail 服务器的话，sendmail.mc 文件只需要在这行做修改即可。括号中的 Addr 字段表示 SMTP 协议侦听的地址为 127.0.0.1。

配置邮件服务器时，需要更改 IP 地址为公司内部网段或者 0.0.0.0，这样可以扩大侦听范围（通常都设置为 0.0.0.0）。否则，服务器无法正常发送信件，如下所示：

DAEMON_OPTIONS('Port=smtp,Addr=0.0.0.0,Name=MTA')dnl

注意 括号内的标点符号。Port 前面的标点符号为表示字符引用开始的单引号（键盘左上角 "1" 左边那个键），而 Name=MTA 后面的标点符号是表示字符引用结束的单引号（与开始的单引号不同，英文状态双引号的下档键）。sendmail.mc 文件不可随意加入空格符号。

3. m4 工具的使用

m4 是一个强大的宏处理过滤器，它的复杂性完全不亚于 sendmail.cf。虽然最开始这个工具是作为预处理器而编写的，但是后来证明 m4 即使作为独立的工具来使用也是非常有用的。事实上，m4 结合了许多工具的功能，比如 eval、tr 和 awk，除此之外，它还使得宏扩展变得更加容易。

在使用 m4 工具前，请先确认服务器上已经安装了该软件包。默认情况下，m4 工具是被安装好的。可以使用 rpm -qa 命令检测，如下所示。

```
[root@server ~]#rpm -qa    m4
m4-1.4.5-3.el5.1
```

如果服务器上未安装该软件包，请先安装后再进行后面的配置过程。

在配置 Sendmail 过程中，需要利用 m4 工具将编辑后的 sendmail.mc 文件内容重定向到 sendmail.cf 文件中。这样可避免去直接编辑复杂的 sendmail.cf 文件，如下所示。

```
[root@server ~]#m4    /etc/mail/sendmail.mc    > /etc/mail/sendmail.cf
```

使用 m4 工具很容易完成对主配置文件 sendmail.cf 的修改。这里需要注意的是，每当我们修改过 sendmail.mc 文件后，都需要使用 m4 工具再次将结果导入到 sendmail.cf 文件中。

4. local-host-names 文件

local-host-names 文件用来定义收发邮件的主机别名。默认情况下该文件位于/etc/mail/目录中。为了使 Sendmail 服务正常工作，必须在该文件中添加主机名称或主机别名，否则提示错误。那么，应该如何在/etc/sendmail/local-host-names 文件中添加主机名呢？假设邮件服务器有两个主机名称，分别是 mail.smile.com 和 hui.long.com，而只想收到发给 mail.smile.com 的信件，发给 hui.long.com 的信件不收，那么需要添加 mail.smile.com 到 local-host-names 文件中，如下所示。

```
[root@server ~]#vim    /etc/mail/local-host-names
smile.com
mail.smile.com
```

如果想要所有主机别名都可以收发邮件，请参照上述例子把所有的主机别名都添加到该文件中即可。但是，如非必要，建议不要这样做，否则可能导致因此而收到多封垃圾邮件。

5. POP3 和 IMAP

在 Sendmail 服务器进行基本配置以后，Mail Server 就可以完成 E-mail 的邮件发送工作，但是如果需要使用 POP3 和 IMAP 协议接收邮件，还需要安装 dovecot 软件包，如下所示：

（1）安装 POP3 和 IMAP。

```
[root@server~]#rpm -ivh /mnt/mail/Server/dovecot-1.0-1.2.rc15.el5.i386.rpm
warning: /mnt/mail/Server/dovecot-1.0-1.2.rc15.el5.i386.rpm: Header V3 DSA signature: NOKEY, key ID
37017186
error: Failed dependencies:
libmysqlclient.so.15 is needed by dovecot-1.0-1.2.rc15.el5.i386
libmysqlclient.so.15(libmysqlclient_15) is needed by dovecot-1.0-1.2.rc15.el5.i386
```

如果出现以上提示，需要安装以下两个软件包：

```
[root@server ~]# rpm -ivh /mnt/mail/Server/perl-DBI-1.52-1.fc6.i386.rpm
warning: /mnt/mail/Server/perl-DBI-1.52-1.fc6.i386.rpm: Header V3 DSA signature: NOKEY,key ID
37017186
Preparing...        ################################### [100%]
1:perl-DBI          ################################### [100%]
[root@server ~]# rpm -ivh /mnt/mail/Server/mysql-5.0.22-2.1.i386.rpm
warning: /mnt/mail/Server/mysql-5.0.22-2.1.i386.rpm: Header V3 DSA signature: NOKEY, key ID 37017186
Preparing...        ################################### [100%]
1:mysql             ################################### [100%]
```

有时安装时还会提示：

```
libpq.so.4 is needed by dovecot-1.0-1.2.rc15.el5.i386
```

则还需要安装以下软件：

```
[root@server ~]# rpm -ivh /mnt/mail/Server/postgresql-libs-8.1.4-1.1.i386.rpm
warning: /mnt/mail/Server/postgresql-libs-8.1.4-1.1.i386.rpm: Header V3 DSA signature: NOKEY, key ID
37017186
Preparing...        ################################### [100%]
1:postgresql-libs ################################### [100%]
```

以上 3 个软件包都在第 2 张光盘中，安装后即可启动 dovecot。

```
[root@server ~]# rpm -ivh /mnt/mail/Server/dovecot-1.0-1.2.rc15.el5.i386.rpm
warning: /mnt/mail/Server/dovecot-1.0-1.2.rc15.el5.i386.rpm: Header V3 DSA signature: NOKEY, key ID
37017186
Preparing...        ################################### [100%]
1:dovecot           ################################### [100%]
```

（2）启动 POP3 服务。

安装过 dovecot 软件包后，使用 service 命令启动 dovecot 服务，如下所示：

```
[root@server ~]# service   dovecot   restart
```

如果还需要让 dovecot 服务每次随系统启动而启动，则使用 chkconfig 命令修改。

```
[root@server ~]# chkconfig  --level  3  dovecot  on
```

（3）测试。

使用 netstat 命令测试是否开启 POP3 的 110 端口和 IMAP 的 143 端口，如下所示：

```
[root@server ~]#netstat  -an|grep   110
tcp     0        0:::110                    :::*          LISTEN
[root@server ~]#netstat  -an|grep   143
tcp     0        0:::143                    :::*          LISTEN
```

如果显示 110 和 143 端口开启，则表示 POP3 以及 IMAP 服务已经可以正常工作。

6.　别名和群发设置

用户别名是经常用到的一个功能。顾名思义，别名就是给用户起另外一个名字。例如，给用户 A 起个别名为 B，则以后发给 B 的邮件实际是由 A 用户来接收。为什么说这是一个经常用到的功能呢？第一，root 用户无法收发邮件，如果有发给 root 用户的信件必须为 root 用户建立别名。第二，群发设置需要用到这个功能。企业内部在使用邮件服务的时候，经常会按照部门群发信件，发给财务部门的信件只有财务部人员会收到，其他部门的则无法收到。

如果要使用别名设置功能，首先需要在/etc/mail/目录下建立文件 aliases。然后编辑文件内容，其格式如下。

```
alias: recipient[,recipient,…]
```

其中，alias 为邮件地址中的用户名（别名），而 recipient 是实际接收该邮件的用户。下面通过几个例子来说明用户别名的设置方法。

【例 10-1】为 user1 账号设置别名为 zhangsan，为 user 账号设置别名为 lisi。方法如下。

```
[root@server ~]# vim    /etc/mail/aliases
//添加下面两行：
zhangsan: user1
lisi: user
```

【例 10-2】假设网络组的每位成员在本地 Linux 系统中都拥有一个真实的电子邮件账户，现在要给网络组的所有成员发送一封相同内容的电子邮件。可以使用用户别名机制中的邮件列表功能实现。方法如下：

```
[root@server ~]# vim    /etc/mail/aliases
network_group: net1,net2,net3,net4
```

这样，通过给 network_group 发送信件就可以给网络组中的 net1、net2、net3 和 net4 都发送一封同样的信件。

最后，在设置过 aliases 文件后，还要使用 newaliases 命令生成 aliases.db 数据库文件。

```
[root@server ~]# newaliases
```

7.　利用 Access 文件设置邮件中继

Access 文件用于控制邮件中继（Relay）和邮件的进出管理。可以利用 Access 文件来限制哪些客户端可以使用此邮件服务器来转发邮件。例如限制某个域的客户端拒绝转发邮件，也可以限制某个网段的客户端可以转发邮件。Access 文件的内容会以列表形式体现出来。其格式如下：

对象	处理方式

对象和处理方式的表现形式并不单一，每一行都包含对象和对它们的处理方式。下面对常见的对象和处理方式的类型做简单介绍。

Access 文件中的每一行都具有一个对象和一种处理方式，我们需要根据环境进行二者的组合。来看一个现成的示例，使用 vim 命令来查看默认的 Access 文件。

```
[root@server ~]# vim    /etc/mail/aliases
(略)
Connect：localhost.localmain          RELAY
Connect：localhost                    RELAY
Connect：127.0.0.1                    RELAY
```

默认的设置表示来自本地的客户端允许使用 Mail 服务器收发邮件。通过修改 Access 文件，

可以设置邮件服务器对 E-mail 的转发行为，但是配置后必须使用 makemap 建立新的 access.db
数据库。

【例 10-3】允许 192.168.0.0 网段自由发送邮件，但拒绝客户端 clm.long.com，以及除
192.168.2.100 以外的 192.168.2.0 网段所有主机。

Connect：localhost.localmain	**RELAY**
Connect：localhost	**RELAY**
Connect：127.0.0.1	**RELAY**
192.168.2	**REJECT**
clm.long.com	**REJECT**
192.168.2.100	**OK**

最后使用 makemap 命令生成新的 access.db 数据库。

```
[root@server ~]# cd    /etc/mail
[root@server mail]# makemap    hash    access.db < access
```

8. 设置 SMTP 验证

利用 access.db 文件实现邮件中继代理时，对于利用拨号上网的用户不太现实。因为此类
用户的 IP 地址是通过 DHCP 服务器分配的，是动态变化的。此时可以使用 SMTP 验证机制对
指定的用户进行邮件中继。

利用 SMTP 验证机制，可以实现用户级别的邮件中继控制。在 Red Hat Enterprise Linux 5
中，利用 saslauthd 服务提供 SMTP 身份验证，该服务由 cyrus-sasl 软件包提供。一般情况下这
个软件包是默认安装的。可以使用下面的命令查看系统是否安装了相应的软件包。

```
[root@server mail]# rpm -qa |grep sasl
cyrus-sasl-plain-2.1.22-5.el5
cyrus-sasl-2.1.22-5.el5
cyrus-sasl-lib-2.1.22-5.el5
```

可以使用下面的命令查看其支持的验证方法。

```
[root@server mail]# saslauthd    -v
saslauthd 2.1.22
authentication mechanisms: getpwent kerberos5 pam rimap shadow ldap
```

为了使 Sendmail 服务器支持 SMTP 身份验证功能，需要执行以下的操作步骤。

（1）编辑/etc/mail/sendmail.mc 文件，修改和认证相关的配置行。

```
[root@server mail]# vim    /etc/mail/Sendmail.mc
//修改和认证相关的配置行（删除每行开始的 dnl 注释符）
TRUST_AUTH_MECH（'EXTERNAL DIGEST-MD5 CRAM-MD5 LOGIN PLAIN'）dnl
define（'confAUTH_MECHANISMS', 'EXTERNAL GSSAPI DIGEST-MD5 CRAM-MD5 LOGIN PLAIN'）
dnl
FEATURE('no_default_msa')dnl
DAEMON_OPTIONS('Port=submission,Name=MSA,M=Ea')dnl
```

 注意 FEATURE 要加在 MAILER 语句的前面，否则可能造成邮件服务器运行错误。

① "TRUST_AUTH_MECH" 的作用是使 Sendmail 不管 Access 文件中如何设置，都能
relay 那些通过 LOGIN、PLAIN 或 DIGEST-MD5 方式验证的邮件。

② "confAUTH_MECHANISMS" 的作用是确定系统的认证方式。

③ "Port=submission，Name=MSA，M=Ea" 的作用是开启认证，并以子进程运行 MSA，实现邮件的账户和密码的验证。

（2）使用 m4 命令重新生成/etc/mail/sendmail.cf 文件。

[root@server mail]# m4　/etc/mail/sendmail.mc > /etc/mail/sendmail.cf

（3）利用 "service sendmail restart" 命令重新启动服务，以使设置生效。

（4）利用下面的命令启动 saslauthd 服务。

[root@server mail]# **service saslauthd start**
启动 saslauthd:　　　　　　　　　　　　　　　　　　　　　　　[确定]

接下来用户可以在 Outlook 或者 Foxmail 等客户端测试。有关 SMTP 认证的配置界面如图 10-3 所示。

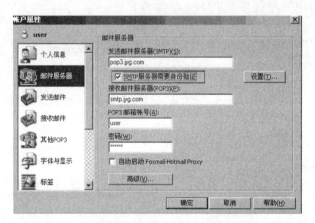

图 10-3　Foxmail 中 SMTP 认证的设置

任务 3　设置邮箱容量

1. 配置 sendmail.mc

（1）设置用户邮件的大小限制。

原来的限制为 2MB，建议改为 20MB，注意这里容量单位为字节，2 000 000=2M，20 000 000=20M。

define（'UUCP_MAILER_MAX', '20000000'）dnl

（2）设置本地邮箱的域名。

LOCAL_DOMAIN　MASQUERADE_AS（'smile.com'）dnl
设置完毕，使用 m4 工具生成新的 sendmail.cf 文件。

[root@server mail]# **m4　/etc/mail/sendmail.mc > /etc/mail/sendmail.cf**

2. 修改 fstab 文件

Sendmail 将用户的邮件信息存放在/var/mail 目录中，为了便于邮件服务器的管理，建议将/var 划分至独立的分区，然后对/var 文件系统添加磁盘配额功能。首先使用 vim 编辑器修改/etc/fstab 文件，添加/var 的文件系统参数，如下所示（一定保证/var 是单独的 ext3 分区）：

LABEL=/var　　　/var　　ext3　　defaults, usrquota,grpquota　1　　2

usrquota 为用户的配额参数，grpquota 为组的配额参数。

保存退出，重新启动机器，使操作系统按照新的参数挂载文件系统。重新启动过程中，因为缺失配额文件，所以操作系统会在装载文件系统时报错。通过下面的步骤完成创建配额文件工作后，将消除该错误。

3．创建配额文件

使用 quotacheck 命令，可以在文件系统中分别为用户和组创建配额文件。如果针对邮件服务器进行配额设置，并且存放邮件信息的/va 目录在独立的分区，那么，就需要在/var 目录下创建配额文件，如下所示：

```
[root@server mail]# cd    /var
[root@server mail]# quotacheck   -cugm   /var
```

配置结果如图 10-4 所示。

```
[root@rhe15 ~]# cd /var
[root@rhe15 var]# quotacheck -cugm /var
[root@rhe15 var]# ls
account     cache   db     games  local  lost+found  nis        racoon  tmp
aquota.group crash  empty  gdm    lock   mail        opt        run     yp
aquota.user  cvs    ftp    lib    log    named       preserve   spool
[root@rhe15 var]#
```

图 10-4　建立配额文件

4．设置磁盘配额

下面为用户和组配置详细的配额限制，使用 edquota 命令进行磁盘配额的设置，命令格式如下：

```
edquota   -u  用户名      或 edquota   -g   组名
```

为用户 bob 配置磁盘配额限制，执行了 edquota 命令，打开用户配额编辑文件。如下所示（bob 用户一定是存在的 Linux 系统用户）：

```
[root@server mail]# edquota  -u  bob
Disk  quota  for user  bob (uid  501):
Filesystem    blocks       soft       hard      inodes     soft  hard
 /dev/sda1      0            0          0          0          0    0
```

磁盘配额参数含义，如表 10-1 所示。

表 10-1　磁盘配额参数

列名	解释
Filesystem	文件系统的名称
blocks	用户当前使用的块数（磁盘空间），单位为 KB
soft	可以使用的最大磁盘空间。可以在一段时期内超过软限制规定
hard	可以使用的磁盘空间的绝对最大值。达到了该限制后，操作系统将不再为用户或组分配磁盘空间
inodes	用户当前使用的 inode 节点数量（文件数）
soft	可以使用的最大文件数。可以在一段时期内超过软限制规定
hard	可以使用的文件数的绝对最大值。达到了该限制后，用户或组将不能再建立文件

设置磁盘空间或者文件数限制，需要修改对应的 soft、hard 值，而不要修改 blocks 和 inodes 值，根据当前磁盘的使用状态，操作系统会自动设置这两个字段的值。

　如果 soft 或者 hard 值设置为 0，则表示没有限制。

这里将磁盘空间的硬限制设置为 100MB，如下所示。

```
[root@server mail]# edquota    -u    bob
Disk  quota  for  user  bob (uid  501):
Filesystem      blocks      soft      hard      inodes      soft      hard
/dev/sda1       36          0         100000    6           0         0
```

任务 4　设置虚拟域用户

使用虚拟域，可以将发给虚拟域的邮件投递到真实域的用户邮箱中。利用虚拟域也可以实现邮件列表的功能。这里的虚拟域可以是实际并不存在的域，而真实域既可以是本地域，也可以是远程域或 Internet 中的域。虚拟域是真实域的别名，通过虚拟域用户表/etc/mail/virtusertable.db 文件，实现了虚拟域的邮件地址到真实域的邮件地址的重定向。虚拟域用户表/etc/mail/virtusertable.db 文件，是通过/etc/mail/virtusertable 文件生成的。该文件的格式类似于 aliases 文件，如下所示：

```
虚拟域地址   真实域地址
```

虚拟域地址和真实域地址之间用 Tab 键或者空格键分隔。该文件中虚拟域地址和真实域地址可以写完整的邮件地址格式，也可以只有域名或者只有用户名。如下所示的几种格式都是正确的。

```
@sales.com        @smile.com
user1@smile.com   user2
user1@smile.com   user2,user3,user4
```

如果要实现邮件列表功能，则各个真实域地址之间用逗号分隔。

下面通过一个例子说明虚拟域用户的配置方法。

【例 10-4】Sendmail 邮件服务器的域为 smile.com，为该邮件服务器设置虚拟域 long.com，并为 user1@smile.com 指定虚拟域别名 user1@long.com。

（1）配置 DNS 服务器，并设置虚拟域的 MX 资源记录。具体步骤如下所示：

① 编辑修改 DNS 服务的主配置文件，添加 long.com 域的区域声明。

```
[root@server mail]# vim /etc/named.conf
zone "long.com" IN {
        type master;
        file "long.com.zone";    };
```

② 编辑 long.com 区域的正向解析数据库文件。

```
[root@server mail]# vim /var/named/long.com.zone
$ORIGIN   long.com
$TTL 1D
@          IN   SOA dns.long.com. mail.long.com.   (
            2010102302 ;serial
            3H ;refresh
            15M ;retry
  1W ;expire
            1D ;min ttl
```

```
)
@        IN     NS              dns.long.com.
@        IN     MX       10     mail.long.com.

dns      IN     A               192.168.0.3
mail     IN     A               192.168.0.2
smtp     IN     A               192.168.0.2
pop3     IN     A               192.168.0.2
```

③ 利用下面的命令重新启动 DNS 服务，使配置生效。

```
[root@server mail]# service named restart
```

（2）将虚拟域 long.com 添加到/etc/mail/local-host-names 文件中。

```
[root@server mail]# echo "long.com" >> /etc/mail/local-host-names
```

（3）配置邮件中继。

① 利用 vim 编辑器编辑/etc/mail/access 文件。

```
[root@server mail]#vi /etc/mail/access
long.com     RELAY
```

② 使用 makemap 命令生成/etc/mail/access.db 文件。

```
[root@server mail]# makemap   hash   /etc/mail/access.db</etc/mail/access
```

（4）设置虚拟域用户表/etc/mail/virtusertable，并生成/etc/mail/virtusertable.db。

① 利用 vim 编辑器编辑/etc/mail/access 文件。

```
[root@server mail]#vim /etc/mail/virtusertable
user1@long.com   user1@smile.com
```

② 使用 makemap 命令生成/etc/mail/ virtusertable.db 文件。

```
[root@server mail]# makemap hash /etc/mail/virtusertable.db< /etc/mail/virtusertable
```

（5）利用 **service sendmail restart** 命令，重新启动 Sendmail 服务即可。

任务 5   调试 Sendmail 服务器

1. 使用 Telnet 登录服务器，并发送邮件

当 Sendmail 服务器搭建好之后，应该尽可能快地保证服务器的正常使用，一种快速有效的测试方法是使用 Telnet 命令直接登录服务器的 25 端口，并收发信件以及对 Sendmail 进行测试。

在测试之前，我们先要确保 Telnet 的服务器端软件已经安装，如下所示：

```
[root@server mail]# rpm   -qa|grep   telnet
telnet-0.17-39.el5
```

telnet-0.17-39.el5 为客户端软件，已安装，而 telnet-server-0.17-39.el5 为服务器端软件，默认没有安装。

（1）依次安装 telnet 所需软件包。

● xinetd-2.3.14-10.el5.i386.rpm，位于第 2 张安装光盘上。

● **telnet-server-0.17-39.el5.**rpm，可以在第 3 张安装光盘 Server/下找到。

（2）启动 Telnet 服务。

① 使用 vim 编辑/etc/xinetd.d/telnet，找到 disable = yes，将 yes 改成 no。

② 关闭加密。

将/etc/xinetd.d/ekrb5-telnet 里面的 disable=no 改成 disable=yes。

（3）激活服务。

`[root@server mail]# service     xinetd     start`

或者使用 ntsysv，在出现的窗口之中，将 telnet 选中，确定离开。

Telnet 服务所使用的端口默认是 23 端口。到这里为止，服务器至少已经开启了 23、25 和 110 端口（Telnet、Sendmail 和 Dovecot 服务）。请确定这些端口已经处在监听状态，之后使用 Telnet 命令登录服务器 25 端口。

查看 23、25 和 1l0 端口是否处于监听状态，如下所示：

[root@server mail]# **netstat**		**-an**		
tcp	**0**	**0.0.0.0:23**	**0.0.0.0:***	**LISTEN**
tcp	**0**	**0.0.0.0:25**	**0.0.0.0:***	**LISTEN**
tcp	**0**	**0.0.0.0:110**	**0.0.0.0:***	**LISTEN**

如果监听端口没有打开，请对相应的服务进行调试。

（4）使用 Telnet 命令登录 Sendmail 服务器 25 端口，并进行邮件发送测试。

【例 10-5】Sendmail 电子邮件服务器地址为 192.168.0.3，利用 Telnet 命令完成邮件地址为 user1@smile.com 的用户向邮件地址为 user2@smile.com 的用户发送主题为"The first mail"的邮件。具体过程如下所示：

```
[root@server mail]# telnet 192.168.0.3 25   //利用 telnet 命令连接邮件服务器的 25 端口
Trying 192.168.0.3...
Connected to mail.smile.com （192.168.0.3）.
Escape character is '^]'.
220 sendmail ESMTP Sendmail 8.13.1/8.13.1; Tue, 22 Feb 2011 23:39:25 +0800
helo smile.com              //利用 helo 命令向邮件服务器表明身份，不是 hello
250 sendmail Hello   mail.smile.com [192.168.0.3], pleased to meet you
mail from:"test"<user1@smile.com>        //设置信件标题以及发信人地址。其中信件标题
                                         //为"test"，发信人地址为 user1@smile.com
250 2.1.0 user1@smile.com... Sender ok
rcpt to:user2@smile.com        //利用 rcpt to 命令输入收件人的邮件地址
250 2.1.5 user2@smile.com... Recipient ok
data                          // data 表示要求开始写信件内容了。当输入完 data 指令
                              // 后，会提示以一个单行的"."结束信件
354 Enter mail, end with "." on a line by itself
this is a test
.                             //"."表示结束信件内容。千万不要忘记输入"."
250 2.0.0 lBUIdPR9004080 Message accepted for delivery

quit                          //退出 telnet 命令
221 2.0.0   server   closing connection
Connection closed by foreign host.
```

细心的您一定已注意到，每当我们输入过指令后，服务器总会回应一个数字代码给我们。熟知这些代码的含义对于我们判断服务器的错误是很有帮助的。下面介绍常见的回应代码以及相关含义，如表 10-2 所示。

表 10-2 邮件回应代码

回应代码	说明
220	表示 SMTP 服务器开始提供服务
250	表示命令指定完毕，回应正确
354	可以开始输入信件内容，并以 "." 结束
500	表示 SMTP 语法错误，无法执行指令
501	表示指令参数或引述的语法错误
502	表示不支持该指令

2. 利用 Telnet 命令接收电子邮件

【例 10-6】利用 Telnet 命令从 IP 地址为 192.168.0.3 的 POP3 服务器接收电子邮件。

```
[root@server mail]# telnet 192.168.0.3 110      //利用 telnet 命令连接邮件服务器的 110 端口
Trying 192.168.0.3...
Connected to smtp.smile.com （192.168.0.3）.
Escape character is '^]'.
+OK dovecot ready.
user user2                          //利用 user 命令输入用户的用户名为 user2
+OK
pass 123456                         //利用 pass 命令输入 user2 账户的密码为 123456
+OK Logged in.
list                                //利用 list 命令获得 user2 账户邮箱中各邮件的编号
+OK 1 messages:
1 543
.
1
-ERR Unknown command: 1
retr 1                  //利用 retr 命令收取邮件编号为 1 的邮件信息，下面各行为邮件信息
+OK 543 octets
Return-Path: <user2@smile.com>
Received: from smile.com （pop3.smile.com [192.168.0.3]）
          by server （8.13.1/8.13.1） with SMTP id lBUIdPR9004080
          for user2@smile.com; Tue, 22 Feb 2011 01:40:23 +0800
Date: Tue, 22 Feb 2011 02:39:25 +0800
From: user1@smile.com
Message-Id: <201102221840.lBUIdPR9004080@server>
to: user2@smile.com
subject: the first mail
X-IMAPbase: 1199018937 2
Status: O
X-UID: 2
Content-Length: 18
X-Keywords:

this is a test
```

quit　　　　　　　　//退出 **telnet** 命令

+OK Logging out.

Connection closed by foreign host.

Telnet 命令有以下命令可以使用，其命令格式及参数说明如下。

- stat 命令格式：

stat　//无需参数

- list 命令格式：

list [n]　//参数 n 可选，n 为邮件编号

- uidl 命令格式：

uidl [n]　//同上

- retr 命令格式：

retr n　//参数 n 不可省，n 为邮件编号

- dele 命令格式：

dele n　//同上

- top 命令格式：

top n m　//参数 n、m 不可省，n 为邮件编号，m 为行数

- noop 命令格式：

noop　//无需参数

- quit 命令格式：

quit　//无需参数

各命令的详细功能见下面的说明。

- stat 命令不带参数，对于此命令，POP3 服务器会响应一个正确应答，此响应为一个单行的信息提示，它以"+OK"开头，接着是两个数字，第一个是邮件数目，第二个是邮件的大小，如：+OK 4 1603。
- list 命令的参数可选，该参数是一个数字，表示的是邮件在邮箱中的编号，可以利用不带参数的 list 命令获得各邮件的编号，并且每一封邮件均占用一行显示，前面的数为邮件的编号，后面的数为邮件的大小。
- uidl 命令与 list 命令用途差不多，只不过 uidl 命令显示邮件的信息比 list 更详细、更具体。
- retr 命令是收邮件中最重要的一条命令，作用是查看邮件的内容，它必须带参数运行。该命令执行之后，服务器应答的信息比较长，其中包括发件人的电子邮箱地址、发件时间、邮件主题等，这些信息统称为邮件头，紧接在邮件头之后的信息便是邮件正文。
- dele 命令用来删除指定的邮件（注意：dele n 命令只是给邮件做上删除标记，只有在执行 quit 命令之后，邮件才会真正删除）。
- top 命令有两个参数，形如：top n m。其中 n 为邮件编号，m 是要读出邮件正文的行数，如果 m=0，则只读出邮件的邮件头部分。
- noop 命令，该命令发出后，POP3 服务器不作任何事，仅返回一个正确响应"+OK"。
- quit 命令，该命令发出后，Telnet 断开与服务器的连接，系统进入更新状态。

3. 用户邮件目录/var/spool/mail

我们可以在邮件服务器上进行用户邮件的查看，这可以确保邮件服务器已经在正常工作了。Sendmail 在/var/spool/mail 目录中为每个用户分别建立单独的文件用于存放每个用户的邮

件，这些文件的名字和用户名是相同的。例如，邮件用户 user1@smile.com 的文件是 user1。

```
[root@server mail]# ls      /var/spool/mail
user1     user2     root
```

4．邮件队列

邮件服务器配置成功后，就能够为用户提供 E-mail 的发送服务了，但如果接收这些邮件的服务器出现问题，或者因为其他原因导致邮件无法安全地到达目的地，而发送的 SMTP 服务器又没有保存邮件，这封邮件就可能会失踪。不论是谁都不愿意看到这样的情况出现，所以 Sendmail 采用了邮件队列来保存这些发送不成功的信件，而且，服务器会每隔一段时间重新发送这些邮件。通过 mailq 命令来查看邮件队列的内容。

```
[root@server mail]# mailq
```

对邮件队列各列说明如下：

- Q-ID：表示此封邮件队列的编号（ID）。
- Size：表示邮件的大小。
- Q-Time：邮件进入/var/spool/mqueue 目录的时间，并且说明无法立即传送出去的原因。
- Sender/Recipient：发信人和收信人的邮件地址。

如果邮件队列中有大量的邮件，那么请检查邮件服务器是否设置不当，或者被当作了转发邮件服务器。

5．查看 Mailer 中的统计信息

如果想查看从开始到现在邮件服务器总共收发多少邮件和相关数据的话，可以使用 mailstats 命令来帮助完成。

```
[root@server mail]# mailstats
```

当执行完 mailstats 命令后，出现 7 行内容，其中第一行显示当前时间，而 2～6 行则以列表的形式显示与邮件相关的数据。其中每一列的含义如下。

- M：该列表示邮件工作者（Mailer）的编号。其中 T 表示总和（Total）。
- msgsfr：该列表示一共有多少封信由这个邮件工作者（Mailer）发送出去。
- bytes_from：该列表示发送的信件大小。
- msgsto：该列与 msgsfr 相反，表示一共有多少封信由这个邮件工作者（Mailer）接收。
- bytes_to：该列表示接收信件的大小。
- msgsrej：该列表示信件被拒绝（rejected）的次数。
- msgsdis：该列表示信件被丢弃（discarded）的次数。
- msgsqur：该列表示信件被隔离（quarantined）的次数。
- Mailer：邮件工作者之一，esmtp 主要用来从事对外的工作，而 local 主要从事对本机的工作。

10.4　企业实战与应用

10.4.1　企业环境及需求

案例要求：局域网网段：192.168.9.0/24，企业域名：sales.com，DNS 及 Sendmail 服务器

地址：192.168.9.1。现要求内部员工可以使用 Sendmail 自由收发邮件。

 注意　Sendmail 服务是和 DNS 服务结合相当紧密的一个服务，所以我们在配置 Sendmail 之前，需要设置并调试好 DNS 服务器，DNS 配置中设置 MX 资源记录指定邮件服务器地址。本例较简单，只需要配置前面讲过的 3 个文件：sendmail.cf、local-host-names 和 access。

10.4.2　解决方案

1. 配置 DNS 主配置文件 named.conf

```
[root@server~]# vim      /etc/named.conf
options {
              directory      "/var/named";
     };
zone "." IN {
        type     hint;
        file           "named.root";
};
zone "sales.com" IN {
        type    master;
        file           "sales.com.zone";
};
zone "9.168.192.in-addr-arpa" IN {
        type          master;
        file           "9.168.192.zone";
 };
```

2. 配置 sales.com 区域文件 sales.com.zone
使用 MX 记录设置邮件服务器，这条记录一定要有，否则 Sendmail 无法正常工作。

```
$ORIGIN         sales.com.
$TTL      86400
（略）
@                IN       NS          dns.sales.com.
dns              IN       A           192.168.9.1
@                IN       MX      5   mail.sales.com.
mail             IN       A           192.168.9.1
```

3. 配置 sales.com 反向区域文件 9.168.192.zone

```
（略）
@                IN       NS          dns.sales.com.
1                IN       PTR         dns.sales.com.
@                IN       MX      5   mail.sales.com.
1                IN       PTR         mail.sales.com.
```

4. 修改 DNS 域名解析的配置文件

```
[root@server~]# vim      /etc/resolv.conf
nameserver     192.168.9.1
```

5. 重启 named 服务使配置生效

6. 安装 Sendmail 软件包

RHEL5 默认安装 Sendmail 及 m4 软件包,我们只需要安装 sendmail.cf 宏文件包就可以了。如前所述,不再细讲。

7. 编辑 sendmail.mc 修改 SMTP 侦听网段范围

配置邮件服务器需要更改 IP 地址为公司内部网段或者 0.0.0.0,这样可以扩大侦听范围(通常都设置成 0.0.0.0),否则邮件服务器无法正常发送邮件。

[root@server～]# **vim /etc/mail/sendmail.mc**

第 116 行将 SMTP 侦听范围从 127.0.0.1 改为 0.0.0.0。

DAEMON_OPTIONS(`Port=smtp,Addr=0.0.0.0,Name=MTA')dnl

第 155 行修改成自己域:LOCAL_DOMAIN(`sales.com')dnl

LOCAL_DOMAIN('sales.com')dnl

8. 使用 m4 命令生成 sendmail.cf 文件

[root@server ～]# **m4   /etc/mail/sendmail.mc   > /etc/mail/sendmail.cf**

9. 修改 local-host-names 文件添加域名及主机名

[root@server ～]# **vim /etc/mail/local-host-names**

sales.com.

mail.sales.com.

10. 安装 Dovecot 软件包(POP3 和 IMAP)

到这里 Sendmail 服务器基本配置完成后,Mail Server 就可以完成邮件发送工作,如果需要使用 POP3 和 IMAP 协议接收邮件还需要安装 Dovecot 软件包。在 RHEL5 里 Dovecot 整合了 IMAP。

安装 Dovecot 软件包要解决其依赖性,先安装 per-DBI 和 MySQL,再安装 Dovecot 软件包。

11. 启动 Sendmail 服务

使用 service sendmail restart 和 service dovecot restart 命令启动 Sendmail 和 Dovecot 服务,如果每次开机启动,可以使用 chkconfig 命令修改。

12. 测试端口

使用 netstat 命令测试是否开启 SMTP 的 25 端口、POP3 的 110 端口及 IMAP 的 143 端口。

[root@server ～]#**netstat   -an|grep   25**
[root@server ～]#**netstat   -an|grep   110**
[root@server ～]#**netstat   -an|grep   143**

13. 建立用户

[root@server ～]# **groupadd   mail**
[root@server ～]# **useradd   -g   mail   -s   /sbin/nologin   user1**
[root@server ～]# **useradd   -g   mail   -s   /sbin/nologin   user2**
[root@server ～]# **passwd   user1**
[root@server ～]# **passwd   user2**

14. 重新启动 Sendmail 服务

[root@server ～]# **service   Sendmail   restart**
[root@server ～]# **service   dovecot   restart**
[root@server ～]# **service   cyrus-imapd   restart**

15. 客户端测试

有两种客户端，一是 Linux 客户端，利用上边讲的 Telnet 来进行测试；二是 Windows 客户端，可以利用 Foxmail 或 Outlook 软件进行测试。

10.5　Sendmail 排错

Sendmail 功能强大，但其程序代码非常庞大，配置也相对复杂，而且与 DNS 服务等组件有密切的关联，一旦某一环节出现问题，就可能导致邮件服务器的意外错误。

10.5.1　无法定位邮件服务器

客户端使用 MUA 发送邮件时，如果收到无法找到邮件服务器的信息，表明客户端没有连接到邮件服务器，这很有可能是因为 DNS 解析失败造成的。

如果出现该问题，可以分别在客户端和 DNS 服务器寻找问题的缘由。

1. 客户端

检查客户端配置的 DNS 服务器 IP 地址是否正确、可用，Linux 检查/etc/reslov.conf 文件，Windows 用户查看网卡的 TCP/IP 协议属性，再使用 host 命令尝试解析邮件服务器的域名。

2. DNS 服务器

打开 DNS 服务器的 named.conf 文件，检查邮件服务器的区域配置是否完整，并查看其对应的区域文件 MX 记录。一切确认无误，重新进行测试。

10.5.2　身份验证失败

对于开启了邮件认证的服务器，saslauthd 服务如果出现问题，未正常运行，会导致邮件服务器认证的失败，在收发邮件时，频繁提示输入用户名及密码，这时请检查 saslauthd 是否开启，排除该错误。

10.5.3　邮箱配额限制

客户端使用 MUA 向其他用户发送邮件时，如果收到信息为 Disk quota exceeded 的系统退信，则表明接收方的邮件空间已经达到磁盘配额限制。

这时，接收方必须删除垃圾邮件，或者由管理员增加使用空间，才可以正常接收 E-mail。

练习题十

一、填空题

1. 下列服务器软件中哪些不属于 MTA？（　　）
   A．Sendmail　　　　B．postfix　　　　　　C．qmail　　　　　　　D．imap
2. 下面关于邮件消息头的描述哪个是正确的？（　　）。
   A．它必须包含邮件收件人地址
   B．它由一连串的消息正文数据串组成

C．它包含这些信息："To", "From", "Subject" 和 "Cc" 等

D．它包含信息，例如：宏定义和控制 Sendmail 邮件收发后台程序的重写规则

3．下面哪个文件用于存储 Sendmail 的配置？（　　）

    A．mail.configuration　　　　　　　　B．sendmail.cf

    C．sendmail.configuration　　　　　　　D．CF

4．sendmail 中缺省的未发出信件的存放位置是（　　）。

    A．/var/mail/　　　　　　　　　　　　B．/var/spool/mail/

    C．/var/spool/mqueue/　　　　　　　　D．/var/mail/deliver/

5．在哪个文件中保存了 sendmail 的别名？（　　）

    A．/etc/aliases　　　　　　　　　　　　B．/etc/mailaliases

    C．/etc/sendmail.aliases　　　　　　　　D．/etc/sendmail/aliases

6．以下（　　）协议用来将电子邮件下载到客户机。

    A．SMTP　　　　　B．IMAP4　　　　　C．POP3　　　　　D．MIME

7．要转换宏文件 sendmail.mc 为 sendmail.cf，需要使用命令（　　）。

    A．makemap　　　　B．m4　　　　　　C．access　　　　　D．macro

8．用来控制 Sendmail 服务器邮件中继的文件是（　　）。

    A．sendmail.mc　　　B．sendmail.cf　　　　C．sendmail.conf　　　D．access.db

二、填空题

1．电子邮件地址的格式是 user@server.com。一个完整的电子邮件由 3 部分组成，第 1 部分代表＿＿＿＿＿＿，第 2 部分＿＿＿＿＿＿是分隔符，第 3 部分是＿＿＿＿＿＿。

2．Linux 系统中的电子邮件系统包括 3 个组件：＿＿＿＿＿＿、＿＿＿＿＿＿和＿＿＿＿＿＿。

3．常用的与电子邮件相关的协议有＿＿＿＿＿＿、＿＿＿＿＿＿和＿＿＿＿＿＿。

4．SMTP 默认工作在 TCP 协议上的＿＿＿＿＿＿端口，POP3 默认工作在 TCP 协议的＿＿＿＿＿＿端口。

实训　电子邮件服务器的配置

一、实训目的

掌握 Sendmail 服务器的安装与配置。

二、实训内容

练习 Sendmail 的安装、配置与管理。

三、实训环境

在 VMware 虚拟机中启动两台 Linux 服务器，一台作为 DNS 服务器，一台作为 Sendmail 邮件服务器。DNS 服务器负责解析的域为 long.com，Sendmail 服务器是 long.com 域的邮件服务器。

四、实训练习

（1）安装并启动 POP3 服务：

● 检查系统是否安装了 dovecot 软件包，如果没有安装，则安装此软件包。

● 修改/etc/dovecot.conf 文件，使其监听 POP3 服务。

● 启动 dovecot 服务，以启动 POP3 服务。

（2）Sendmail 服务器的基本配置：

● 安装必要的软件包：sendmail，sendmail-cf，sendmail-doc 和 m4。

● 配置 Sendmail：编辑宏配置文件 sendmail.mc，并生成 Sendmail 的主配置文件 sendmail.cf，实现基本的邮件服务器功能。

● 新建一个账户 user1，用于检测设置；为用户 user1 设置一个别名 mailuser，并检测设置；对远程邮件服务器开放中继权限，并检测设置。

● 配置 DNS 服务器，为其配置 MX 记录，并确保此服务器的域名在文件中有 A 记录。

● 配置基本的 Sendmail 服务器，设置别名和中继。

● 在客户端利用 Foxmail 客户端软件，检测 Sendmail 服务器的设置。

五、实训报告

按要求完成实训报告。

项目 **11** 配置防火墙与代理服务器

项目描述：

某高校组建了学校的校园网，并且已经架设了 Web、FTP、DNS、DHCP、Mail 等功能的服务器来为校园网用户提供服务，现有如下问题需要解决：

（1）需要架设防火墙以实现校园网的安全；

（2）需要将子网连接在一起构成整个校园网；

（3）由于校园网使用的是私有地址，需要进行网络地址转换，使校园网中的用户能够访问互联网。

该项目实际上是由 Linux 的防火墙与代理服务器——iptables 和 squid 来完成的，通过该角色部署 iptables、NAT 和代理服务器，能够解决上述问题。

项目目标：

- 了解防火墙的分类及工作原理
- 了解 NAT
- 掌握 iptables 防火墙的配置
- 掌握利用 iptables 实现 NAT
- 掌握 squid 代理服务器的配置
- 实现透明代理

11.1 相关知识

11.1.1 防火墙概述

防火墙一般分为两类，一类是包过滤型防火墙，一类是代理服务器型防火墙。

1. 包过滤型防火墙（Packet Filter）

包过滤型防火墙内置于 Linux 系统的内核。它和日常生活中门卫的作用有点类似。门卫把守着企业大门，根据上级的指示允许或拒绝某些人员出入。包过滤型防火墙技术也是采用一个"门卫"（软件）查看所流经的数据包的包头，由此决定整个数据包的命运。包过滤型防火墙技术是在网络层或传输层对经过的数据包进行筛选。筛选的依据是系统内设置的过滤规则，被称为访问控制列表（ACL）。通过检查数据流中每个数据包的源地址、目的地址、所有的协议、端口号等因素，或它们的组合来决定是否允许该数据包通过。它可能会决定丢弃（DROP）这个数据包，也可能会接受（ACCEPT）这个数据包。如图 11-1 所示是包过滤型防火墙常用的一种模式，主要用来阻隔来自外网对内部网络的威胁。

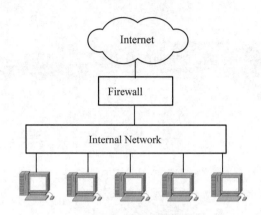

图 11-1   包过滤型防火墙示意图

包过滤型防火墙有两种基本的默认访问控制策略：一种是先禁止所有的数据包通过，然后再根据需要允许满足匹配规则的数据包通过；一种是先允许所有的数据包通过，再根据需要拒绝满足匹配规则的数据包通过。原则上，第一种方法比较简单，但是对于不熟悉 TCP/IP 的用户，可能会导致其他的一些困扰。

2. 代理服务器型防火墙

代理服务器型防火墙是应用网关型防火墙，通常工作在应用层。如图 11-2 所示是应用网关型防火墙的常见应用模式。

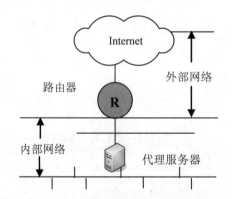

图 11-2   代理服务器型防火墙示意图

代理服务器实际上是运行在防火墙上的一种服务器程序，代理服务器型防火墙通常具备两个网络接口。服务器监听客户机的请求，如申请浏览网页等。当内网的客户机请求与外网的真实服务器连接时，客户端首先连接代理服务器，然后再由代理服务器与外网真实的服务器建立连接，取得客户想要的信息，代理服务器再把信息返回给客户。此处的代理服务器是一个中间点，类似于日常生活中的中介，内网的客户机并不直接和外网的主机建立连接，这是代理服务器型防火墙和包过滤型防火墙的本质差别。代理服务器型防火墙中数据的流通完全依赖于代理服务器所能代理的服务，因此透明性较差。在使用代理服务器上网时需要在客户端做相应的设置，例如使用 WIN Proxy 代理服务器时，需要在客户端的浏览器中进行相应的配置。另外一种代理服务器软件通常只能代理一种或几种服务。因此往往要在服务器上安装多个代理服务器软件。代理服务器型防火墙的优点是可以彻底地隔离内外部网络，安全性较好，但透明性较差。

3. 包过滤型防火墙工作原理

具体工作过程如图 11-3 所示，包过滤型防火墙都有一个包检查模块，该模块在操作系统或路由器转发包之前拦截所有的数据包，并对其进行验证，查看是否满足过滤规则。

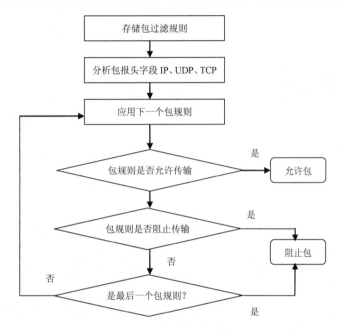

图 11-3 包过滤型防火墙原理图

（1）数据包从外网传送给防火墙后，防火墙在 IP 层向 TCP 层传输数据前，将数据包转发给包检查模块进行处理。

（2）首先与第一条过滤规则进行比较。

（3）如果与第一条规则匹配，则进行审核，判断是否允许传输该数据包，如果允许则传输，否则查看该规则是否阻止该数据包通过，如果阻止则将该数据包丢弃。

（4）如果与第一条过滤规则不同，则查看是否还有下一条规则。如果有，则与下一条规则匹配，如果匹配成功，则进行与（3）相同的审核过程。

（5）依此类推，一条一条规则匹配，直到最后一条过滤规则。如果该数据包与所有的过滤规则均不匹配，则采用防火墙的默认访问控制策略（丢掉该数据包，或允许该数据包通过）。

包过滤规则并不检查数据包中的所有内容，通常只检查下列几项：

● 源 IP 地址、目标 IP 地址

● TCP 和 UDP 的源端口号、目的端口号

● 协议类型

● ICMP 消息类型

● TCP 报头中的 ACK 位、序列号、确认号

● IP 校验和

4. 代理服务器型防火墙工作原理

代理服务器型防火墙是在应用层上实现防火墙功能的，它能提供部分与传输有关的状态，能完全提供与应用相关的状态和部分传输的信息，它的具体工作原理如图 11-4 所示。

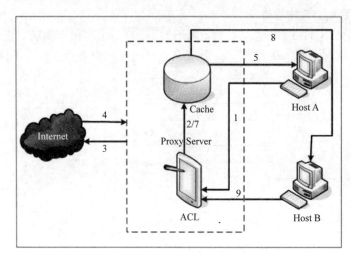

图 11-4　代理服务器型防火墙原理图

（1）主机 A 向代理服务器发送一个访问因特网的请求。

（2）代理服务器将检测 ACL（访问控制列表）中的设置。

（3）如果主机 A 所需要的信息已经存在，代理服务器将直接将其发送给主机 A。否则，服务器将代替主机 A 访问因特网。

（4）因特网将主机 A 所需要的信息发送给代理服务器，这些信息将被保存在缓存中。

（5）代理服务器将这些信息发送给主机 A。

（6）主机 B 向代理服务器发送一个访问同样信息的请求。

（7）代理服务器将检测 ACL（访问控制列表）中的设置。

（8）服务器直接将已保存的信息发送给主机 B。

 注意　外部主机访问内部主机的过程是一样的。

11.1.2　iptables 简介

早期的 Linux 系统采用过 ipfwadm 作为防火墙，但在 2.2.0 核心中被 ipchains 所取代。

Linux 2.4 版本发布后，netfilter/iptables 信息包过滤系统正式使用。它引入了很多重要的改进，比如基于状态的功能，基于任何 TCP 标记和 MAC 地址的包过滤，更灵活的配置和记录功能，强大而且简单的 NAT 功能和透明代理功能等，然而，最重要的变化是引入了模块化的架构方式，这使得 iptables 运用和功能扩展更加方便灵活。

netfilter/iptables IP 数据包过滤系统实际由 netfilter 和 iptables 两个组件构成。netfilter 是集成在内核中的一部分，它的作用是定义、保存相应的规则。而 iptables 是一种工具，用以修改信息的过滤规则及其他配置。用户可以通过 iptables 来设置适合当前环境的规则，而这些规则会保存在内核空间中。如果将 nefilter/iptable 数据包过滤系统比作一辆功能完善的汽车的话，那么 netfilter 就像是发动机以及车轮等部件，它可以让车发动、行驶。而 iptables 则像方向盘、刹车、油门，汽车行驶的方向、速度都要靠 iptables 来控制。

对于 Linux 服务器而言，采用 netfilter/iptables 数据包过滤系统，能够节约软件成本，并可以提供强大的数据包过滤控制功能，iptables 是理想的防火墙解决方案。

11.1.3　iptables 工作原理

netfilter 是 Linux 核心中的一个通用架构，它提供了一系列的"表"（tables），每个表由若干"链"（chains）组成，而每条链可以由一条或数条"规则"（rules）组成。实际上，netfilter 是表的容器，表是链的容器，而链又是规则的容器。

1. iptables 名词解释

（1）规则（rules）。设置过滤数据包的具体条件，如 IP 地址、端口、协议以及网络接口等信息。iptables 规则如表 11-1 所示。

表 11-1　iptables 规则

条件	说明
Address	针对封包内的地址信息进行比对。可对来源地址（Source Address）、目的地址（Destination Address）与网络卡地址（MAC Address）进行比对
Port	封包内存放于 Transport 层的 Port 信息设定比对的条件，可用来比对的 Port 信息包含：来源 Port（Source Port）、目的 Port（Destination Port）
Protocol	通信协议，指的是某一种特殊种类的通信协议。netfilter 可以比对 TCP、UDP 或者 ICMP 等协议
Interface	接口，指的是封包接收，或者输出的网络适配器名称
Fragment	不同 Network Interface 的网络系统，会有不同的封包长度的限制。如封包跨越至不同的网络系统时，可能会将封包进行裁切（Fragment）。可以针对裁切后的封包信息进行监控与过滤
Counter	可针对封包的计数单位进行条件比对

（2）动作（target）。当数据包经过 Linux 时，若 netfilter 检测该包符合相应规则，则会对该数据包进行相应的处理，iptables 动作如表 11-2 所示。

表 11-2　iptables 动作

动作	说明
ACCEPT	允许数据包通过
DROP	丢弃数据包
REJECT	丢弃包，并返回错误信息
LOG	将符合该规则的数据包写入日志
QUEUE	传送给应用和程序处理该数据包

（3）链（chain）。数据包传递过程中，不同情况下所要遵循的规则组合形成了链。规则链可以分为以下两种。

- 内置链（Build-in Chains）。
- 用户自定义链（User-Defined Chains）。

netfilter 常用的为内置链，共有 5 个链，如表 11-3 所示。

表 11-3　iptables 内置链

动作	说明
PREROUTING	数据包进入本机，进入路由表之前
INPUT	通过路由表后，目的地为本机
OUTPUT	由本机产生，向外转发
FORWARD	通过路由表后，目的地不为本机
POSTROUTING	通过路由表后，发送至网卡接口之前

netfilter 的 5 条链相互关联，如图 11-5 所示。

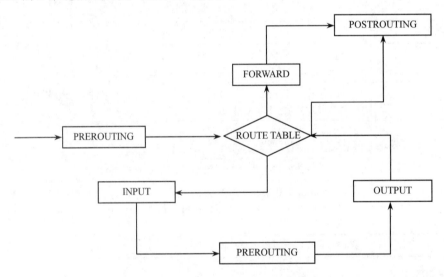

图 11-5　iptables 数据包转发流程图

（4）表（table）。接受数据包时，netfilter 会提供以下 3 种数据包处理功能：

- 过滤。
- 地址转换。
- 变更。

netfilter 根据数据包的处理需要，将链（chain）进行组合，设计了 3 个表（table）：filter、nat 以及 mangle。

① filter。这是 netfilter 默认的表，通常使用该表进行过滤的设置，它包含以下内置链。

- INPUT：应用于发往本机的数据包。
- FORWARD：应用于路由经过本地的数据包。
- OUTPUT：本地产生的数据包。

filter 表过滤功能强大，几乎能够设定所有的动作（target）。

② nat。当数据包建立新的连接时，该 nat 表能够修改数据包，并完成网络地址转换。它包含以下 3 个内置链。

● PREROUTING：修改到达的数据包。

● OUTPUT：路由之前，修改本地产生的数据包。

● POSTROUTING：数据包发送前，修改该包。

nat 表仅用于网络地址转换，也就是转换包的源或目的地址，其具体的动作有 DNAT、SNAT 以及 MASQUERADE，下面的内容将会详细介绍。

③ mangle。该表用在数据包的特殊变更操作，如修改 TOS 等特性。Linux 2.4.17 内核以前，它包含两个内置链：PREROUTING 和 OUTPUT，内核 2.4.18 发布后，mangle 表对其他 3 个链提供了支持。

● PREROUTING：路由之前，修改接受的数据包。

● INPUT：应用于发送给本机的数据包。

● FORWARD：修改经过本机路由的数据包。

● OUTPUT：路由之前，修改本地产生的数据包。

● POSTROUTING：数据包发送出去之前，修改该包。

mangle 表能够支持 TOS、TTL 以及 MARK 操作。

TOS 操作用来设置或改变数据包的服务类型。这常用来设置网络上的数据包如何被路由等策略。注意这个操作并不完善，而且很多路由器不会检查该设置，所以不必进行该操作。

TTL 操作用来改变数据包的生存时间，可以让所有数据包共用一个 TTL 值。这样，能够防止通过 TTL 检测连接网络的主机数量。

MARK 用来给包设置特殊的标记，并根据不同的标记（或没有标记）决定不同的路由。利用这些标记可以做带宽限制和基于请求的分类。

2. iptables 工作流程

iptables 拥有 3 个表和 5 个链，其整个工作流程如图 11-6 所示。

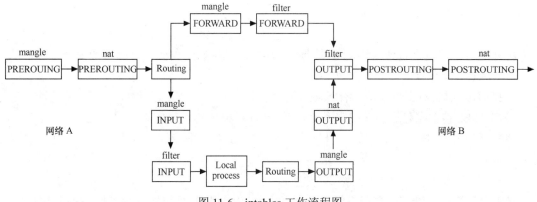

图 11-6 iptables 工作流程图

（1）数据包进入防火墙以后，首先进入 mangle 表的 PREROUTING 链，如果有特殊设定，会更改数据包的 TOS 等信息。

（2）然后数据包进入 nat 表的 PREROUTING 链，如有规则设置，通常进行目的地址转换。

（3）数据包经过路由，判断该包是发送给本机，还是需要向其他网络转发。

（4）如果是转发，就发送给 mangle 表的 FORWARD 链，根据需要进行相应的参数修改，然后送给 filter 表的 FORWARD 链进行过滤，然后转发给 mangle 表的 POSTROUTING 链，如有设置，则进行参数调整，然后发给 nat 表的 POSTROUTING 链，根据需要，可能会进行网络地址转换，修改数据包的源地址，最后数据包发送给网卡，转发给外部网络。

（5）如果目的地为本机，数据包则会进入 mangle 的 INPUT 链，经过处理，进入 filter 表的 INPUT 链，经过相应的过滤，进入本机的处理进程。

（6）本机产生的数据包，首先进入路由，然后分别经过 mangle、nat 以及 filter 的 OUTPUT 链进行相应的操作，再进入 mangle、nat 的 POSTROUTING 链，向外发送。

从 1.1 内核开始，Linux 就已经具有包过滤功能了，随着 Linux 内核版本的不断升级，Linux 下的包过滤系统经历了如下 3 个阶段：

- 在 2.0 内核中，采用 ipfwadm 来操作内核包过滤规则。
- 在 2.2 内核中，采用 ipchains 来控制内核包过滤规则。
- 在 2.4 内核中，采用了一个全新的内核包过滤管理工具——iptables。

netfilter/iptables 最早是与 2.4 内核版本的 Linux 系统集成的 IP 信息包过滤系统。它与 ipfwadm 和 ipchains 相比，使用户更易于理解其工作原理，更容易使用，也具有更强大的功能。netfilter/iptables 由 netfilter 和 iptables 两个组件组成。

11.1.4　NAT 的基本知识

NAT（Network Address Translator，网络地址转换器）位于使用专用地址的 Intranet 和使用公用地址的 Internet 之间，主要具有以下几种功能。

（1）从 Intranet 传出的数据包由 NAT 将它们的专用地址转换为公用地址。

（2）从 Internet 传入的数据包由 NAT 将它们的公用地址转换为专用地址。

（3）支持多重服务器和负载均衡。

（4）实现透明代理

这样在内网中计算机使用未注册的专用 IP 地址，而在与外部网络通信时使用注册的公用 IP 地址，大大降低了连接成本。同时 NAT 也起到将内部网络隐藏起来，保护内部网络的作用，因为对外部用户来说只有使用公用 IP 地址的 NAT 是可见的，类似于防火墙的安全措施。

1. NAT 的工作过程

（1）客户机将数据包发给运行 NAT 的计算机。

（2）NAT 将数据包中的端口号和专用的 IP 地址换成它自己的端口号和公用的 IP 地址，然后将数据包发给外部网络的目的主机，同时记录一个跟踪信息在映像表中，以便向客户机发送回答信息。

（3）外部网络发送回答信息给 NAT。

（4）NAT 将所收到的数据包的端口号和公用 IP 地址转换为客户机的端口号和内部网络使用的专用 IP 地址并转发给客户机。

以上步骤对于网络内部的主机和网络外部的主机都是透明的，对他们来讲就如同直接通信一样，如图 11-7 所示。

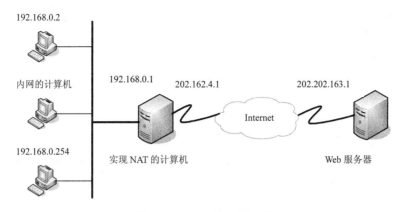

192.168.0.2

内网的计算机　　192.168.0.1　202.162.4.1　　　　202.202.163.1

192.168.0.254

实现 NAT 的计算机　　　　　　　　　　　　　Web 服务器

图 11-7　NAT 的工作过程

工程案例：

（1）192.168.0.2 用户使用 Web 浏览器连接到位于 202.202.163.1 的 Web 服务器，则用户计算机将创建带有下列信息的 IP 数据包：

目标 IP 地址：202.202.163.1

源 IP 地址：192.168.0.2

目标端口：TCP 端口 80

源端口：TCP 端口 1350

（2）IP 数据包转发到运行 NAT 的计算机上，它将传出的数据包地址转换成下面的形式：

目标 IP 地址：202.202.163.1

源 IP 地址：202.162.4.1

目标端口：TCP 端口 80

源端口：TCP 端口 2500

（3）NAT 协议在表中保留了{192.168.0.2，TCP 1350}到{202.162.4.1，TCP 2500}的映射，以便回传。

（4）转发的 IP 数据包是通过 Internet 发送的。Web 服务器响应通过 NAT 协议发回和接收。当接收时，数据包包含下面的公用地址信息：

目标 IP 地址：202.162.4.1

源 IP 地址：202.202.163.1

目标端口：TCP 端口 2500

源端口：TCP 端口 80

（5）NAT 协议检查转换表，将公用地址映射到专用地址，并将数据包转发给位于 192.168.0.2 的计算机。转发的数据包包含以下地址信息：

目标 IP 地址：192.168.0.2

源 IP 地址：202.202.163.1

目标端口：TCP 端口 1350

源端口：TCP 端口 80

对于来自 NAT 协议的传出数据包，源 IP 地址（专用地址）被映射到 ISP 分配的地址（公用地址），并且 TCP/UDP 端口号也会被映射到不同的 TCP/UDP 端口号。

对于到 NAT 协议的传入数据包，目标 IP 地址（公用地址）被映射到源 Internet 地址（专用地址），并且 TCP/UDP 端口号被重新映射回源 TCP/UDP 端口号。

2．NAT 的分类

（1）源 NAT（Source NAT，SNAT）。SNAT 指修改第一个包的源 IP 地址。SNAT 会在包送出之前的最后一刻做好 Post-Routing 的动作。Linux 中的 IP 伪装（Masquerade）就是 SNAT 的一种特殊形式。

（2）目的 NAT（Destination NAT，DNAT）。DNAT 是指修改第一个包的目的 IP 地址。DNAT 总是在包进入后立刻进行 Pre-Routing 动作。端口转发、负载均衡和透明代理均属于 DNAT。

11.2　项目设计与准备

11.2.1　项目设计

网络建立初期，人们只考虑如何实现通信而忽略了网络的安全。而防火墙可以使企业内部局域网与 Internet 之间或者与其他外部网络互相隔离、限制网络互访来保护内部网络。

大量拥有内部地址的机器组成了企业内部网，那么如何连接内部网与 Internet？代理服务器将是很好的选择，它能够解决内部网访问 Internet 的问题并提供访问的优化和控制功能。

本项目设计在安装有企业版 Linux 网络操作系统的服务器上安装 iptabels 和 squid。

11.2.2　项目准备

部署电子邮件服务应满足下列需求：

（1）安装好的企业版 Linux 网络操作系统，并且必须保证常用服务正常工作。客户端使用 Linux 或 Windows 网络操作系统。服务器和客户端能够通过网络进行通信。

（2）或者利用虚拟机进行网络环境的设置。

11.3　项目实施

任务 1　安装 iptables

1．检查 iptables 是否已经安装

在默认情况下，iptables 已经被安装好了。可以使用 rpm -qa 命令来查看默认安装了哪些软件，如下所示：

```
[root@server ~]# rpm -qa |grep iptables
iptables-1.3.5-5.3.el5
iptables-ipv6-1.3.5-5.3.el5
```

2．iptables 服务的启动

```
[root@server ~]# service iptables start
Applying iptables firewall rules:                          [ 确定 ]
Loading additional iptables modules: ip_conntrack_netbios_n   [ 确定 ]
```

3. iptables 服务的停止

```
[root@server ~]# service  iptables  stop
Flushing  firewall  rules:                              [确定]
Setting  chains  to  policy  ACCEPT: filter             [确定]
Unloading  iptables  modules:                           [确定]
```

4. iptables 服务的重新启动

```
[root@server ~]# service  iptables  restart
Flushing  firewall  rules:                              [确定]
Setting  chains  to  policy  ACCEPT: filter             [确定]
Unloading  iptables  modules:                           [确定]
Applying  iptables  firewall  rules:                    [确定]
Loading  additional  iptables  modules:  ip_conntrack_netbios-n  [确定]
```

5. 自动加载 iptables 服务

（1）chkconfig

使用 chkconfig 命令自动加载 iptables 服务，如下所示：

```
[root@server ~]# chkconfig  --level 3   iptables  on   #运行级别 3 自动加载
[root@server ~]# chkconfig   --level  3   iptables  off  #运行级别 3 不自动加载
```

（2）ntsysv

使用 ntsysv 命令，利用文本图形界面对 iptables 自动加载进行配置。

任务 2　认识 iptables 的基本语法

如果想灵活运用 iptables 来加固系统安全的话，就必须熟练地掌握 iptables 的语法格式。
iptables 的语法格式如下。

```
iptables  [-t 表名]  -命令   -匹配   -j    动作/目标
```

1. 表选项

iptables 内置了 filter、nat 和 mangle 3 张表，使用-t 参数来设置对哪张表生效。例如，如果对 nat 表设置规则的话，可以在-t 参数后面加上 nat，如下所示：

```
iptables  -t  nat -命令   -匹配   -j    动作/目标
```

-t 参数是可以省略的，如果省略了-t 参数，则表示对 filter 表进行操作。例如：

```
iptables   -A  INPUT -p  icmp   -j  DROP
```

2. 命令选项

命令选项是指对提交的规则要执行什么样的操作。例如添加/删除规则，或者查看规则列表等。下面先来介绍一些最为常用的命令。

（1）-P 或--policy

作用：定义默认的策略，所有不符合规则的包都被强制使用这个策略。例如：

```
iptables  -t   filter   -P INPUT    DROP
```

 只有内建的链才可以使用规则。

（2）-A 或--append

作用：在所选择的链的最后添加一条规则。例如：

```
iptables   -A   OUTPUT   --sport   22   DROP
```

（3）-D 或--delete

作用：从所选链中删除规则。例如：

iptables -D OUTPUT

 注意　删除规则的时候可以把规则完整写出来删除，就像创建规则时一样，但是更快的方式是指定规则在所选链中的序号。

（4）-L 或--list

作用：显示所选链的所有规则。如果没有指定链，则显示指定表中的所有链。例如：

iptables -t nat -L

 注意　如果没有指定-t 参数，就显示默认表 filter 中的所有链。

（5）-F 或--flush

作用：清空所选的链中的规则。如果没有指定链，则清空指定表中的所有链的规则。例如：

iptables -F OUTPUT

（6）-I 或--insert

作用：根据给出的规则序号向所选链中插入规则。如果序号为 1，规则会被插入链的头部。如果序号为 2，则表示将规则插入第二行，依次类推。例如：

iptables -I INPUT 2 --dport 80 -j ACCEPT

 注意　iptables 对参数的大小写敏感，也就是说大写的参数-P 和小写的参数-p 表示不同的意思。

3. 匹配选项

匹配选项用来指定需要过滤的数据包所具备的条件。换句话说就是在过滤数据包的时候，iptables 根据什么来判断到底是允许数据包通过，还是不允许数据包通过，过滤的角度通常可以是源地址、目的地址、端口号或状态等信息。如果使用协议进行匹配的话，就是告诉 iptables 从所使用的协议来判断是否丢弃这些数据包。在 TCP/IP 的网络环境里，大多数数据包所使用的协议不是 TCP 类型的就是 UDP 类型的，还有一种是 ICMP 类型的数据包，例如 ping 命令使用的就是 ICMP 协议。下面介绍一些较为常用的匹配选项，更多介绍请参考相关文献。

（1）-p 或--protocol

作用：匹配指定的协议。例如：

iptables -A INPUT -p udp -j DROP

 注意　设置协议时可以使用它们对应的整数值。例如 ICMP 的值是 1，TCP 是 6，UDP 是 17，默认设置为 ALL，相应数值是 0，仅代表匹配 TCP、UDP 和 ICMP 协议。

（2）--sport 或--source -port

作用：基于 TCP 包的源端口来匹配包，也就是说通过检测数据包的源端口是不是指定的来判断数据包的去留。例如：

iptables -A INPUT --sport 80 -j ACCEPT

如果不指定此项，则表示针对所有端口。

（3）--dport 或 --destination -port

作用：基于 TCP 包的目的端口来匹配包，也就是说通过检测数据包的目的端口是不是指定的来判断数据包的去留。端口的指定形式和--sport 完全一样。例如：

iptables -I　INPUT　--dport　80　-j　ACCEPT

如果不指定此项，则表示针对所有端口。

（4）-s 或--src 或--source

作用：以 IP 源地址匹配包。例如：

iptables -A　INPUT　-s　1.1.1.1　-j　DROP

在地址前加英文感叹号表示取反，注意空格，如：-s !192.168.0.0/24 表示除此地址外的所有地址。

（5）-d 或--dst 或--destination

作用：基于 TCP 包的目的端口来匹配包，也就是说通过检测数据包的目的端口是不是指定的来判断数据包的去留。端口的指定形式和-sport 一致。例如：

iptables -I　OUTPUT　-d　192.168.1.0/24　-j　ACCEPT

（6）-i 或--in-interface

作用：以数据包进入本地所使用的网络接口来匹配。例如：

iptables -A　INPUT　-i　eth0　-j　ACCEPT

这个匹配操作只能用于 INPUT、FORWARD 和 PREROUTING 这 3 个链，否则会报错。在接口前加英文感叹号表示取反，注意空格，如：-i !eth0 的意思是匹配来自 eth0 外的所有数据包。

（7）-o 或--out-interface

作用：以包离开本地所使用的网络接口来匹配包。接口的指定形式和-i 一致。例如：

iptables　-A　OUTPUT　-o　eth1　-j　ACCEPT

4. 动作/目标选项

动作/目标决定符合条件的数据包将如何处理，其中最为基本的有 ACCEPT 和 DROP。介绍常用的动作/目标如表 11-4 所示。

表 11-4　目标/动作选项

匹配条件	说明
ACCEPT	允许符合条件的数据包通过。也就是接受这个数据包，允许它去往目的地
DROP	拒绝符合条件的数据包通过。也就是丢弃该数据包
REJECT	REJECT 和 DROP 都会将数据包丢弃，区别在于 REJECT 除了丢弃数据包外，还向发送者返回错误信息

续表

匹配条件	说明
REDIRECT	将数据包重定向到本机或另一台主机的某个端口，通常用于实现透明代理或对外开放内网的某些服务
SNAT	用来做源网络地址转换，也就是更换数据包的源 IP 地址
DNAT	与 SNAT 对应，将目的网络地址进行转换，也就是更换数据包的目的 IP 地址
MASQUERADE	和 SNAT 的作用相同，区别在于它不需要指定--to-source。MASQUERADE 是被专门设计用于那些动态获取 IP 地址的连接的，比如，拨号上网、DHCP 连接等
LOG	用来记录与数据包相关的信息。这些信息可以用来帮助排除错误。LOG 会返回数据包的有关细节，如 IP 头的大部分和其他有趣的信息

① SNAT 只能用在 nat 表的 POSTROUTING 链里。只要连接的第一个符合条件的包被 SNAT 了，那么这个连接的其他所有数据包都会自动地被 SNAT。
② DNAT 只能用在 nat 表的 PREROUTING 和 OUTPUT 链中，或者是被这两条链调用的链里。包含 DNAT 的链不能被除此之外的其他链调用，如 POSTROUTING。

任务 3 设置默认策略

在 iptables 中，所有的内置链都会有一个默认策略。当通过 iptables 的数据包不符合链中的任何一条规则时，则按照默认策略来处理数据包。

定义默认策略的命令格式如下：

iptables　[-t 表名]　-P　链名　动作

【例 11-1】将 filter 表中 INPUT 链的默认策略定义为 DROP（丢弃数据包）。

[root@server ~]# **iptables -P INPUT -j DROP**

【例 11-2】将 nat 表中 OUTPUT 链的默认策略定义为 ACCEPT（接受数据包）。

[root@server ~]# **iptables -t nat -P OUTPUT -j ACCEPT**

任务 4 配置 iptables 规则

1. 查看 iptables 规则

查看 iptables 规则的命令格式如下：

iptables　[-t 表名]　-L　链名

【例 11-3】查看 nat 表中所有链的规则。

```
[root@server ~]# iptables  -t  nat  -L
Chain PREROUTING（policy ACCEPT）
target          prot opt      source                      destination

Chain POSTROUTING（pclicy ACCEPT）
target    prot    opt      source                      destination

Chain OUTPUT（Policy ACCEPT）
```

target	prot	opt	source	destination

【例 11-4】查看 filter 表中 FORWARD 链的规则。

```
[root@ server ~]# iptables  -L   FORWARD
Chain FORWARD（policy ACCEPT）
Target                pro      opt  source         destination
RH-Firewall-l-INPUT   a11      --   anywhere       anywhere
```

2. 添加、删除、修改规则

【例 11-5】为 filter 表的 INPUT 链添加一条规则，规则为拒绝所有使用 ICMP 协议的数据包。

```
[root@server ~]# iptables -A  INPUT -p  icmp -j  DROP
#查看规则列表
[root@ server ~]# iptables  -L    INPUT
Chain  INPUT（policy ACCEPT）
target          prot    opt  source           destination
DROP            icmp    --   anywhere         anywhere
```

【例 11-6】为 filter 表的 INPUT 链添加一条规则，规则为允许访问 TCP 协议的 80 端口的数据包通过。

```
[root@server ~]# iptables  -A INPUT  -p   tcp   --dport   80 -j   ACCEPT
#查看规则列表
[root@ server ~]# iptables   -L    INPUT
Chain INPUT（policy ACCEPT）

target           prot    opt  source           destination
DROP             icmp    --   anywhere         anywhere
ACCEPT           tcp     --   anywhere         anywhere       tcp   dpt:http
```

【例 11-7】在 filter 表中 INPUT 链的第 2 条规则前插入一条新规则，规则为不允许访问 TCP 协议的 53 端口的数据包通过。

```
[root@server ~]# iptables  -I  INPUT  2 -p   tcp   --dport   53  -j   DROP
#查看规则列表
[root@server ~]# iptables  -L    INPUT
Chain INPUT（policy ACCEPT）

target          prot    opt  source           destination
DROP            icmp    --   anvwhere         anywhere
DROP            tcp     --   anywhere         anywhere       tcp   dpt:domain
ACCEPT          tcp     --   anvwhere         anywhere       tcp   dpt:http
```

【例 11-8】在 filter 表中 INPUT 链的第 1 条规则前插入一条新规则，规则为允许源 IP 地址属于 172.16.0.0/16 网段的数据包通过。

```
[root@server ~]# iptables  -I  INPUT   -s   172.16.0.0/16   -j   ACCEPT
#查看规则列表
[root@server ~]# iptables  -L    INPUT
Chain INPUT（policy ACCEPT）

target          prot     opt  source           destination
ACCEPT          all      --   172.16.0.0/16    anywhere
DROP            icmp     --   anvwhere         anywhere
DROP            tcp      --   anywhere         anywhere       tcp   dpt:domain
```

```
ACCEPT    tcp        --    anvwhere        anywhere      tcp  dpt:http
```

【例 11-9】删除 filter 表中 INPUT 链的第 2 条规则。

```
[root@server ~]# iptables -D  INPUT  -p  icmp  -j  DROP
#查看规则列表
[root@server ~]# iptables -L    INPUT
Chain INPUT（policy ACCEPT）

target          prot opt  source          destination
ACCEPT   all     --   172.16.0.0/16    anyvwhere
DROP            tcp --  anvwhere        anywhere      tcp  dpt:domain
ACCEPT   tcp     --   anvwhere        anywhere      tcp  dpt:http
```

当某条规则过长时，可以使用数字代码来简化操作，如下所示。

使用-line-n 参数来查看规则代码。

```
[root@server ~]# iptables -L    INPUT    --line  -n
Chain INPUT（policy ACCEPT）

num target      prot    opt  source          destination
1   ACCEPT   all     --   172.16.0.0/16    anvwhere
2   DROP     icmp    --   anvwhere        anvwhere
3   DROP     tcp     --   anvwhere        anvwhere      tcp  dpt:domain
4   ACCEPT   tcp     --   anvwhere        anywhere      tcp  dpt:http
#直接使用规则代码进行删除
[root@server ~]# iptables  -D   INPUT   2
#查看规则列表
[root@server ~]# iptables  -L   INPUT   --line  -n
Chain INPUT（policy ACCEPT）
num target        prot opt  source          destination
1   ACCEPT     all   --   172.16.0.0/16    anywhere
2   DROP       tcp   --   anvwhere        anywhere      tcp  dpt:domain
3   ACCEPT     tcp   --   anvwhere        anywhere      tcp  dpt:http
```

【例 11-10】清除 filter 表中 INPUT 链的所有规则。

```
[root@server ~]# iptables  -F  INPUT
#查看规则列表
[root@ server ~]# iptables  -L    INPUT
Chain INPUT（policy ACCEPT）
target          prot opt  source          destination
```

3. 保存规则与恢复

iptables 提供了两个很有用的工具来保存和恢复规则，这在规则集较为庞大的时候非常实用。它们分别是 iptables-save 和 iptables-restore。

iptables-save 用来保存规则，它的用法比较简单，命令格式如下：

```
iptables-save  [-c]  [-t 表名]
```

-c：保存包和字节计数器的值。这可以使在重启防火墙后不丢失对包和字节的统计。

-t：用来选择保存哪张表的规则，如果不跟-t 参数则保存所有的表。

当使用 iptables-save 命令后可以在屏幕上看到输出结果，其中*表示的是表的名字，它下面跟的是该表中的规则集。

```
[root@server ～]# iptables-save
# Generated by iptables -save v1.3.5 on Mon Nov 5 20:22:44 2007
*mangle
: PREROUTING ACCEPT   [52:4808]
: INPUT ACCEPT       [52:4808}
: FORWARD ACCEPT [0:0]
: OUTPUT ACCEPT [36:5276]
: POSTROUTING ACCEPT [36:5276]
COMMIT
# Completed on Mort Nov 5 20:22:44 2010
# Geherat by iptables -save vl.3.5 On Non Nov 5 20:22:44 2010
*nat
: PREROUTING ACCEPT [2:458]
: POSTROUTING ACCEPT [0:0]
: OUTPUT ACCEPT[0：0]
COMMIT
#Completed On Mon Nov 5 20：22：44 2010
#Generated by iptables-save vl．3．5 on Mon Nov 5 20：22：44 2010
*filter
: INPUT ACCEPT [60:5128]
: FORWARD ACCEPT [0:0]
: OUTPUT ACCEPT [52:7084]
: RH-Firewall-1-INPUT-[0:0]
-A  INPUT -p  icmp –j  DROP
COMMIT
# Completed on Mon Nov 5 20:22:44 2010
```

可以使用重定向命令来保存这些规则集，如下所示：

[root@server ～]# **iptables-save > /etc/iptables-save**

iptables-restore 用来装载由 iptables-save 保存的规则集。其命令格式如下所示：

iptables-restore　[c]　[-n]

-c：如果加上-c 参数，表示要求装入包和字节计数器。

-n：表示不要覆盖已有的表或表内的规则。默认情况是清除所有已存在的规则。

使用重定向来恢复由 iptables-save 保存的规则集，如下所示：

[root@server ～]# **iptables-restore< /etc/iptables-save**

所有的添加、删除、修改规则都是临时生效的。当重新启动系统后，会恢复
成原有的配置，如果想保持所做的修改在重新启动系统后依旧生效，可以使
用以下命令来保存 iptables 的规则配置，如下所示：

[root@iptables /]# **iptables-save >　/etc/iptables-save**
[root@iptables /]# **service iptables save**
将当前规则保存在 /etc/sysconfig/iptables。　　　　　　　　[确定]

任务 5　从常用实例中掌握配置 iptables 技巧

1. 禁止访问不健康网站

很多的企业为了确保网络的安全性而禁止员工访问不健康的网站。iptables 可以使用限制域名或 IP 地址的方式灵活地进行控制。

【例 11-11】禁止员工访问域名为 www.xxx.org 的网站。

```
[root@server ~]# iptables -A FORWARD -d www.xxx.org -j DROP
#查看 FORWARD 链的规则
[root@server ~]# iptables -L FORWARD
Chain FORWARD（policy ACCEPT）
target    Prot    opt    source        destination
DROP      all     --     anywhere      www.xxx.org
```

【例 11-12】禁止员工访问 IP 地址为 212.1.2.3 的网站。

```
[root@iptables /]# iptables -A FORWARD -d 212.1.2.3 -j DROP
#查看 FORWARD 链的规则
[root@server ~]# iptables -L FORWARD
Chain FORWARD（policy ACCEPT）
target    Prot    opt    source        destination
DROP      all     --     anywhere      www.xxx.org
DROP      all     --     anywhere      212.1.2.3
```

2. 禁止用户使用 QQ 软件

员工上网聊天似乎已经成为一件司空见惯的事情，大多数人对此习以为常。可是在老板的眼里他们并不希望看到这些。所以很多的网络管理者在部署企业内部网络的时候都纷纷禁止使用 QQ 软件，早期的 QQ 都采用 UDP 协议进行传输数据，而且所使用的端口通常是从 4 000 开始，目前新版本的 QQ 既可以使用 TCP 协议，也可以使用 UDP 协议，而且端口号也有所改变，这使得封锁 QQ 软件的难度加大。不过只要知道 QQ 使用的服务器地址和端口号依旧可以进行封锁。

获取 QQ 使用的服务器地址和端口号很容易，进入 QQ 安装目录，在任意以 QQ 号码命名的目录中找到 Config.db 文件，并用记事本或其他编辑器打开，即可看到 QQ 使用的服务器地址和端口号，如图 11-8 所示。

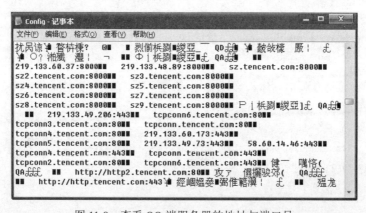

图 11-8　查看 QQ 端服务器的地址与端口号

尽管文件的内容大部分都是乱码，不过幸运的是还是可以从中找到 QQ 使用的服务器地址和端口号。这些信息让封锁 QQ 软件变得容易，如下所示。

[root@server ~]# iptables	-I	FORWARD	-p	tcp --dport	8000	-j	DROP
[root@server ~]# iptables	-I	FORWARD	-p	udp --dport	8000	-j	DROP
[root@server ~]# iptables	-I	FORWARD	-d	tcpconn.tencent.com		-j	DROP
[root@server ~]# iptables	-I	FORWARD	-d	tcpconn2.tencent.com		-j	DROP
[root@server ~]# iptables	-I	FORWARD	-d	tcpconn3.tencent.com		-j	DROP
[root@server ~]# iptables	-I	FORWARD	-d	tcpconn4.tencent.com		-j	DROP
[root@server ~]# iptables	-I	FORWARD	-d	tcpconn5.tencent.com		-j	DROP
[root@server ~]#iptables	-I	FORWARD	-d	tcpconn6.tencent.com		-j	DROP
[root@server ~]# iptables	-I	FORWARD	-d	http.tencent.com		-j	DROP
[root@server ~]# iptables	-I	FORWARD	-d	219.133.60.173		-j	DROP
[root@server ~]# iptables	-I	FORWARD	-d	219.133.49.73		-j	DROP
[root@server ~]# iptables	-I	FORWARD	-d	58.60.14.46		-j	DROP

任务 6　使用日志监控 iptables

在 iptables 语法里的"动作/目标"中，有一种非常实用的功能——LOG 目标。前面曾简单提到过这个功能，它能够把符合条件的数据包记录到日志中去。这对于监控网络状况和发现错误是非常有帮助的。

日志中会记载数据包的相关细节，例如 IP 头部的大部分信息，甚至可以知道这个数据包是从哪里来的，要到哪里去，中途经过了哪些规则的处理，甚至更为有趣的信息。这个功能是通过内核的日志工具完成的，一般是 syslogd。对于日志的查看也极为方便，可以直接打开这些日志，或者使用一些日志分析软件来进行分析。如果想对日志进行扩展，或者由于日志较为庞大，导致想把这些日志记录在类似 MySQL 数据库当中也是可以实现的，iptables 准备了 LOG 目标来实现这些功能。

可以先将 LOG 功能的使用方式理解成以下这样：

iptables　[-t　表名]　-命令　-匹配　-j　LOG

但是这并不完整，LOG 目标后面可以跟 5 个选项来规范和完善 LOG 功能，例如设置日志记录的详细程度，或者是否去跟踪一个特定地址的数据包。当然这 5 个选项并不都需要写出来，不过，我们还是先来看看它们分别是什么意思。

1．--log-level

作用：该选项是用来设置 LOG 日志的等级的。要了解记录等级的详细信息可以查看文件 syslog.conf，一般来说有以下几种：debug、info、notice、warning、warn、err、error、crit、alert、emerg 和 panic。由于记录日志是由内核来完成的，所以要想使用日志等级功能需要在 /etc/syslog.conf 文件中加入一行内容："**kern.=日志等级　日志文件位置**"，如下所示：

kern.=notice　　/var/log/iptables_log

然后再在--log-level 后面指定日志等级为 notice。例如：

iptables　-A　INPUT　-p　tcp　--dport　80　-j　LOG　　--log-level　notice

2．--log-prefix

作用：在已经记录的日志信息之前加上指定的前缀。例如：

iptables　-A　INPUT　-p　tcp　--dport　80　-j　LOG　　--log-level　notice

--log-prefix "iptables:"

 前缀不能超过 29 个字符。

3. --log-tcp-sequence

作用：把数据包的 TCP 序列号和其他日志信息一起记录下来。例如：

iptables -A INPUT -p tcp -j LOG --log-tcp-sequence

 这个功能并不常用，开启它可能会带来安全隐患。

4. --log-tcp-options

作用：记录 TCP 包头中的字段大小不变的选项。例如：

iptables -I FORWARD -p tcp -j LOG --log-tcp-options

5. --log-ip-options

作用：记录 IP 包头中的字段大小不变的选项。例如：

iptables -A FORWARD -p ip -j LOG --log-ip-options

任务 7 实现 NAT

1. iptables 实现 NAT（网络地址转换）

iptables 防火墙利用 nat 表能够实现 NAT 功能，将内网地址与外网地址进行转换，完成内、外网的通信。nat 表支持以下 3 种操作。

- SNAT：改变数据包的源地址。防火墙会使用外部地址，替换数据包的本地网络地址。这样使网络内部主机能够与网络外部通信。
- DNAT：改变数据包的目的地址。防火墙接收到数据包后，会将该包目的地址进行替换，重新转发到网络内部的主机。当应用服务器处于网络内部时，防火墙接收到外部的请求，会按照规则设定，将访问重定向到指定的主机上，使外部的主机能够正常访问网络内部的主机。
- MASQUERADE：MASQUERADE 的作用与 SNAT 完全一样，用来改变数据包的源地址。因为对每个匹配的包，MASQUERADE 都要自动查找可用的 IP 地址，而不像 SNAT 用的 IP 地址是配置好的。所以会加重防火墙的负担。当然，如果接入外网的地址不是固定地址，而是 ISP 随机分配的，使用 MASQUERADE 将会非常方便。

2. 配置 SNAT

SNAT 功能是进行源 IP 地址转换，也就是重写数据包的源 IP 地址。若网络内部主机采用共享方式，访问 Internet 连接时就需要用到 SNAT 的功能，将本地的 IP 地址替换为公网的合法 IP 地址。

SNAT 只能用在 nat 表的 POSTROUTING 链，并且只要连接的第一个符合条件的包被 SNAT 进行地址转换，那么这个连接的其他所有包都会自动地完成地址替换工作，而且这个规则还会应用于这个连接的其他数据包。SNAT 使用选项--to-source，命令语法如下：

iptables -t nat -A POSTROUTING -o 网络接口 -j SNAT --to-source IP 地址

指定替换的 IP 地址和端口，有以下几种方式：

- 指定单独的地址。如 202.154.10.27。
- 一段连续的地址范围。如 202.154.10.10-202.154.10.27，这样会为数据包随机分配一个 IP，实现负载均衡。
- 端口范围。在指定 -p　tcp 或 -p　udp 的前提下，可以指定源端口的范围，如 202.154.10.27: 1024-10000，这样包的源端口就被限制在 1024～10000 了。

> **注意**　网络接口是指通过该接口直接连到 Internet 上的那个 Public IP 的接口。

iptables 会尽量避免端口的变更，也就是说，它总是尽力使用建立连接时所用的端口。但是如果两台机器使用相同的源端口，iptabtes 将会把其中之一映射到另外一个端口。如果没有指定端口范围，所有的在 512 以内的源端口会被映射到 512 以内的另一个端口，512 和 1023 之间的将会被映射到 1 024 内，其他的将会被映射到大于或等于 1024 的端口，也就是同范围映射。当然，这种映射和目的端口无关。

【例 11-13】公司内部主机使用 10.0.0.0/8 网段的 IP 地址，并且使用 Linux 主机作为服务器连接互联网，外网地址为固定地址 212.212.12.12，现需要修改相关设置保证内网用户能够正常访问 Internet，如图 11-9 所示。

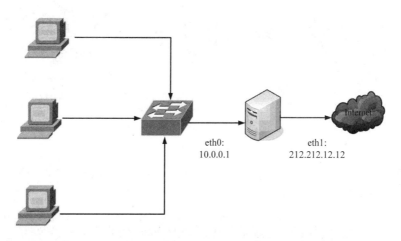

图 11-9　企业网络拓扑图

Step1： 开启内核路由转发功能。
先在内核里打开 IP 转发功能，如下所示：
```
[root@server ～]# echo  "1">/proc/sys/net/ipv4/ip_forward
```
Step2： 添加 SNAT 规则。
设置 iptables 规则，将数据包的源地址改为公网地址，如下所示：
```
[root@server ～]# iptables  -t  nat  -A  POSTROUTING  -o  eth1 –s  10.0.0.0/8
                –j  SNAT --to-source 212.212.12.12
[root@server ～]# service  iptables  save          #保存配置信息
Saving firewall rules to /etc/sysconfig/iptables：            [ 确定 ]
```
Step3： 指定客户端 10.0.0.5 的默认网关和 DNS 服务器（其他客户端类似）。
```
[root@client1 ～]# route add default gw 10.0.0.1
```

Step4： 编辑/etc/resolv.conf，修改 DNS 服务器地址。

3. 配置 DNAT

DNAT 能够完成目的网络地址转换的功能，换句话说，就是重写数据包的目的 IP 地址。DNAT 是非常实用的。例如，企业 Web 服务器在网络内部，其使用私网地址，没有可在 Internet 上使用的合法 IP 地址。这时，互联网的其他主机是无法与其直接通信的，那么，可以使用 DNAT，防火墙的 80 端口接收数据包后，通过转换数据包的目的地址，信息会转发给内部网络的 Web 服务器。

DNAT 需要在 nat 表的 PREROUTING 链设置，配置参数为--to-destination，命令格式如下：

iptables -t nat -A PREROUTING –i 网络接口 –p 协议 --dport 端口 -j DNAT
--to-destination IP 地址

DNAT 主要能够完成以下几个功能。

（1）发布内网服务器。

iptables 能够接收外部的请求数据包，并转发至内部的应用服务器，整个过程是透明的，访问者感觉像直接在与内网服务器进行通信一样，如图 11-10 所示。

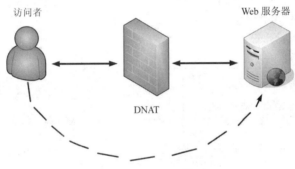

图 11-10　DNAT 原理

【例 11-14】公司网络内部搭建了一台 Web 服务器，其 IP 地址为 192.168.0.3，防火墙外部 IP 地址为 212.200.30.27，现需要调整防火墙设置，保证外网用户能够正常访问该服务器。使用 DNAT 将发送至 212.200.30.27，并且端口为 80 的数据包转发至 192.168.0.3，如下所示：

```
[root@server ～]# iptables -t nat -A PREROUTING -d 212.200.30.27 -p   tcp
                --dport   80 -j   DNAT --to-destination   192.168.0.3:80
```

在上例中，"-j DNAT --to-destination IP[:port]"就是精髓。代表从 212.200.30.27（eth0）这个接口传入的，且想要使用 port 80 的服务时，将该封包重新传导到192.168.0.3:80 的 IP 及 port 上面。

请同学们思考：如果内部搭建的是一台 FTP 服务器，又该如何设置呢？

（2）实现负载均衡。

如果内部网络存在多台相同类型应用的服务器，可以使用 DNAT，将外部的访问流量分配到多台 Server 上，实现负载均衡，减轻服务器的负担。

【例 11-15】公司内部共有 3 台数据相同的 Web 服务器，IP 地址分别为 192.168.0.10、192.168.0.11 以及 192.168.0.12，防火墙外部地址为 212.226.100.23，为了提高页面的响应速度，需要对 Web 服务进行优化。

```
[root@server ～]# iptables -t nat -A   PREROUTING -d   212.226.100.23 -p tcp
```

--dport 80 -j DNAT --to-destination 192.168.0.10-192.168.0.12

4. MASQUERADE

MASQUERADE 和 SNAT 作用相同，也是提供源地址转换的操作，但它是针对外部接口为动态 IP 地址而设计的，不需要使用--to-source 指定转换的 IP 地址。如果网络采用的是拨号方式接入 Internet，而没有对外的静态 IP 地址，那么，建议使用 MASQUERADE。

【例 11-16】公司内部网络有 230 台计算机，网段为 192.168.0.0/24，并配有一台拨号主机，使用接口 ppp0 接入 Internet，所有客户端通过该主机访问互联网。这时，需要在拨号主机进行设置，将 192.168.0.0/24 的内部地址转换为 ppp0 的公网地址，如下所示：

```
[root@server ~]# iptables -t nat -A POSTROUTING -o ppp0
                -s 192.168.0.0/24 -j MASQUERADE
```

 MASQUERADE 是特殊的过滤规则，它只可以伪装从一个接口到另一个接口的数据。

5. 连接跟踪

（1）什么是连接跟踪？

通常，在 iptables 防火墙的配置都是单向的，例如，防火墙仅在 INPUT 链允许主机访问 Google 站点，这时，请求数据包能够正常发送至 Google 服务器，但是，当服务器的回应数据包抵达时，因为没有配置允许的策略，则该数据包将会被丢弃，无法完成整个通信过程。所以，配置 iptables 时需要配置出站、入站规则，这无疑增大了配置的复杂度。实际上，连接跟踪能够简化该操作。

连接跟踪依靠数据包中的特殊标记，对连接状态"state"进行检测，netfilter 能够根据状态决定数据包的关联，或者分析每个进程对应数据包的关系，决定数据包的具体操作。连接跟踪支持 TCP 和 UDP 通信，更加适用于数据包的交换。

连接跟踪通常会提高通信的效率，因为对于一个已经建立好的连接，剩余的通信数据包将不再需要接受链中规则的检查，这将有效缩短 iptables 的处理时间，当然，连接跟踪需要占用更多的内存。

连接跟踪存在 4 种数据包的状态，如下所示：

- NEW：想要新建立连接的数据包。
- INVALID：无效的数据包，例如损坏或者不完整的数据包。
- ESTABLISHED：已经建立连接的数据包。
- RELATED：与已经发送的数据包有关的数据包，例如，建立连接后发送的数据包或者对方返回的响应数据包。同时使用该状态进行设定，可简化 iptables 的配置操作。

（2）iptables 连接状态配置。

配置 iptables 的连接状态，使用选项-m，并指定 state 参数，选项--state 后跟状态，如下所示：

-m state --state<状态>

假如，允许已经建立连接的数据包，以及与已发送数据包相关的数据包通过，则可以使用-m 选项，并设置接受 ESTABLISHED 和 RELATED 状态的数据包，如下所示：

```
[root@server ~]# iptables -I INPUT -m state --state
                ESTABLISHED, RELATED -j ACCEPT
```

任务 8　安装、启动与停止 Squid 服务

对于 Web 用户来说，Squid 是一个高性能的代理缓存服务器，可以加快内部网浏览 Internet 的速度，提高客户机的访问命中率。Squid 不仅支持 HTTP 协议，还支持 FTP、gopher、SSL 和 WAIS 等协议。和一般的代理缓存软件不同，Squid 用一个单独的、非模块化的 I/O 驱动的进程来处理所有的客户端请求。

Squid 将数据元缓存在内存中，同时也缓存 DNS 查询的结果，除此之外，它还支持非模块化的 DNS 查询，对失败的请求进行消极缓存。Squid 支持 SSL，支持访问控制。由于使用了 ICP，Squid 能够实现重叠的代理阵列，从而最大限度地节约带宽。

Squid 由一个主要的服务程序 Squid、一个 DNS 查询程序 dnsserver、几个重写请求和执行认证的程序，以及几个管理工具组成。当 Squid 启动以后，它可以派生出指定数目的 dnsserver 进程，而每一个 dnsserver 进程都可以执行单独的 DNS 查询，这样一来就大大减少了服务器等待 DNS 查询的时间。

Squid 的另一个优越性在于它使用访问控制列表（ACL）和访问权限列表（ARL）。访问控制列表和访问权限列表通过阻止特定的网络连接来减少潜在的 Internet 非法连接，可以使用这些列表来确保内部网的主机无法访问有威胁的或不适宜的站点。

Squid 的主要功能如下所示：

- 代理和缓存 HTTP、FTP 和其他的 URL 请求。
- 代理 SSL 请求。
- 支持多级缓存。
- 支持透明代理。
- 支持 ICP、HTCP、CARP 等缓存摘要。
- 支持多种方式的访问控制和全部请求的日志记录。
- 提供 HTTP 服务器加速。
- 能够缓存 DNS 查询。

Squid 的官方网站是http://www.squid.cache.org。

1.　安装 Squid 服务

使用下面的命令检查系统是否已经安装了 Squid 服务。

```
[root@server ~]# rpm -qa|grep squid
squid-2.6.STABLE21-3.el5
```

这表明系统已经安装了 Squid 服务。如果系统没有安装 Squid 服务，也可以在系统安装过后单独安装。Squid 服务的软件包在 Red Hat Enterprise Linux 5 的第 2 张安装盘上。软件包的名字为"squid-2.6.STABLE21-3.el5.i386.rpm"。插入第 2 张安装盘，挂载。然后输入下面的命令完成安装（假如挂载到/mnt 下）。

```
[root@server ~]# cd /mnt/Server
[root@server Server]# rpm -ivh squid-2.6.STABLE21-3.el5.i386.rpm
```

2.　启动、停止 Squid 服务

启动和重新启动 Squid 服务的命令如下所示：

```
[root@server ~]# service squid start          //启动 squid 服务
[root@server ~]# service squid stop           //停止 squid 服务
```

```
[root@server ~]# service squid restart          //重新启动 Squid 服务
[root@server ~]# service squid resload          //重新加载 Squid 服务
[root@server ~]# /etc/rc.d/init.d/squid   reload  //重新加载 Squid 服务
```

3．自动加载 Squid 服务

（1）使用 chkconfig

```
[root@server ~]# chkconfid --level 3 squid on    //运行级别 3 自动加载
[root@server ~]# chkconfid --level 3 squid off   //运行级别 3 不自动加载
```

（2）使用 ntsysv

使用 ntsysv 命令，利用文本图形界面对 Squid 自动加载进行配置，在"squid"选项前按空格加上"*"。

任务 9　配置 Squid 服务器

Squid 服务的主配置文件是/etc/squid/squid.conf，用户可以根据自己的实际情况修改相应的选项。

1．几个常用的选项

（1）http_port　3128

定义 Squid 监听 HTTP 客户连接请求的端口。默认是 3128，如果使用 HTTPD 加速模式则为 80。可以指定多个端口，但是所有指定的端口都必须在一条命令行上，各端口间用空格分开。

http_port 字段还可以指定监听来自某些 IP 地址的 HTTP 请求，这种功能经常被使用，当 Squid 服务器有两块网卡，一块用于和内网通信，另一块用于和外网通信的时候，管理员希望 Squid 仅监听来自内网的客户端请求，而不是监听来自外网的客户端请求，在这种情况下，就需要使用 IP 地址和端口号写在一起的方式，例如，让 Squid 在 8080 端口只监听内网接口上的请求，如下所示：

http_port　192.168.2.254:8080

（2）cache_mem　512MB

内存缓冲设置是指需要使用多少内存来作为高速缓存。这是一个不太好设置的数值，因为每台服务器内存的大小和服务群体都不相同，但有一点是可以肯定的，就是缓存设置越大，对于提高客户端的访问速度就越有利。究竟配置多少合适呢？如果设置过大可能导致服务器的整体性能下降，设置太小客户端访问速度又得不到实质性的提高。在这里，建议根据服务器提供的功能多少而定，如果服务器只是用作代理服务器，平时只是共享上网用的话，可以把缓存设置为实际内存的一半甚至更多（视内存总容量而定）。如果服务器本身还提供其他而且较多的服务，那么缓存的设置最好不要超过实际内存的三分之一。

（3）cache_dir　ufs　/var/spool/squid　4096　16　256

用于指定硬盘缓冲区的大小。其中"ufs"是指缓冲的存储类型，一般为 ufs；"/var/spool/squid"是指硬盘缓冲存放的目录；4096 指缓存空间的最大大小为 4096MB。"16"代表在硬盘缓存目录下建立的第一级子目录的个数，默认为 16；"256"代表可以建立的二级子目录的个数，默认为 256。当客户端访问网站的时候，Squid 会从自己的缓存目录中查找客户端请求的文件。可以选择任意分区作为硬盘缓存目录，最好选择较大的分区，例如/usr 或者/var 等。不过更建议使用单独的分区，可以选择闲置的硬盘，将其分区后挂载到/cache 目录下。

（4）cache_effective_user squid

设置使用缓存的有效用户。在利用 RPM 格式的软件包安装服务时，安装程序会自动建立一个名为 squid 的用户供 Squid 服务使用。如果系统没有该用户，管理员可以自行添加，或者更换其他权限较小的用户，如 nobody 用户，如下所示：

cache_effective_user nobody

（5）cache_effective_group squid

设置使用缓存的有效用户组，默认为 squid 组，也可更改。

（6）dns_nameservers 220.206.160.100

设置有效的 DNS 服务器的地址。为了能使 Squid 代理服务器正确地解析出域名，必须指定可用的 DNS 服务器。

（7）cache_access_log /var/log/squid/access.log

设置访问记录的日志文件。该日志文件主要记录用户访问 Internet 的详细信息。

（8）cache_log /var/log/squid/cache.log

设置缓存日志文件。该文件记录缓存的相关信息。

（9）cache_store_log /var/log/squid/store.log

设置网页缓存日志文件。网页缓存日志记录了缓存中存储对象的相关信息，例如存储对象的大小、存储时间、过期时间等。

（10）visible_hostname 192.168.0.3

visible_hostname 字段用来帮助 Squid 得知当前的主机名，如果不设置此项，在启动 Squid 的时候就会碰到 "FATAL：Could not determine fully qualified hostname. Please set 'visible hostname'" 这样的提示。当访问发生错误时，该选项的值会出现在客户端错误提示网页中。

（11）cache_mgr master@smile.com

设置管理员的邮件地址。当客户端出现错误时，该邮件地址会出现在网页提示中，这样用户就可以写信给管理员来告知发生的事情。

2. 设置访问控制列表

Squid 代理服务器是 Web 客户机与 Web 服务器之间的中介，它实现访问控制，决定哪一台客户机可以访问 Web 服务器以及如何访问。Squid 服务器通过检查具有控制信息的主机和域的访问控制列表（ACL）来决定是否允许某客户机进行访问。ACL 是要控制客户的主机和域的列表。使用 acl 命令可以定义 ACL，该命令在控制项中创建标签。用户可以使用 http_access 等命令定义这些控制功能，可以基于多种 acl 选项，如源 IP 地址、域名，甚至时间和日期等来使用 acl 命令定义系统或者系统组。

（1）acl

acl 命令的格式如下。

acl 列表名称   列表类型 [-i] 列表值

其中，列表名称用于区分 Squid 的各个访问控制列表，任何两个访问控制列表不能用相同的列表名。一般来说，为了便于区分列表的含义应尽量使用意义明确的列表名称。

列表类型用于定义可被 Squid 识别的类别。例如，可以通过 IP 地址、主机名、域名、日期和时间等。常见的列表类型如表 11-5 所示。

表 11-5　ACL 列表类型选项

ACL 列表类型	说明
src　ip-address/netmask	客户端源 IP 地址和子网掩码
src　addr1-addr4/netmask	客户端源 IP 地址范围
dst　ip-address/netmask	客户端目标 IP 地址和子网掩码
myip　ip-address/netmask	本地套接字 IP 地址
srcdomain　domain	源域名（客户机所属的域）
dstdomain　domain	目的域名（Internet 中的服务器所属的域）
srcdom_regex　expression	对来源 URL 做正则匹配表达式
dstdom_regex　expression	对目的 URL 做正则匹配表达式
time	指定时间。用法：acl aclname time [day-abbrevs] [h1:m1-h2:m2] 其中 day-abbrevs 可以为：S（Sunday）、M（Monday）、T（Tuesday）、W（Wednesday）、H（Thursday）、F（Friday）、A（Saturday） 注意：h1:m1 一定要比 h2:m2 小
port	指定连接端口，如：acl SSL_ports port 443
proto	指定所使用的通信协议，如：acl allowprotolist proto HTTP
url_regex	设置 URL 规则匹配表达式
urlpath_regex:URL-path	设置略去协议和主机名的 URL 规则匹配表达式

更多的 ACL 类型表达式可以查看 squid.conf 文件。

（2）http_access。

设置允许或拒绝某个访问控制列表的访问请求。格式如下：

http_access　[allow|deny]　访问控制列表的名称

Squid 服务器在定义了访问控制列表后，会根据 http_access 选项的规则允许或禁止满足一定条件的客户端的访问请求。

【例 11-17】拒绝所有的客户端的请求。

acl　all　src　0.0.0.0/0.0.0.0
http_access deny　all

【例 11-18】禁止 192.168.1.0/24 网段的客户机上网。

acl　client1　src　192.168.1.0/255.255.255.0
http_access　deny　client1

【例 11-19】禁止用户访问域名为 www.playboy.com 的网站。

acl　baddomain　dstdomain　www.playboy.com
http_access　deny　baddomain

【例 11-20】禁止 192.168.1.0/24 网络的用户在周一到周五的 9:00-18:00 上网。

acl　client1　src　192.168.1.0/255.255.255.0
acl　badtime　time　MTWHF　9:00-18:00
http_access deny　client1　badtime

【例 11-21】禁止用户下载*.mp3、*.exe、*.zip 和*.rar 类型的文件。

acl　badfile　urlpath_regex　-i　\.mp3$\.exe$\.zip$\.rar$

http_access　deny　badfile

【例 11-22】屏蔽 www.whitehouse.gov 站点。

acl　badsite　dstdomain　-i　www.whitehouse.gov

http_access　deny　badsite

-i 表示忽略大小写字母，默认情况下 Squid 是区分大小写的。

【例 11-23】屏蔽所有包含"sex"的 URL 路径。

acl　sex　url_regex　-i　sex

http_access　deny　sex

【例 11-24】禁止访问 22、23、25、53、110、119 这些危险端口。

acl　dangerous_port　port　22　23　25　53　110　119

http_access　deny　dangerous_port

如果不确定哪些端口具有危险性，也可以采取更为保守的方法，就是只允许访问安全的端口。

默认的 squid.conf 包含了下面的安全端口 ACL，如下所示：

acl　safe_port1　　port　80　　　　　　　　　　#http

acl　safe_port2　　port　21　　　　　　　　　　#ftp

acl　safe_port3　　port　443 563　　　　　　　　#https,snews

acl　safe_port4　　port　70　　　　　　　　　　#gopher

acl　safe_port5　　port　210　　　　　　　　　 #wais

acl　safe_port6　　port　1025-65535　　　　　　#unregistered　ports

acl　safe_port7　　port　280　　　　　　　　　 #http-mgmt

acl　safe_port8　　port　488　　　　　　　　　 #gss-http

acl　safe_port9　　port　591　　　　　　　　　 #filemaker

acl　safe_port10　port　777　　　　　　　　　 #multiling　http

acl　safe_port11　port　210　　　　　　　　　 #waisp

http_access　deny　!safe_port1

http_access　deny　!safe_port2

　　　　　（略）

http_access　deny　!safe_port11

http_access　deny　!safe_port1 表示拒绝所有的非 safe_ports 列表中的端口。这样设置系统的安全性得到了进一步的保障。其中"!"叹号表示取反。

注意　由于 Squid 是按照顺序读取访问控制列表的，所以合理地安排各个访问控制列表的顺序至关重要。

任务 10　配置透明代理

利用 Squid 和 NAT 功能可以实现透明代理。透明代理的意思是客户端根本不需要知道有代理服务器的存在，也不需要在浏览器或其他的客户端工作中做任何设置，只需要将默认网关设置为 Linux 服务器的 IP 地址即可（eth0 是内网网卡）。

1. 配置 Squid 服务器

为了使 Squid 支持透明代理，必须设置以下 4 项：

httpd_accel_host　virtual

httpd_accel_port　80

httpd_accel_with_proxy　on
httpd_accel_uses_host_header　on

（1）httpd_accel_host virtual 和 httpd_accel_port 80。

这两个选项本来是用来定义 Squid 加速模式的。在这里用 virtual 来指定为虚拟主机模式。80 端口为要加速的请求端口。采用这种模式时，Squid 就取消了缓存功能，假如需要这些功能，必须设置 httpd_accel_with_proxy 选项。

（2）httpd_accel_with_proxy on。

该选项在透明代理模式下必须设置成 on。在该模式下，Squid 既是 Web 请求的加速器，又是缓存代理服务器。

（3）httpd_accel_uses_host_header on。

在透明代理模式下，如果想让代理服务器的缓存功能正确工作，必须将该选项设为 on。设为 on 时，Squid 会把存储的对象加上主机名而不是 IP 地址作为索引。

2．iptables 的配置

（1）打开防火墙的路由转发功能。

先在内核里打开 IP 转发功能，如下所示：

```
[root@server ～]# echo　"1" >　/proc/sys/net/ipv4/ip_forward
```

（2）利用 iptables 的端口重定向功能，将所有客户端发出的对 80 端口的请求，都重定向到代理服务器所监听的 3128 端口即可。如下所示。

```
iptables -t nat -A PREROUTING -i eth0 -p tcp --dport 80 -j REDIRECT --to-ports 3128
```

 如果用户使用的是私有地址，那么在设置了透明代理的同时设置了 iptables 的 IP 欺骗功能，则可以让用户获得对 Internet 的透明访问，同时也没有支持协议的限制。

11.4　企业实战与应用——Squid 服务器配置实例

公司内部网络采用 192.168.9.0/24 网段的 IP 地址，所有的客户端通过代理服务器接入互联网。代理服务器 eth0 接内网，IP 地址为 192.168.9.188，eth1 接外网，IP 地址为 212.212.12.12。代理服务器仅配置代理服务，内存 2GB，硬盘为 SCSI 硬盘，容量 200GB，设置 10GB 空间为硬盘缓存，要求所有客户端都可以上网。

1．分析

这是一个最为基本的 Squid 配置案例，对于小型企业而言，类似这种接入 Internet 的方法经常用到，通过这种方法可以在一定程度上加速浏览网页的速度，而且可以很好地监控员工上网的情况。对于本案例，首先要做的是配置好 Squid 服务器上的两块网卡，并且开启路由功能，其次是对主配置文件 squid.conf 进行修改，设置内存、硬盘缓存、日志以及访问控制列表等字段。然后重新启动 Squid 服务器。在此，仅对服务器端配置做介绍。

2．配置过程

（1）配置网卡并开启路由功能。

① 设置网卡 IP 地址。

```
[root@server ~]# ifconfig eth0 192.168.9.188 netmask 255.255.255.0
[root@server ~]# ifconfig eth1 212.212.12.12 netmask 255.255.255.0
```

② 开启内核路由功能。

```
[root@server ~]# echo "1" > /proc/sys/net/ipv4/ip_forward
```

（2）配置主配置文件 squid.conf。

```
[root@server ~]# vim /etc/squid/squid.conf
//设置仅监听内网 eth0:192.168.9.188 上 8080 端口的 http 请求
http_port 192.168.9.188:8080
cache_mem 512 MB                              //设置高速缓存为 512MB
cache_dir ufs /var/spool/squid 10240 16 256   //设置硬盘缓存大小为 10G，目录为/var/spool/squid，
                                              //一级子目录 16 个，二级子目录 256 个
cache_access_log /var/log/squid/access.log    //设置访问日志
cache_log /var/log/squid/cache.log            //设置缓存日志
cache_store_log /var/log/squid/store.log      //设置网页缓存日志
dns_nameservers 192.168.0.1 221.228.225.1     //设置 DNS 服务器地址
acl all src 0.0.0.0/0.0.0.0                    //设置访问控制列表 all，该表的内容为所有客户端
http_access allow all                         //设置允许所有客户端访问
cache_mgr root@smile.com                      //设置管理员 E-mail 地址
cache_effective_user squid                    //设置 squid 进程所有者
cache_effective_group squid                   //设置 squid 进程所属组
visible_hostname 192.168.9.188                //设置 squid 可见主机名
```

（3）初始化 squid 服务。

```
[root@server ~]# squid  -z
```

（4）启动 squid 服务。

```
[root@server ~]# service squid start
```

3．客户端测试

（1）Windows 客户端测试。

在 Windows 客户端设置代理服务器的过程如下：

① 打开 Internet Explorer 浏览器，单击"工具→Internet 选项"。

② 单击"连接→局域网设置"，在弹出的对话框中进行代理服务器的设置（见图 11-11）。

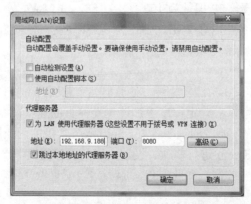

图 11-11　客户端代理服务器设置

现在客户端就可以上网了。

（2）Linux 客户端测试。

Linux 系统自带的浏览器为 Mozilla Firefox，下面以该浏览器为例讲解客户端配置。

① 打开浏览器，选择 Edit→Preferences 命令。

② 在 General 菜单中选择 Connection Settings 选项。

③ 选中 Manual Proxy Configuration 单选按钮，手工配置代理服务设置，在 HTTP Proxy 右边的地址栏填写代理服务器的 IP 地址和相应的端口号，然后单击 OK 按钮完成设置。

现在客户端就可以上网了。

11.5 企业实战与应用——iptables 服务器配置实例

11.5.1 企业环境及需求

1. 企业环境

200 台客户机，IP 地址范围为 192.168.1.1～192.168.1.1.254，掩码为 255.255.255.0。

Mail 服务器：IP 地址为 192.168.1.254，掩码为 255.255.255.0。

FTP 服务器：IP 地址为 192.168.1.253，掩码为 255.255.255.0。

Web 服务器：IP 地址为 192.168.1.252，掩码为 255.255.255.0。

公司网络拓扑图如图 11-12 所示。

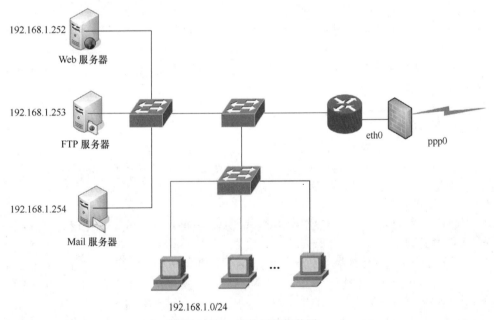

图 11-12 企业网络拓扑图

2. 配置要求

所有内网计算机需要经常访问互联网，并且职员会使用即时通信工具与客户进行沟通，企业网络 DMZ 隔离区搭建有 Mail、FTP 和 Web 服务器，其中 Mail 和 FTP 服务器对内部员工开放，仅需要发布 Web 站点，并且管理员会通过外网进行远程管理，为了保证整个网络的安全性，现在需要添加 iptables 防火墙，配置相应的策略。

3. 需求分析

企业的内部网络为了保证安全性，需要首先删除所有规则设置，并将默认规则设置为 DROP，然后开启防火墙对于客户机的访问限制，打开 Web、MSN、QQ 以及 Mail 的相应端口，并允许外部客户端登录 Web 服务器的 80、22 端口。

11.5.2　解决方案

1. 配置默认策略

Step1：删除策略。

```
[root@server ~]# iptables  -F
[root@server ~]# iptables  -X
[root@server ~]# iptables  -Z
[root@server ~]# iptables  -F  -t  nat
[root@server ~]# iptables  -X  -t  nat
[root@server ~]# iptables  -Z  -t  nat
```

Step2：设置默认策略。

```
[root@server ~] # iptables  -P  INPUT      DROP
[root@server ~] # iptables  -P  FORWARD    DROP
[root@server ~] # iptables  -P  OUTPUT     ACCEPT
[root@server ~] # iptables  -t  nat  -P  PREROUTING   ACCEPT
[root@server ~] # iptables  -t  nat  -P  OUTPUT       ACCEPT
[root@server ~] # iptables  -t  nat  -P  POSTROUTING      ACCEPT
```

2. 回环地址

有些服务的测试需要使用回环地址，为了保证各服务的正常工作，需要允许回环地址的通信，如下所示：

```
[root@server ~] # iptables  -A  INPUT  -i  lo  -j  ACCEPT
```

3. 连接状态设置

为了简化防火墙的配置操作，并提高检查的效率，需要添加连接状态设置，如下所示：

```
[root@server ~] # iptables -A INPUT  -m  state --state  ESTABLISHED, RELATED
                        -j  ACCEPT
```

4. 设置 80 端口转发

```
[root@server ~] # iptables  –A  FORWARD  -p  tcp  --dport  80  -j  ACCEPT
```

5. DNS 相关设置

为了客户机能够正常使用域名访问 Internet，还需要允许内网计算机与外部 DNS 服务器的数据转发。开启 DNS 使用 UDP、TCP 的 53 端口，如下所示：

```
[root@server ~] # iptables  -A  FORWARD  -p  udp  --dport  53  -j  ACCEPT
[root@server ~] # iptables  -A  FORWARD  -p  tcp  --dport  53  -j  ACCEPT
```

6. 允许访问服务器的 SSH

SSH 使用 TCP 协议端口 22，如下所示：

```
[root@server ~] # iptables  -A  INPUT  -p  tcp  --dport  22  -j  ACCEPT
```

7. 允许内网主机登录 MSN 和 QQ

QQ 能够使用 TCP 80、8000、443 及 UDP 8000、4000 登录，而 MSN 通过 TCP 1863、443

验证。因此，只需要允许这些端口的 FORWARD 转发（拒绝则相反），即可以正常登录，如下所示：

```
[root@server ~] #iptables  -A  FORWARD  -p  tcp  --dport  80    -j  ACCEPT
[root@server ~] #iptables  -A  FORWARD  -p  tcp  --dport  1863  -j  ACCEPT
[root@server ~] #iptables  -A  FORWARD  -p  tcp  --dport  443   -j  ACCEPT
[root@server ~] #iptables  -A  FORWARD  -p  tcp  --dport  8000  -j  ACCEPT
[root@server ~] #iptables  -A  FORWARD  -p  udp  --dport  8000  -j  ACCEPT
[root@server ~] #iptables  -A  FORWARD  -p  udp  --dport  4000  -j  ACCEPT
```

8. 允许内网主机收发邮件

客户端发送邮件时访问邮件服务器的 TCP 25 端口，接收邮件时访问服务器可能使用的端口则较多，UDP 协议以及 TCP 协议的端口：110、143、993 以及 995，如下所示：

```
[root@server ~] # iptables  -A  FORWARD  -p  tcp  --dport  25   -j  ACCEPT
[root@server ~] # iptables  -A  FORWARD  -p  tcp  --dport  110  -j  ACCEPT
[root@server ~] # iptables  -A  FORWARD  -p  udp  --dport  110  -j  ACCEPT
[root@server ~] # iptables  -A  FORWARD  -p  tcp  --dport  143  -j  ACCEPT
[root@server ~] # iptables  -A  FORWARD  -p  udp  --dport  143  -j  ACCEPT
[root@server ~] # iptables  -A  FORWARD  -p  tcp  --dport  993  -j  ACCEPT
[root@server ~] # iptables  -A  FORWARD  -p  tcp  --dport  995  -j  ACCEPT
[root@server ~] # iptables  -A  FORWARD  -p  udp  --dport  995  -j  ACCEPT
```

9. NAT 设置

由于局域网的地址为私网地址，在公网上是不合法的，所以必须将私网地址转为服务器的外部地址进行伪装，连接外部接口为 ppp0，具体配置如下所示：

```
[root@server ~] # iptables  -t  nat  -A  POSTROUTING -o ppp0
                   -s  192.168.1.0/24  -j  MASQUERADE
```

10. 内部机器对外发布 Web

内网 Web 服务器 IP 地址为 192.168.1.252，通过设置，当公网客户端访问服务器时，防火墙将请求映射到内网的 192.168.1.252 的 80 端口，如下所示：

```
[root@server ~] # iptables  -t  nat  -A  PREROUTING  -i  ppp0  -p  tcp
                   --dport  80  -j  DNAT  --to-destination  192.168.1.252:80
```

练习题十一

一、选择题

1. 在 Linux 2.4 以后的内核中，提供 TCP/IP 包过滤功能的软件叫什么？（　　）

　　A．rarp　　　　　　B．route　　　　　　C．iptables　　　　　D．filter

2. 在 Linux 操作系统中，可以通过 iptables 命令来配置内核中集成的防火墙，若在配置脚本中添加 iptables 命令"#iptables -t nat -A PREROUTING -p tcp -s 0/0 -d 61.129.3.88 --dport 80 -j DNAT --to –destination 192.168.0.18"，其作用是（　　）。

　　A．将对 192.168.0.18 的 80 端口的访问转发到内网的 61.129.3.88 主机上

　　B．将对 61.129.3.88 的 80 端口的访问转发到内网的 192.168.0.18 主机上

    C．将对 192.168.0.18 的 80 端口访问映射到内网的 61.129.3.88 的 80 端口

    D．禁止对 61.129.3.88 的 80 端口的访问

3．下面哪个配置选项在 Squid 的配置文件中用于设置管理员的 E-mail 地址？（   ）。

    A．cache_effective_user   B．cache_mem

    C．cache_effective_group   D．cache_mgr

4．John 计划在他的局域网建立防火墙，防止 Internet 直接进入局域网，反之亦然。在防火墙上他不能用包过滤或 SOCKS 程序，而且他想要提供给局域网用户仅有的几个 Internet 服务和协议。John 应该使用的防火墙类型下面哪个是最好的？（   ）

    A．使用 Squid 代理服务器   B．NAT

    C．IP 转发   D．IP 伪装

5．从下面选择关于 IP 伪装的适当描述。（   ）

    A．它是一个转化包的数据的工具

    B．它的功能就像 NAT 系统：转换内部 IP 地址到外部 IP 地址

    C．它是一个自动分配 IP 地址的程序

    D．它是一个连接内部网到 Internet 的工具

6．不属于 iptables 操作的是（   ）。

    A．ACCEPT   B．DROP 或 REJECT

    C．LOG   D．KILL

7．假设要控制来自 IP 地址 199.88.77.66 的 ping 命令，可用的 iptables 命令是（   ）。

    A．iptables -a INPUT -s 199.88.77.66 -p icmp -j DROP

    B．iptables -A INPUT -s 199.88.77.66 -p icmp -j DROP

    C．iptables -A input -s 199.88.77.66 -p icmp -j drop

    D．iptables -A input -S 199.88.77.66 -P icmp -J DROP

8．如果想要防止 199.88.77.0/24 网络用 TCP 分组连接端口 21，iptables 命令是（   ）：

    A．iptables -A FORWARD -s 199.88.77.0/24 -p tcp -dport 21 -j REJECT

    B．iptables -A FORWARD -s 199.88.77.0/24 -p tcp -dport 21 -j REJECT

    C．iptables -a forward -s 199.88.77.0/24 -p tcp -dport 21 -j reject

    D．iptables -A FORWARD -s 199.88.77.0/24 -p tcp -dport 21 -j DROP

二、填空题

1．_____可以使企业内部局域网与 Internet 之间或者与其他外部网络间互相隔离、限制网络互访，以此来保护_____。

2．防火墙大致可以分为 2 大类，分别是_____和_____。

3．_____是 Linux 核心中的一个通用架构，它提供了一系列的"表"（tables），每个表由若干_____组成，而每条链可以由一条或数条_____组成。实际上，netfilter 是_____的容器，表是链的容器，而链又是_____的容器。

4．接受数据包时，netfilter 提供 3 种数据包处理的功能：_____、_____和_____。

5．netfilter 设计了 3 个表（table）：_____、_____以及_____。

6．_____表仅用于网络地址转换，其具体的动作有_____、_____以及_____。

7.　_____是 netfilter 默认的表，通常使用该表进行过滤的设置，它包含以下内置链：_____、_____和_____。

8.　网络地址转换器 NAT（Network Address Translator）位于使用专用地址的_____和使用公用地址的_____之间。

9.　代理服务器（Proxy Server）等同于内网与_____的桥梁。普通的 Internet 访问是一个典型的_____结构。

实训　Linux 防火墙的配置

一、实训目的

（1）掌握 iptables 防火墙的配置。
（2）掌握 NAT 的实现方法。
（3）掌握 Squid 代理服务器的配置。
（4）掌握透明代理的实现方法。

二、实训内容

配置 iptables、NAT、Squid 及透明代理。

三、实训环境

（1）网络中包括两个子网 A 和 B。子网 A 的网络地址为 192.168.1.0/24，网关为 hostA。hostA 有两个接口 eth0 和 eth1。eth0 连接子网 A，IP 地址为 192.168.1.1。eth1 连接外部网络，IP 地址为 10.0.0.11。子网 B 的网络地址为 192.168.10.0/24，网关为 hostB。hostB 有两个网络接口 eth0 和 eth1。eth0 连接子网 B，IP 地址为 192.168.10.1。eth1 连接外部网络，IP 地址为 10.0.0.101。hostA 和 hostB 构成子网 C，网络地址是 10.0.0.0/24，通过集线器连接到 hostC，然后通过 hostC 连接 Internet。hostC 的内部网络接口为 eth0，IP 地址为 10.0.0.1。

（2）在 hostA、hostB 和 hostC 上都已经安装好 Linux 系统，并且在 hostC 上设置 Squid 代理服务器。

四、实训练习

（1）配置路由器：在 hostA、hostB 和 hostC 上配置路由器，使子网 A 和 B 之间能够互相通信，同时子网 A 和 B 内的主机也能够和 hostC 相互通信。

（2）配置防火墙：在 hostA 上用 iptables 配置防火墙，实现如下规则：

- 允许转发数据包，保证 hostA 的路由功能；
- 允许所有来自子网 A 内的数据包通过；
- 允许子网 A 内的主机对外发出请求后返回的 TCP 数据包进入子网 A；
- 只允许子网 A 外的客户机连接子网 A 内的客户机的 22 号 TCP 端口，也就是只允许子网 A 外的主机对子网 A 内的主机进行 SSH 连接；

- 禁止子网 A 外的主机 ping 子网 A 内的主机，也就是禁止子网 A 外的 ICMP 包进入子网 A。

（3）配置 NAT：重新配置 hostA 和 hostB 上的路由规则和防火墙规则，启用 IP 伪装功能。在 hostA 上对子网 A 内的 IP 地址进行伪装，实现 NAT，使子网 A 内的主机能够访问外部网络。

（4）配置 Squid 及透明代理：在 hostC 上设置防火墙规则，把来自子网 A 和 B 中的客户机的发往 Internet 的端口 80 的数据包，重定向到 hostC 的 Squid 的端口，实现透明代理。

（5）根据 11.4 节和 11.5 节内容，完成两个企业应用实例。

五、实训报告

按要求完成实训报告。

项目12 配置与管理 VPN 服务器

项目描述:

某高校组建了学校的校园网,并且已经架设了 Web、FTP、DNS、DHCP、Mail 等功能的服务器来为校园网用户提供服务,现有如下问题需要解决:

只要能够访问互联网,不论是在家中、还是出差在外,都可以轻松访问未对外开放的校园网内部资源(文件和打印共享、Web 服务、FTP 服务、OA 系统等)。

要解决这个问题还需要开通校园网远程访问功能,即在 Linux 服务器上安装与配置 VPN 服务器。

项目目标:

- 理解远程访问 VPN 的构成和连接过程
- 掌握配置并测试远程访问 VPN 的方法

12.1 相关知识

12.1.1 VPN 工作原理

VPN(Virtual Private Network,虚拟专用网络)是专用网络的延伸,它模拟点对点专用连接的方式通过 Internet 或 Intranet 在两台计算机之间传送数据,是"线路中的线路",具有良好的保密性和抗干扰能力。虚拟专用网提供了通过公用网络安全地对企业内部专用网络远程访问的连接方式。虚拟专用网是对企业内部网的扩展,虚拟专用网可以帮助远程用户、公司分支机构、商业伙伴及供应商同公司的内部网建立可靠的安全连接,并保证数据安全传输。

虚拟专用网是使用 Internet 或其他公共网络,来连接分散在各个不同地理位置的本地网络,在效果上和真正的专用网一样。如图 12-1 所示,说明了如何通过隧道技术实现 VPN。

假设现在有一台主机想要通过 Internet 网络连入公司的内部网。首先该主机通过拨号等方式连接到 Internet 网络,然后再通过 VPN 拨号方式与公司的 VPN 服务器建立一条虚拟连接,在建立连接的过程中,双方必须确定采用何种 VPN 协议和链接线路的路由路径等。当隧道建立完成后,用户与公司内部网之间要利用该虚拟专用网进行通信时,发送方会根据所使用的 VPN 协议,对所有的通信信息进行加密,并重新添加上数据报的报头封装成为在公共网络上发送的外部数据报。然后通过公共网络将数据发送至接收方。接收方在接收到该信息后也根据所使用的 VPN 协议,对数据进行解密。由于在隧道中传送的外部数据报的数据部分(即内部数据报）是加密的，因此在公共网络上所经过的路由器都不知道内部数据报的内容，确保了通信数据的安全。同时也因为会对数据报进行重新封装，所以可以实现其他通信协议数据报在 TCP/IP 网络中传输。

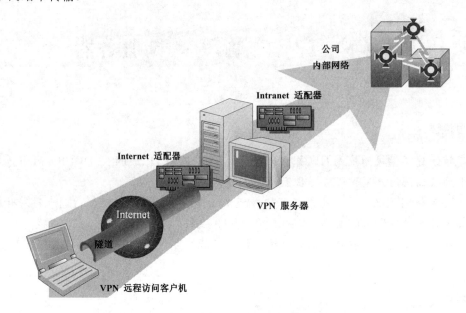

图 12-1　VPN 工作原理图

12.1.2　VPN 的特点和应用

1. VPN 的特点

要实现 VPN 连接，局域网内就必须先建立一个 VPN 服务器。VPN 服务器必须拥有一个公共 IP 地址，一方面连接企业内部的专用网络，另一方面连接到 Internet。当客户机通过 VPN 连接与专用网络中的计算机进行通信时，先由 ISP 将所有的数据传送到 VPN 服务器，然后再由 VPN 服务器负责将所有的数据传送到目的计算机。

VPN 具有以下特点：

（1）费用低廉

远程用户登录到 Internet 后，以 Internet 作为通道与企业内部专用网络连接，大大降低了通信费用；而且，企业可以节省购买和维护通信设备的费用。

（2）安全性高

VPN 使用三方面的技术（通信协议、身份认证和数据加密）保证了通信的安全性。当客户机向 VPN 服务器发出请求时，VPN 服务器响应请求并向客户机发出身份质询，然后客户机将加密的响应信息发送到 VPN 服务器，VPN 服务器根据数据库检查该响应，如果账户有效，VPN 服务器接受此连接。

（3）支持最常用的网络协议

由于 VPN 支持最常用的网络协议，所以诸如以太网、TCP/IP 和 IPX 网络上的客户机可以很容易地使用 VPN；不仅如此，任何支持远程访问的网络协议在 VPN 中也同样支持，这意味着可以远程运行依赖于特殊网络协议的程序，因此可以减少安装和维护 VPN 连接的费用。

（4）有利于 IP 地址安全

VPN 在 Internet 中传输数据时是加密的，Internet 上的用户只能看到公有 IP 地址，而看不到数据包内包含的专用 IP 地址，因此保护了 IP 地址安全。

（5）管理方便灵活

构架 VPN 只需较少的网络设备和物理线路，无论分公司或远程访问用户，均只需通过一个公用网络接口或因特网的路径即可进入企业内部网络。公用网承担了网络管理的重要工作，关键任务是可获得所需的带宽。

（6）完全控制主动权

VPN 使企业可以利用 ISP 的设施和服务，同时又完全掌握着自己网络的控制权。比如说，企业可以把拨号访问交给 ISP 去做，而自己负责用户的查验、访问权、网络地址、安全性和网络变化管理等重要工作。

2．VPN 的应用场合

VPN 的实现可以分为软件和硬件两种方式。Windows 服务器版的操作系统以完全基于软件的方式实现了虚拟专用网，成本非常低廉。无论身处何地，只要能连接到 Internet，就可以与企业网在 Internet 上的虚拟专用网相关联，登录到内部网络浏览或交换信息。

一般来说，VPN 使用在以下两种场合：

（1）远程客户端通过 VPN 连接到局域网

总公司（局域网）的网络已经连接到 Internet，而用户在远程拨号连接 ISP 连上 Internet后，就可以通过 Internet 来与总公司（局域网）的 VPN 服务器建立 PPTP 或 L2TP 的 VPN，并通过 VPN 来安全地传送信息。

（2）两个局域网通过 VPN 互联

两个局域网的 VPN 服务器都连接到 Internet，并且通过 Internet 建立 PPTP 或 L2TP 的 VPN，它可以让两个网络之间安全地传送信息，不用担心在 Internet 上传送时泄密。

除了使用软件方式实现外，VPN 的实现需要建立在交换机、路由器等硬件设备上。目前，在 VPN 技术和产品方面，最具有代表性的当数 Cisco 和华为 3Com。

12.1.3　VPN 协议

隧道技术是 VPN 技术的基础，在创建隧道过程中，隧道的客户机和服务器双方必须使用相同的隧道协议。按照开放系统互联参考模型（OSI）的划分，隧道技术可以分为第 2 层和第 3 层隧道协议。第 2 层隧道协议使用帧作为数据交换单位。PPTP、L2TP 都属于第 2 层隧道协议，它们都是将数据封装在点对点协议（PPP）帧中通过互联网发送的。第 3 层隧道协议使用包作为数据交换单位。IPoverIP 和 IPSec 隧道模式都属于第 3 层隧道协议，它们都是将 IP 包封装在附加的 IP 包头中通过 IP 网络传送。下面介绍几种常见的隧道协议。

1．PPTP 协议

PPTP（Point-to-Point Tunneling Protocol，点对点隧道协议）是 PPP（点对点）协议的扩展，并协调使用 PPP 的身份验证、压缩和加密机制。它允许对 IP、IPX 或 NetBEUI 数据流进行加密，然后封装在 IP 包头中通过诸如 Internet 这样的公共网络发送，从而实现多功能通信。

只有 IP 网络才可以建立 PPTP 的 VPN。两个局域网之间若通过 PPTP 来连接，则两端直接连接到 Internet 的 VPN 服务器必须要执行 TCP/IP 通信协议，但网络中的其他计算机不一定需要执行 TCP/IP 协议，它们可以执行 TCP/IP、IPX 或 NetBEUI 通信协议。因为当他们通过 VPN 服务器与远程计算机通信时，这些不同通信协议的数据包会被封装到 PPP 的数据包内，然后经过 Internet 传送，信息到达目的地后，再由远程的 VPN 服务器将其还原为 TCP/IP、IPX 或 NetBEUI 数据包。但需要注意的是，PPTP 会话不能通过代理服务器进行。

2. L2TP 协议

L2TP（Layer Two Tunneling Protocol，第二层隧道协议）是基于 RFC 的隧道协议，该协议依赖于加密服务的 Internet 安全性（IPSec），允许客户通过其间的网络建立隧道，L2TP 还支持信道认证，但它没有规定信道保护的方法。

3. IPSec 协议

IPSec 是由 IETF（Internet Engineering Task Force）定义的一套在网络层提供 IP 安全性的协议。它主要用于确保网络层之间的安全通信。该协议使用 IPSec 协议集保护 IP 网和非 IP 网上的 L2TP 业务。在 IPSec 协议中，一旦 IPSec 通道建立，在通信双方网络层之上的所有协议（如 TCP、UDP、SNMP、HTTP、POP 等）就要经过加密，而不管这些通道构建时所采用的安全和加密方法如何。

12.2 项目设计与准备

12.2.1 项目设计

在进行 VPN 网络构建之前，我们有必要进行 VPN 网络拓扑规划。图 12-2 所示是一个小型的 VPN 实验网络环境（可以通过 VMware 虚拟机实现该网络环境）。

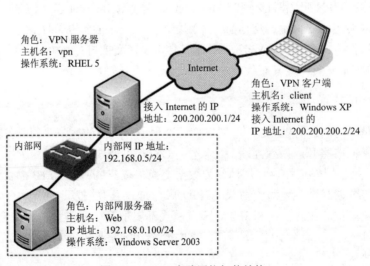

图 12-2　VPN 实验网络拓扑结构

12.2.2 项目准备

部署远程访问 VPN 服务之前，应做如下准备。

（1）PPTP 服务、Mail 服务、Web 服务和 iptables 防火墙服务均部署在一台安装有 Red Hat Enterprise Linux 5 操作系统的服务器上，服务器名为 vpn，该服务器通过路由器接入 Internet。

（2）VPN 服务器至少要有两个网络连接。分别为 eth0 和 eth1，其中 eth0 连接到内部局域网 192.168.0.0 网段，IP 地址为 192.168.0.5；eth1 连接到公用网络 200.200.200.0 网段，IP 地址为 200.200.200.1。

（3）内部网客户主机 Web 中，为了实验方便，设置一个共享目录 share，在其下随便建立几个文件，供测试用。

（4）VPN 客户端 client 的配置信息如图 12-2 所示。

（5）合理规划分配给 VPN 客户端的 IP 地址。VPN 客户端在请求建立 VPN 连接时，VPN 服务器需要为其分配内部网络的 IP 地址。配置的 IP 地址也必须是内部网络中不使用的 IP 地址，地址的数量根据同时建立 VPN 连接的客户端数量来确定。在本任务中部署远程访问 VPN 时，使用静态 IP 地址池为远程访问客户端分配 IP 地址，地址范围采用 192.168.0.11～192.168.0.20，192.168.0.101～192.168.0.180。

（6）客户端在请求 VPN 连接时，服务器要对其进行身份验证，因此应合理规划需要建立 VPN 连接的用户账户。

本实验环境的一个说明：VPN 服务器和 VPN 客户端实际上应该在 Internet 的两端，一般不会在同一网络中，为了实验方便，我们省略了它们之间的路由器。

12.3　项目实施

任务 1　安装 VPN 服务器

Linux 环境下的 VPN 由 VPN 服务器模块（Point-to-Point Tunneling Protocol Daemon，PPTPD）和 VPN 客户端模块（Point-to-Point Tunneling Protocol，PPTP）共同构成。PPTPD 和 PPTP 都是通过 PPP（Point to Point Protocol）来实现 VPN 功能的。而 MPPE（Microsoft 点对点加密）模块是用来支持 Linux 与 Windows 之间连接的。如果不需要 Windows 计算机参与连接，则不需要安装 MPPE 模块。PPTPD、PPTP 和 MPPE 模块一起统称 Poptop，即 PPTP 服务器。

安装 PPTP 服务器需要内核支持 MPPE（在需要与 Windows 客户端连接的情况下需要）和 PPP 2.4.3 及以上版本模块。而 Red Hat Enterprise Linux 5 默认已安装了 2.4.4 版本的 PPP，2.6.18 内核也已经集成了 MPPE，因此只需再安装 PPTP 软件包即可。但为了使安装过程简易化，不妨采取如下方法。

1. 下载所需要的安装包文件

读者可直接从中国水利水电出版社和万水书苑网站上下载 pptpd 软件包 pptpd-1.3.4-1.rhel5.1.i386.rpm 或更高版本，也可以从互联网上下载。

2. 安装已下载的安装包文件

[root@vpn ~]# **rpm　-ivh** pptpd-1.3.4-1.rhel5.1.i386.**rpm**

3. 查看系统的 ppp 是否支持 MPPE 加密

[root@vpn ~]# **strings　'/usr/sbin/pppd'|grep　-i　mppe|wc　--lines**

如果以上命令输出为"0"则表示不支持；输出为"30"或更大的数字就表示支持。

任务 2　配置 VPN 服务器

配置 VPN 服务器，需要修改/etc/pptpd.conf、/etc/ppp/chap-secrets 和/etc/ppp/options.pptpd 三个文件。/etc/pptpd.conf 文件是 VPN 服务器的主配置文件，在该文件中需要设置 VPN 服务器的本地地址和分配给客户端的地址段。/etc/ppp/chap-secrets 是 VPN 用户账号文件，该账号文件保存 VPN 客户端拨入时所需要的验证信息。/etc/ppp/options.pptpd 用于设置在建立连接时的加密、身份验证方式和其他的一些参数设置。

> **提示**　每次修改完配置文件后，必须要重新启动 PPTP 服务才能使我们的配置生效。

1. 网络环境配置

为了能够正常监听 VPN 客户端的连接请求，VPN 服务器需要配置两个网络接口。一个和内网连接，另外一个和外网连接。在此我们为 VPN 服务器配置了 eth0 和 eth1 两个网络接口。其中 eth0 接口用于连接内网，IP 地址为 192.168.0.5；eth1 接口用于连接外网，IP 地址为 200.200.200.1。

2. 修改主配置文件

PPTP 服务的主配置文件"/etc/pptpd.conf"有如下两项参数的设置工作非常重要，只有在正确合理地设置这两项参数的前提下，VPN 服务器才能够正常启动。

根据前述的实验网络拓扑环境，我们需要在配置文件的最后加入如下两行语句：

```
localip    192.168.1.100        //在建立 VPN 连接后，分配给 VPN 服务器的 IP 地址，
                                //即 ppp0 的 IP 地址。
remoteip   192.168.0.11-20,192.168.0.101-180    //在建立 VPN 连接后，分配给客户
                                                //端的可用 IP 地址池
```

参数说明如下。

（1）localip：设置 VPN 服务器本地的地址。

localip 参数定义了 VPN 服务器本地的地址，客户机在拨号后 VPN 服务器会自动建立一个 ppp0 网络接口供访问客户机使用，这里定义的就是 ppp0 的 IP 地址。

（2）remoteip：设置分配给 VPN 客户机的地址段。

remoteip 定义了分配给 VPN 客户机的地址段，当 VPN 客户机拨号到 VPN 服务器后，服务器会从这个地址段中分配一个 IP 地址给 VPN 客户机，以便 VPN 客户机能够访问内部网络。可以使用"-"符号指示连续的地址，使用","符号表示分隔不连续的地址。

> **注意**　为了安全性起见，localip 和 remoteip 尽量不要在同一个网段。

在上面的配置中一共指定了 90 个 IP 地址，如果有超过 90 个客户同时进行连接时，超额的客户将无法连接成功。

3. 配置账号文件

账户文件"/etc/ppp/chap-secrets"保存了 VPN 客户机拨入时所使用的账户名、口令和分配的 IP 地址，该文件中每个账户的信息为独立的一行，格式如下：

账户名	服务	口令	分配给该账户的 IP 地址

本例中文件内容如下所示：

[root@vpn ~]# **vim /etc/ppp/chap-secrets**
//下面一行的 IP 地址部分表示以 smile 用户连接成功后，获得的 IP 地址为 192.168.0.159
"smile"　　　　pptpd　　　　　　"123456"　　　　　"192.168.0.159"
//下面一行的 IP 地址部分表示以 public 用户连接成功后，获得的 IP 地址可从 IP 地址池中随机抽取
"public"　　　　pptpd　　　　　　"123456"　　　　　"*"

本例中分配给 public 账户的 IP 地址参数值为"*"，表示 VPN 客户机的 IP 地址由 PPTP 服务随机在地址段中选择，这种配置适合多人共同使用的公共账户。

4．/etc/ppp/options-pptpd

该文件各项参数及具体含义如下所示：

[root@vpn ~]#**grep -v "^#" /etc/ppp/options.pptpd |grep –v "^$"**　　　　//附书光盘的录像中有说明
name pptpd　　　//相当于身份验证时的域，一定要和/etc/ppp/chap-secrets 中的内容对应
refuse-pap　　　　　　　　　　　//拒绝 pap 身份验证
refuse-chap　　　　　　　　　　//拒绝 chap 身份验证
refuse-mschap　　　　　　　　//拒绝 mschap 身份验证
require-mschap-v2　　　　　　//采用 mschap-v2 身份验证方式
require-mppe-128　　　　　　　//在采用 mschap-v2 身份验证方式时要使用 MPPE 进行加密
ms-dns 192.168.0.9　　　　　　//给客户端分配 DNS 服务器地址
ms-wins 192.168.0.202　　　　//给客户端分配 WINS 服务器地址
proxyarp　　　　　　　　　　　//启动 ARP 代理

可以根据自己网络的具体环境设置该文件。

至此，我们安装并配置的 VPN 服务器已经可以连接了。

5．设置 NAT 并打开 Linux 内核路由功能

对于前述的实验网络拓扑环境，当我们完成了连接工作以后，还需要设置 NAT 和 IP 转发，否则用户即便是连上了 VPN 服务器后，也不能访问外网的资源。

具体的配置工作步骤如下。

（1）设置 NAT，执行如下命令实现。

[root@vpn ~]# **iptables　-t　nat　-F**
[root@vpn ~]# **iptables　-t　nat　-A　POSTROUTING　-s　192.168.0.0/24**
　　　　　　　　　　　 -j　SNAT　--to　192.168.1.100

其中 192.168.0.0 就是分配给客户用的 VPN 内网 IP 地址段，即配置文件"/etc/pptpd.conf"中的 remoteip 参数的值；而 192.168.1.100 就是 VPN 服务器本地的 IP 地址，即配置文件"/etc/pptpd.conf"中的 localip 参数的值。

（2）打开 Linux 内核路由功能，执行如下命令实现。

为了能让 VPN 客户端与内网互连，还应打开 Linux 系统的路由转发功能，否则 VPN 客户端只能访问 VPN 服务器的内部网卡 eth0。执行下面的命令可以打开 Linux 路由转发功能。

[root@vpn ~]# **echo　"1">/proc/sys/net/ipv4/ip_forward**

也可以将/etc/sysctl.conf 中"net.ipv4.ip_forward"的值设置为 1，启动路由转发功能。

6. 启动 VPN 服务

（1）可以使用下面的命令启动 VPN 服务。

```
[root@vpn ~]# service  pptpd  start
```

（2）可以使用下面的命令停止 VPN 服务。

```
[root@vpn ~]# service  pptpd  stop
```

（3）可以使用下面的命令重新启动 VPN 服务。

```
[root@vpn ~]# service  pptpd  restart
Shutting down pptpd: [  确定  ]
Starting pptpd: [  确定  ]
Warning: a pptpd restart does not terminate existing
connections, so new connections may be assigned the same IP
address and cause unexpected results.  Use restart-kill to
destroy existing connections during a restart.
```

注意　从上面的提示信息可知，在重新启动 VPN 服务时，不能终止已经存在的 VPN 连接，这样可能会造成重新启动 VPN 服务后，分配相同的 IP 地址给后来连接的 VPN 客户端。为了避免这种情况，可以使用 "**service pptpd restart-kill**" 命令在停止 VPN 服务时，断开所有已经存在的 VPN 连接，然后再启动 **VPN** 服务。

（4）自动启动 VPN 服务。

需要注意的是，上面介绍的启动 VPN 服务的方法只能运行到计算机关机之前，下一次系统重新启动后就又需要重新启动它了。能不能让它随系统启动而自动运行呢？答案是肯定的，而且操作起来还很简单。

在桌面上单击右键，选择"打开终端"，在打开的"终端"窗口输入"ntsysv"就打开了 Red Hat Enterprise Linux 5 下的"服务"配置小程序，找到"pptpd"服务，并在它前面按空格键加个"*"号。这样，VPN 服务就会随系统启动而自动运行了。

7. 设置 VPN 服务可以穿透 Linux 防火墙

VPN 服务使用 TCP 的 1723 端口和编号为 47 的 IP（GRE 常规路由封装）。如果 Linux 服务器开启了防火墙功能，就需关闭防火墙功能或设置允许 TCP 的 1723 端口和编号为 47 的 IP 通过。可以使用下面的命令开放 TCP 的 1723 端口和编号为 47 的 IP。

```
[root@vpn ~]# iptables  -A  INPUT  -p  tcp  --dport  1723  -j  ACCEPT
[root@vpn ~]# iptables  -A  INPUT  -p  gre  -j  ACCEPT
```

任务 3　配置 VPN 客户端

在 VPN 服务器设置并启动成功后，现在就需要配置远程的客户端以便可以访问 VPN 服务。现在最常用的 VPN 客户端通常采用 Windows 操作系统或者 Linux 操作系统，本节将以配置采用 Windows XP 操作系统的 VPN 客户端为例，说明在 Windows XP 操作系统环境中 VPN 客户端的配置方法。

Windows XP 操作系统环境中在默认情况下已经安装有 VPN 客户端程序，在此我们仅需要学习简单的 VPN 连接的配置工作。

1. 建立 VPN 连接

建立 VPN 连接的具体步骤如下。

（1）用鼠标右键单击桌面上的"网上邻居"图标，在弹出的快捷菜单中选择"属性"选项，打开"网络连接"窗口。

（2）双击"新建连接向导"图标，会打开"新建连接向导"对话框。

（3）单击"下一步"按钮，打开"网络连接类型"设置对话框，我们选择"连接到我的工作场所的网络"选项，如图 12-3 所示。

（4）单击"下一步"按钮，打开"网络连接"设置对话框，我们选择"虚拟专用网络连接"选项，如图 12-4 所示。

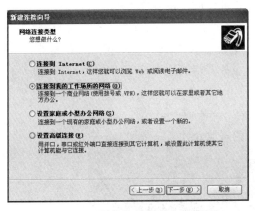
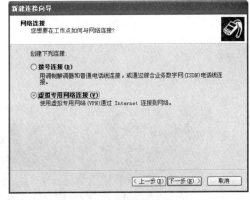

图 12-3　"网络连接类型"对话框　　　　图 12-4　"网络连接"对话框

（5）单击"下一步"按钮，设置是否允许所有用户使用此连接，在此我们选择"所有用户使用此连接"。

（6）单击"下一步"按钮，打开"连接名"对话框，这里设置公司名为"jn-VPN"，如图 12-5 所示。

（7）单击"下一步"按钮，选择 VPN 客户端接入 Internet 网络的连接方式。在此选择"不拨初始连接"。

（8）单击"下一步"按钮，打开"VPN 服务器选择"对话框，我们设置 VPN 服务器的 IP 地址为"200.200.200.1"，如图 12-6 所示。

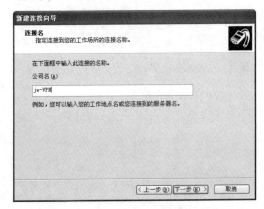
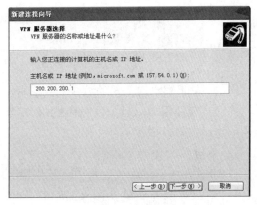

图 12-5　"连接名"对话框　　　　图 12-6　"VPN 服务器选择"对话框

2. 连接 VPN 服务器

连接 VPN 服务器的步骤如下。

（1）用鼠标右键单击桌面上的"网上邻居"图标，在弹出的快捷菜单中选择"属性"选项，打开"网络连接"窗口，可以看到"虚拟专用网络"栏目下有一个名为"jn-VPN"'的VPN 连接。

（2）双击"jn-VPN"图标，系统将会打开"连接 jn-VPN"对话框。

（3）单击"下一步"按钮，连接向导会显示成功完成创建连接对话框，单击"完成"按钮。

（4）输入正确的 VPN 服务账号和密码，然后单击"连接"按钮，此时客户端便开始与VPN 服务器进行连接，并核对账号和密码。如果连接成功，就会在任务栏的右下角增加一个网络连接图标，双击该网络连接图标，然后在打开的对话框中选择"详细信息"选项卡可以查看 VPN 连接的详细信息。

（5）在客户端以 smile 用户登录，在连接成功之后在 VPN 客户端利用 ipconfig 命令可以看到多了一个 ppp 连接，如图 12-7 所示。在 VPN 服务器端利用 ifconfig 命令可以看到多了一个 ppp0 连接，如图 12-8 所示。

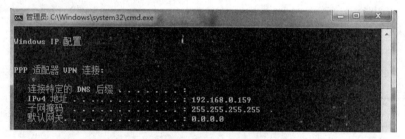

图 12-7　VPN 客户端获得了预期的 IP 地址

图 12-8　VPN 服务器端 ppp0 的连接情况

以用户"smile"和"public"分别登录，在 Windows 客户端将得到不同的 IP地址。如果用"public"登录 VPN 服务器，客户端获得的 IP 地址应是主配置文件中设置的地址池中的 1 个，比如 192.168.0.11。

（6）访问内网 192.168.0.100 的共享资源，以测试 VPN 服务器。

在客户端使用 UNC 路径"\\192.168.0.100"访问共享资源。输入用户名和密码凭证后将获得相应访问权限，如图 12-9 所示。

3. 不同网段 IP 地址小结

在 VPN 服务器的配置过程中，我们用到了几个网段，下面逐一分析。

（1）VPN 服务器有两个网络接口：eth0、eth1。eth0 接内部网络，IP 是 192.168.0.5/24，

eth1 接入 Internet，IP 是 200.200.200.1/24。

图 12-9　VPN 客户端访问局域网资源

（2）内部局域网的网段为 192.168.0.0/24，其中内部网的一台用作测试的计算机的 IP 是 192.168.0.100/24。

（3）VPN 客户端是 Internet 上的一台主机，IP 是 200.200.200.2/24。实际上客户端和 VPN 服务器通过 Internet 连接，为了实验方便省略了其间的路由，这一点请读者要注意。

（4）主配置文件"/etc/pptpd.conf"的配置项"localip　192.168.1.100"定义了 VPN 服务器连接后的 ppp0 连接的 IP 地址。读者可能已经注意，这个 IP 地址不在上面所述的几个网段中，是单独的一个。其实，这个地址与已有的网段没有关系，它仅是 VPN 服务器连接后，分配给 ppp0 的地址，为了安全考虑，建议不要配置成已有的局域网的网段中的 IP 地址。

（5）主配置文件"/etc/pptpd.conf"的配置项"remoteip　192.168.0.11-20，192.168.0.101-180"是 VPN 客户端连接 VPN 服务器后获得 IP 地址的范围。

练习题十二

一、填空题

1. VPN 的英文全称是_____，中文名称是_____。

2. 按照开放系统互联（OSI）参考模型的划分，隧道技术可以分为_____和_____隧道协议。

3. 几种常见的隧道协议有_____、_____和_____。

4. 打开 Linux 内核路由功能，执行命令_____。

5. VPN 服务连接成功之后，在 VPN 客户端会增加一个名为_____的连接，在 VPN 服务器端会增加一个名为_____的连接。

二、实践题

1. 练习基于 PPTP 的 VPN 服务器，并根据以下要求配置 VPN 服务器：

● VPN 服务器的本地 IP 地址为 192.168.203.1。

● 分配给 VPN 客户机的地址段为 192.168.203.60～192.168.203.150。

● 建立一个名为 user1，口令为 123456 的 VPN 拨号账号。

2．在 Windows 系统中建立 VPN 连接，测试 VPN 服务器的配置。

实训　VPN 服务器的配置

一、实训目的

掌握 VPN 服务器的配置方法。

二、实训内容

练习基于 PPTP 的 VPN 服务器的配置。

三、实训环境

实训拓扑如下图所示，其中 VPN-server 是 VPN 服务器。通过设置 VPN-server（双网卡：内网网卡和外网网卡），实现 VPN-client 访问局域网中的 FTP 服务器。

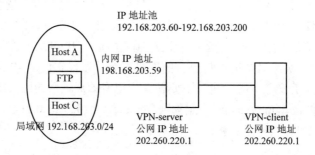

四、实训练习

（1）按照网络拓扑图，配置网络环境。

（2）配置内网 FTP 服务器。

（3）在 VPN-server 上配置 VPN 服务器：

● 到中国水利水电出版社和万水书苑网站上找到本教材的资源下载，下载所需的 pptpd 软件包并安装；

● 修改/etc/pptpd.conf 配置文件；

● 在/etc/ppp/chap-secrets 中设置远程拨号用户和密码；

● 启动路由转发功能；

● 启动 VPN 服务器。

（4）在 VPN-client 上建立 VPN 连接，访问 FTP 服务器，以测试 VPN 服务器。

五、实训报告

按要求完成实训报告。

综合实训 1　Linux 系统故障排除

一、实训场景

假如你是 A 公司的 Linux 系统管理员，公司有几台 Linux 服务器。现在这几台服务器分别发生了不同的故障，需要进行必要的故障排除。

ServerA：由实训指导教师修改 Linux 系统的/etc/inittab 文件，将 Linux 的 init 级别设置为 6；ServerB：由实训指导教师将 Linux 系统的/etc/fstab 文件删除；ServerC：root 账户的密码已经忘记，无法使用 root 账户登录系统并进行必要的管理。

为便于日后进行类似的故障排除，建议在故障排除完成后，对/etc 目录进行备份。

二、实训要求

1．参加实训的学生启动相应的服务器，观察服务器的启动情况和可能的故障信息。
2．根据观察的故障信息，分析服务器的故障原因。
3．制定故障排除方案。
4．实施故障排除方案。
5．进行/etc 目录的备份。

三、实训准备

进行实训之前，完成以下任务：
1．熟悉 Linux 系统的重要配置文件，如/etc/inittab、/etc/fstab、/boot/grub/grub.conf 等。
2．了解 Red Hat Enterprise Linux 的常用故障排除工具，如 GRUB 引导管理程序、Red Hat 救援模式等，并了解各个工具适合的故障排除类型。

四、实训总结

完成实训后，进行以下工作：
1．在故障排除过程中，观察服务器的启动情况，并记录其中的关键故障信息，将这些信息记录在实训报告中。
2．根据故障排除的过程，修改或完善故障排除方案。
3．写出实训心得和体会。

综合实训 2　企业综合应用

一、实训场景

B 公司包括一个园区网络和两个分支机构。在园区网络中，大约有 500 个员工，每个分支机构大约有 50 个员工，此外还有一些 SOHO 员工。

假定你是该公司园区网络的网络管理员，现在公司的园区网络要进行规划和实施，现有条件如下：公司已租借了一个公网 IP 地址 100.100.100.10，和 ISP 提供的一个公网 DNS 服务器的 IP 地址 100.100.100.200。园区网络和分支机构使用 172.16.0.0 网络，并进行必要的子网划分。

二、实训要求

1. 在园区网络中搭建一台 Squid 服务器，使公司的园区网络能够通过该代理服务器访问 Internet。要求进行 Internet 访问性能的优化，并提供必要的安全特性。

2. 搭建一台 VPN 服务器，使公司的分支机构以及 SOHO 员工可以从 Internet 访问内部网络资源（访问时间：09:00～17:00）。

3. 在公司内部搭建 DHCP 和 DNS 服务器，使网络中的计算机可以自动获得 IP 地址，并使用公司内部的 DNS 服务器完成内部主机名以及 Internet 域名的解析。

4. 搭建 FTP 服务器，使分支机构和 SOHO 用户可以上传和下载文件。要求每个员工都可以匿名访问 FTP 服务器，进行公共文档的下载；另外还可以使用自己的账户登录 FTP 服务器，进行个人文档的管理。

5. 搭建 Samba 服务器，并使用 Samba 充当域控制器，实现园区网络中员工账户的集中管理。使用 Samba 实现文件服务器，共享每个员工的主目录给该员工，并提供写入权限。

三、实训准备

进行实训之前，完成以下任务：
1. 熟悉实训项目中涉及的各个网络服务。
2. 写出具体的综合实施方案。
3. 根据要实施的方案画出园区网络拓扑图。

四、实训总结

完成实训后，进行以下工作：
1. 完善拓扑图。
2. 根据实施情况修改实施方案。
3. 写出实训心得和体会。

中国水利水电出版社
www.waterpub.com.cn

出版精品教材 ● **服务高校师生**

以普通高等教育"十一五"国家级规划教材为龙头带动精品教材建设

 高等院校规划教材

适应高等教育的跨越式发展　符合应用型人才的培养要求

本套丛书是由一批具备较高的学术水平、丰富的教学经验、较强的工程实践能力的学术带头人和主要从事该课程教学的骨干教师在分析研究了应用型人才与研究人才在培养目标、课程体系和内容编排上的区别，精心策划出来的。丛书共分3个层面，百余种。

程序设计类课程层面 **专业基础类课程层面** **专业技术类应用层面**

强调程序设计方法和思路，引入典型程序设计案例；注重程序设计实践环节，培养程序设计项目开发技能

注重学科体系的完整性，兼顾考研学生需要；强调理论与实践相结合，注重培养专业技能

强调理论与实践相结合，注重专业技术技能的培养；引入典型工程案例，提高工程实用技术的能力

 高等学校精品教材

面对"知识—能力—素质"的要求　　应对"基础—技术—应用"的特点

"多媒体技术及数字图像处理系列"在知识结构方面力求覆盖计算机多媒体技术、多媒体软件开发技术、数字图像处理技术和动画处理技术四个领域，内容强调概念性基础、技术与方法基础、应用技能三个层次。

高等院校"十一五"规划教材

丛书特点：

- 注重知识的基础性、系统性与全局性，兼顾前瞻性与引导性。
- 语言精练，应用案例丰富，讲解内容深入浅出。
- 体系完整，内容充实，注重应用性与实践性。
- 讲求实用，培养技能，提高素质，拓展视野。

中国水利水电出版社
www.waterpub.com.cn

出版精品教材　　服务高校师生

以普通高等教育"十一五"国家级规划教材为龙头带动精品教材建设

21世纪 高职高专创新精品规划教材

引进高新技术，复合技术，培养创新精神和能力，教学资源丰富，满足教学一线的需求。

"教、学、做"一体化，强化能力培养　　　"工学结合"原则，提高社会实践能力

"案例教学"方法，增强可读性和可操作性

21世纪 高职高专规划教材

21世纪 高职高专新概念教材

　　本套教材已出版百余种，发行量均达万册以上，深受广大师生和读者好评，近期根据作者自身教学体会以及各学校的使用建议，大部分教材推出第二版对全书内容进行了重新审核与更新，使其更能跟上计算机科学的发展、跟上高职高专教学改革的要求。